生物学教育丛书

生物学教师
专业发展概论

丛书主编◎刘恩山 崔 鸿

编 著◎李 诺 王 威 刘恩山

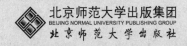

北京师范大学出版集团
BEIJING NORMAL UNIVERSITY PUBLISHING GROUP
北京师范大学出版社

图书在版编目(CIP)数据

生物学教师专业发展概论/李诺,王威,刘恩山编著. —北京:
北京师范大学出版社,2021.5
(生物学教育丛书/刘恩山,崔鸿主编)
ISBN 978-7-303-26720-0

Ⅰ.①生… Ⅱ.①李… ②王… ③刘… Ⅲ.①生物课—中
学教师—师资培养—研究 Ⅳ.①G633.912

中国版本图书馆 CIP 数据核字(2021)第 003887 号

营 销 中 心 电 话	010-58802181	58805532
北师大出版社科技与经管分社	www.jswsbook.com	
电 子 信 箱	jswsbook@163.com	

出版发行:北京师范大学出版社 www.bnupg.com
        北京市西城区新街口外大街 12-3 号
        邮政编码:100088
印   刷:北京京师印务有限公司
经   销:全国新华书店
开   本:730 mm×980 mm 1/16
印   张:20.75
字   数:415 千字
版   次:2021 年 5 月第 1 版
印   次:2021 年 5 月第 1 次印刷
定   价:44.90 元

策划编辑:刘风娟   责任编辑:刘风娟
美术编辑:李向昕   装帧设计:李向昕
责任校对:段立超   责任印制:赵非非

总　序

　　为落实"立德树人"的根本任务，核心素养成为我国基础教育课程改革深化的主要环节，我国基础教育也迈入了"核心素养时代"。在生物学教育界，生物学学科核心素养也是当前的讨论焦点。一直以来，人们把学科教学理解为知识教育，导致了学科育人功能的结构性沉默。生物学学科核心素养是生物学学科育人价值的集中体现，是学生通过学科学习而逐步形成的正确价值观、必备品格和关键能力。然而，在这个核心素养体系中，"知识"被摆放在了哪里？许多学者和教师曾一度疑惑，无论在曾经的"双基"中还是在"三维目标"中，"知识"都是制订学习目标的基本维度，而在当前的"核心素养"中却隐匿不显。是"知识"不再重要了吗？那么生物学教学教什么？学生学什么？考试考什么？

　　近两年来，以"指向生物学学科核心素养的课程与教学"为主题的教师培训活动屡见不鲜，相关的学术成果也时常见诸各级各类刊物。广大一线教师逐渐接受并开始实施以核心素养为导向的教与学。大家逐渐意识到，"知识"在核心素养体系中仍然占据至关重要的地位，知识、能力、品格、价值观在核心素养体系中得以彼此关联、融合。核心素养时代的生物学教学，不仅仅关注知识教学本身，更在于关注"知识之后是什么"，教学不是单纯的知识授受，而是通过知识的学习来发展学生的核心素养。

　　可是，知道或理解学科核心素养是什么，仍不代表教师就能在教学中真正实施基于学科核心素养的教学。许多教师似乎有这样一种认识：只要知识教学还是重要的、必要的，那么传统的教学似乎不会发生什么实质性的变化。于是，我们在广泛的教研活动中发现，教师在备课、上课的过程中，还常常抱残守缺，执着于过去"三维目标"的教学。或者"旧瓶装新酒"，在教学设计、教学过程中，在形式上披上几件核心素养的"外衣"，似乎也可以"瞒天过海"。我们还看到：生命观念的教学多停留在概念讲解的层面；科学思维与科学探究犹如隔靴搔痒，不够深入；社会责任的培育浮于表面，流于形式……此时，我们意识到，必须要立足于对生物学学科核心素养的时代审视，以及国际科学教育的前沿动向，为广大一线教师提供系统而适切的教学指导参考，以理论更新观念，以案例引领实践，推动生物学学科核心素养在教学中落地。

于是，我们便萌生了编写本套丛书的念头。

2018年9月，我们召集了本套丛书的编写团队，在风景秀丽的长阳清江河畔，在这座"天然古生物博物馆"中，以"核心素养时代的生物学教学"为主题进行了一次大讨论。围绕着落实生物学学科核心素养，大家再一次交流并梳理了教师教什么、怎么教、怎么发展，以及学生怎么学习、怎么评价等基本问题。与会者一致认为，在贯彻落实以核心素养为宗旨的生物学课程理念下，重新认识和审视这些课程与教学的基本问题是必要的、迫切的。在讨论中，我们凝练形成八个有待深入研究的课题，并分别组建小组，围绕八个课题进行了思考、写作和整理。这八个课题即为本套丛书的八本分册：《生物学课程论》《生物学教学设计》《生物学教育评价与测量》《生物学课程资源与案例(精选)》《课外科学教育的理论与实践》《生物学实验教学论》《生物学教育科学研究方法》《生物学教师专业发展概论》。

丛书分册彼此联系，形成了一个内容整体，关注到了生物学教学的各个方面：既回应了课程教学中，教师教什么、怎么教、如何发展、如何开展研究活动，以及学生怎么学、怎么评价等基本问题；还关注到生物学作为一门实验科学，实验课程如何开设的问题；更把视野从课堂移到课外，从生物学教育领域聚焦到科学教育领域，探讨了课外科学教育环节的理论与实践。

在编写伊始，我们还作出了两条原则性的规定：第一，每本书稿在写作中必须要充分阅读国际文献，确保内容的权威性和代表性；第二，每本书稿必须以丰富的、经过实践检验的教学案例为引领，确保内容的实用性、适切性，保证本书能为教师开展教学带来具体参考。

历时两年多的磨砺，本套丛书得以问世。值得一提的是，一批年轻、刻苦的生物学教育研究者成为了本套丛书编写的主力军，这不仅是一种传承，似乎也在昭示着生物学教学研究新时代的到来。对此，我们十分欣慰。书中颇多内容，有的是在博士学位论文基础上修改完成的，有的是课题研究的成果，整体达到了较高水平。然而丛书内容牵涉广泛，难免挂一漏万，我们恳请广大读者批评指正，并将组织各册作者继续深化完善有关内容，为新时代生物学教育做出更大的贡献。

本套丛书得到了广大同人以及社会各界人士的关心和帮助，此处不再具名，一并致谢！此外，还要感谢北京师范大学出版社给予的大力支持，谨在此表示衷心感谢！

刘恩山　崔　鸿

2021 年 3 月

前　言

　　教师在学生的学习发展过程中扮演着至关重要的角色。在我国当前的教育环境下，课程时间与授课内容的安排，决定了我国教师在课堂中的主导地位，也决定了教师在概念传递、课堂组织过程中承担着重要的角色。因此，教师自身的发展水平，会直接影响教学实践的实施，进而影响学生的学习效果。

　　作为一名生物学教师，在课堂教学中所承担的任务是多方面的。新课程方案的实施与生物学课程标准的颁布，不仅要求教师能够教授生物学相关知识，帮助学生掌握生物学的重要概念，还要求教师能促进学生学科核心素养的有效达成。这就要求教师在知识传递的基础上，还应鼓励学生形成跨学科学习的意识，具备科学的思维习惯与意识，掌握基本科学技能，养成生命观念，并能够利用所学知识解决生活中的问题，进而成为良好的社会公民。这对学生提出了更高的要求，也对生物学教学提出了更高的要求，更对生物学教师提出了更高的要求。

　　生物学教师的专业发展是一个复杂的话题。这一话题中涉及了不同的标准、政策文件，包含了不同的要素和内容，涉及不同阶段、不同能力水平的教师，同时也存在着各式各样的组织形式。对生物学教师专业发展的研究和探索工作是漫长且永无止境的，但生物学教师自身的发展与提升则是可以通过点点滴滴的日常努力逐渐积累的。希望通过本书内容的呈现，可以帮助读者形成自我发展的意识，掌握自我发展的一般方法与途径，积少成多，最终不仅能提升自身的专业素养，也能为我国生物学教师队伍整体水平的提升贡献力量。

本书共包含6章，分别为生物学教师专业发展概论，生物学教师专业发展的模式与要素，生物学教师日常自我提升的有效手段，生物学教师专业发展的内容分类，生物学教师专业发展考核、标准文件以及面向生物学教育研究者与决策者的教师专业发展。各章分别针对不同主题进行了展开介绍。

第1章 "生物学教师专业发展概论"，在前两节内容中主要介绍关于教师、教师专业化、教师专业化发展的定义，明确教师专业发展的历程和国内外教师专业发展的历史，第3节则贴近生物学教师，强调个人专业发展的规划与目标选择，以期读者能够对教师专业发展形成初步清晰的概念。

第2章 "生物学教师专业发展的模式与要素"，广泛概述教师专业发展中传统形式与改良形式的不同培训类型及其优缺点，说明处于职前教师、新任教师、成熟型教师及专家型教师等不同阶段的生物学教师如何开展自我提升活动，并提出一些能够影响专业发展实施有效性的因素，希望帮助不同阶段、不同条件下的生物学教师判断、选择适合于自身的发展途径。

第3章 "生物学教师日常自我提升的有效手段"，将关注点集中在教师的日常授课环境中，详细说明了课堂观摩、说课与评课、教学反思活动、开展教学行动研究的意义、一般方法以及其中存在的要点及优缺点，借以鼓励中学生物学教师以自己在教学中更为熟悉的方式方法，养成持续发展的自我意识，因地制宜地展开专业素养提升工作。

第4章 "生物学教师专业发展的内容分类"，主要介绍了在生物学教师专业发展过程中，教师应当掌握的三类知识，即学科内容知识、教学法知识以及学科教学知识的概念与相关理论，并向教师介绍不同知识提升的方式与应用举例。

第5章 "生物学教师专业发展考核、标准文件"，描述了国际上各教育发达国家对教师专业发展的标准，并详细展开介绍我国在教师培训上的相关政策，方便读者对比国际要求、发现其中存在的异同。此外，本章还会针对在未来将要从事教师职业的职前教师，介绍教师资格证考试的内容，方便读者按照要求合理规划，为准入考试做好准备。

第6章 "面向生物学教育研究者与决策者的教师专业发展"，目标定位则相对特殊，本章内容的目标受众为关注教师专业发展的科学教育研究人员、教育培训决策者以及希望开展教育研究工作的一线教师。本章介绍国际上具有代表性的有效教师专业发展模型，说明专业发展设计的一般流程方法，指导读者如何选择研究主题、提出研究问题，以及如何进行有效的数据收集与分析工作，并在研究中关注伦理道德问题，为研究设计和工作的开展打下良好的基础。

本书由北京师范大学刘恩山教授、四川师范大学王威副教授和北京师范大学李诺三位教师共同完成。本书各章撰写任务的分工如下：刘恩山负责前言及全书最后的审核；王威负责第 1 章第 1、第 2 节，第 4 章和第 5 章；李诺负责第 1 章第 3 节，第 2 章，第 3 章和第 6 章。

教师的专业水平决定了教育教学水平，进而影响着学生的知识与能力水平。因此，教师专业发展是我国教育水平综合提升的不可或缺的重要组成部分。生物学教师应当明确，专业发展与素质提升是一个缓慢而持续的过程。它既需要教师具备自主学习反思的意识与意愿，更需要教师投入大量的时间与精力来完成必要的工作和任务。如果说本书是教师在进行专业发展过程中的工具，那么如何使用工具，完成怎样的工作，则是教师需要自行探索的关键内容。

愿本书能够为广大生物学教师们在专业发展的道路上答疑解惑，扫除可能面临的障碍与困难，为教师的自我提升贡献绵薄之力。然恐诸作者能力有限，所做亦有限，内容不足之处，烦请读者批评指正。

刘恩山

2021 年 4 月

目　录

第 1 章　生物学教师专业发展概论

在进行教师专业发展的讨论前，了解什么是教师、什么是教师专业化，是开始教师专业化发展的第一步。原始人类社会产生了自然的教育，教师由此产生，而距教师专业化发展却还有很长的路要走。此内容能够帮助生物学教师明确自身的专业发展途径，从而进行合理的规划与选择。

【学习目标】

通过本章的学习，学习者应当能够：
* 说出教师的内涵和职业属性；
* 举例说出教师的专业特征；
* 概述教师专业化发展的定义和特点；
* 简述教师职业的产生与发展过程；
* 概括我国教师专业发展的历史和现状；
* 概括国际上教育发达国家的教师专业发展培训方式和主要特点；
* 分析国际教师专业发展对我国的启示；
* 概述生物学教师专业发展的内容与途径；
* 能够进行生物学教师专业发展规划和选择。

【内容概要】

教师作为一门职业，具有劳动复杂性、创造灵活性以及收效长期隐蔽性的属性，具备着自身的专业特征。对于教师而言，专业化发展即代表了职业专门化的过程。教师专业化有其丰富的内涵，它指出教师职业应当具有自己独特的职业要求和职业条件，并具有专门的培养制度和管理制度。在历史上的很长一段时间内，教师经历了从非职业化到职业化、再从职业化到专业化的发展历程。如今，我国正在努力促进教师的专业发展，而国际上教师专业发展培训的方式多种多样，也有很多是值得我国学习和借鉴的。生物学教师作为其中的重要部分，应当明确自身发展的内容与途径，并对自身的专业发展做出合理规划与选择。

【学法指引】

学习本章时，读者应在明确学习目标和主要学习内容的基础上，总体上把握本章的主旨。读者可以将每节前的聚焦问题与自己的实际听课、授课经验相结合，带着问题进入每节的学习。通过思考教师的内涵、职业属性和专业特征，以时间线的顺序梳理教师职业的产生和专业发展过程，学习我国教师专业发展的历史与现状，分析比较国际发达国家的教师专业培训方式与我国的差异，进而具体化到生物学教师部分，尝试进行职业发展规划与选择。同时，学习内容后有"学以致用"栏目可供读者自我评估使用。

第1节　教师专业发展的定义来源已久

【聚焦问题】

1. 什么是教师？其有怎样的内涵与属性？
2. 什么是教师的专业化？
3. 教师专业化发展的一般特征是什么？

【案例研讨】

这是一则"三人行必有我师"出处的故事。一天，孔子与其弟子们正在赶路，忽被一孩童拦住去路请他们绕路而行。孔子一行不解，问孩童为何，孩童答道，前方有一座他用石块垒起的"城池"。孩童一再劝阻说："这世上只有车绕城而过的，还没有把城池拆了给车让路的。"孔子转念一想，这话虽不合常识，却讲得通。孩童年纪不大，所言却有道理。倡导礼仪者，应当按理"绕城"而过。事后孔子感慨地对其弟子说："三人行必有我师！这孩子虽小，却懂礼仪，可以做我的老师了。""三人行必有我师"此后逐渐被人们传诵，最终成为一条至理名言，它提醒着人们时刻谦虚谨慎，多向他人学习，值得被学习的人都是我们的"老师"。

日常生活中，我们称呼老师的情况很多，也有一些地区会习惯在日常打招呼时都称对方为"老师"。那么我们正式称谓的"教师"是否也可以和生活中的"老师"有相同理解呢？

其实生活中的"老师"大多数时候是一种尊称，而"教师"则是其正式的称谓，大多指学校中承担教学工作的一种职业。因此本书中所提到的"教师"最重要的属性是一种职业，从职业的角度去理解，则教师有其特定的发展途径，有其专业的教学技能，也有其相应的职业要求。那么从"教师"的职业性与专业性出发，还能说出哪些专业教师与日常生活中"老师"的不同之处呢？

1.1.1　教师的内涵与职业属性

在漫长的人类发展历程中，知识通过口耳相传不断地传承发展，而"教师"在其中承担了重要的作用。我国早在尧舜时代就有最原始的"学校"，称为"成均"。《周礼·春官·大司乐》中曾有过如下描述："掌成均之法，以治建国之学政，而合国之子弟焉。"大意是人们通过推行有效的教书育人制度，来建设管理国家的教育方针政策。那时的成均还敬养一些富有生产经验和社会生活常识的老人，让他们承担"教师"的角色，肩负教育下一代的责任。西方的"教师"起源于古希腊，由掌握读写技能的祭司对学徒进行教学，与中国的情况相同，祭司的本职工作也不是教育，因此这时的教师并不是一种社会职业。

我国的教师从春秋时代的私学（中国古代私人办理的学校）产生后才逐步形成，从《论语》中的"温故而知新，可以为师矣"可以看出，这里的"师"已经可以理解为"教师"。我国规模最大、影响最深、历时2 000余年的私学创办者孔子被奉为"万世师表"，这时的"教师"一词只用"师"字表示，直至宋代时，"教师"一词作为独立的意义开始出现。西方国家在出现苏格拉底、柏拉图、亚里士多德师徒三杰为代表的"智者派"之后，教师也逐渐发展成为一种社会职业。

自此之后，教师的称呼也随时代的发展而有了一些变化。古时候一般称"先生"，原意是先出生的人，后引申指长辈或知识丰富的人。《礼记·曲礼》上有这样的描述："从于先生，不越路而与人言。"大意是既然是跟随老师一起走路，就不应该过马路和别人说话了。19世纪末，西方教育开始引入中国，国内创办了许多新式学校，在《学生操行规范》里便明确了"老师"的称呼，这样的习惯一直沿用至今。

"职业"是人们在社会中从事某种谋生的工作。从社会角度看，职业是劳动者所具有的某种社会角色，劳动者在社会中承担着一定的义务和责任，同时也获得相应的报酬；从经济活动的角度看，职业是劳动者所在的不同形式的劳动岗位。具体而言，劳动者在工作中运用已有的知识与技能，最终获得物质财富以满足生活来源，以及精神财富来满足精神需求。1999年我国颁布了《中华人民共和国职业分类大典》（以下简称《大典》）形成了我国系统的职业分类，2015年国家职业分类大典修订工作委员会审议、表决通过并颁布了新修订的2015版《大典》，将我国职业分为八大类，共1 481种职业。教师成为一种受人尊敬的社会职业，队伍也在不断壮大。直至2016年，我国各级各类学校中的专任教师数为1 578.2万人，其中初中阶段专任教师为348.8万人，全国普通高中专任教师也达到了 173.3 万人。而这一规模在未来也将不断地发展和扩大。

教师作为一种职业，在整个社会稳定发展的进程中发挥着传道授业解惑的重要价值，通过各类教育教学活动，达成培养学生、传递知识的职业功能。而想要完成这份职业功能，就需要教师具有相应的职业技能，这也就体现出了教师的职业技术性，如教师具有组织教育以及进行教育教学的能力，能够制订教学计划、组织教学、编写教案，这就属于教师的职业技能。在发挥这些职业技能的过程中，就要求教师能够遵循相应技能的操作要求，如教学组织技能要求教师能够有效组织课堂，吸引学生的注意力，创造良好的学习环境，从而引发学生的学习兴趣，增强学生的自制力，进而达到预期的教学目标。教师要获得职业技能，首先需要了解职业技能所对应的知识内容，也就是我们通常所说的教学法的知识，为形成职业技能并实现职业功能奠定基础。职业技能是否形成，则需要通过相应的考核来实现，也即教学评价。

教师作为一份职业，同样遵循一定的职业特征。就职业的产业性特征而言，一个国家和社会可以分为三大类产业，教师这个职业属于第三产业，即流通和服务业。在科学技术逐渐发展的今天，第三产业的职业数量和就业人口显著增加，与之相对应的教师需求数量以及职业在社会中的受重视程度也日益增长。就职业的职位性特征而言，职业是职权和相应责任的集合体，如中学教师包含有中学二级教师、中学一级教师、高级教师、特级教师，教师所具有的职权和责任会随着职位的不同而发生改变。就职业的时空性特征而言，职业是随着时代的变化而变化的，教师成为一份职业也不是一蹴而就的，而是经历了非专门化阶段、专门化阶段、专业化阶段的过程。依照教师职业的属性，其自身具备很强的职业特征。概括来看，这种特征主要体现在以下的三个方面，即劳动复杂性、创造灵活性、收效长期隐蔽性(图 1-1)。

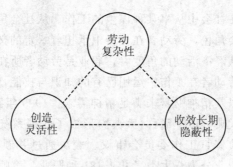

图 1-1 教师职业属性特征示意图

劳动复杂性。教师的职业往往伴随着非常复杂的劳动过程，这种劳动的复杂性既体现在脑力也体现在体力上。从教的角度看，教师的劳动需要综合运用知识、技能、情感与经验智慧等，教师不但要掌握这些知识与技能，还需要具备将知识与技能表达传递出去的能力，这其中不可避免地涉及交流表达的技巧。从学的角度看，人脑的学习过程是非常复杂的，不同学习者具有自身的前概念与知识，能够在长久的学习过程中形成特有的学习风格和特点，因此个体差异极大。这种差异性也使得教育既成为一门科学，也成为一门艺术。教学有法，教无定法，只有当教师掌握了充足的经验、对学习者有了充分的了解、对教学的内容有深入的把握，才能达到有效教书育人的目的。而在教学的基础上，教师往往还会承担育人工作，关注学生的生活和情感状态，处理学生、家长和同伴间的关系，这些内容都使得教师的工作变得复杂而重要。

创造灵活性。我国幅员辽阔，地大物博。不同地域的风土人情和自然资源各不相同，不同的山川水土养育了不同的居民，因此从教学上来看，不同地域的教学水平和教学资源也是不同的。而就算处于相同地域的不同学校、不同班级以及不同学生之间所存在的差异也是非常巨大的。对于教学工作来说，教师一般很难通过使用某一种特定的、通用的模式与标准来进行有效教学，因此教师需要发挥自身的创造性，在不同教学内容之间、不同学生或班级之间、不同教学方法与资源之间进行组合与创新，依照不同的实际情况进行灵活使用和处理，甚至尝试寻找全新的策略和手段，从而确保教学具有更强的针对性，能够取得更好的教学效果。

收效长期隐蔽性。很多的研究者都曾指出，学习并不是一个"显性"的过程。对于任何知识来说，学习者都需要投入很长的时间和精力才能深入理解某个核心知识，进而内化形成自己的认知结构，外显的行为表现也是如此。这种较长的时间跨度直接导致了教师如果想要达成良好的教学效果，期间所经历的周期必然较长。俗话说的"十年树木，百年树人"就是这个道理。因此，教师在教学工作中所花费的时间、精力成本有时并不能在当下就得到收益。这些教学内容，特别是学生在学习过程中养成的良好习惯与素养，可能在当下无法被察觉，但是随着时间的迁移，这些收益最终都将在学生的未来职业生涯和生活中有所体现。因此教师的教学成果收效是缓慢而绵长的。与此同时，教师也应当格外注意课堂中的一言一行，很可能教师简单的一句话，都会在学生的成长过程中起到至关重要的作用。

1.1.2　教师的专业特征

教师作为当今社会的一种职业，应当具备自身的专业特征。"专业"（profession）一词最早由拉丁语演化而来，原意是指公开发表自己的观点或信仰；与之相对应的是"行业"（trade），其特征是"传内不传外"的中世纪手工行会专业知识与技能。"专业"随着社会发展中分工的不断细化，最后演化为了"专门职业"的简称，同时也开始被赋予从事者必须具备的"专业性"。正如《现代汉语词典》给出的相关解释：一是专门从事某种工作或职业的；二是具有专业水平和知识。

由此可以得知，教师正是这样一类"专门从事教育工作"的职业，从事者也应当具备专业教学的能力与水平。对于教师专业这样的解释就至少包含了两点属性，一是"专门从事"，二是"具备相关专业教学的能力与水平"。那么，教师应该达到何种能力与水平呢？

对于教师专业的要求，不同学者给出了不同的答案。20 世纪 40 年代，美国教育协会针对教师的专业提出了八个标准，分别是：①具有基本的心智活动；②拥有一套专业化的知识体系；③需要长时间的专门训练；④需要持续的在职成长；⑤从事的相关职业生涯；⑥建立自己的专业标准；⑦能将服务高于个人利益；⑧拥有坚固的、有组织的专业团体。80 年代，奥斯汀通过研究概括出 14 项专业特征的研究成果，其中 4 项最重要的特征是：①有一套完善的专业知识和技能体系作为专业人员从业的依据；②对于证书的颁发标准和从业的条件有完整的管理和控制的措施；③对于职责范围内的抉择有自主权；④有很高的社会声望与经济地位。

从上述的内容中可以看出，作为一名合格的教师，必须要具备完善的、丰富的专业知识与技能，在此基础上，还应当具有健全的人格、从业的意愿和体验，并且还需要进行持续不断的职业发展与培训活动。教师作为一种专业，在其应有的社会职业定位的基础上，还应进一步具备以下几个方面的特征（图 1-2）。

教师具有巨大的社会贡献。教师的职业担负着教育的重任，它对于人类社会下一代个体的成长的培养，乃至全社会文明的开创进步和发展延续都起着至关重要的作用，而这一切都要归功于教师是人类文化精髓的继承者与传递者。所谓"师之所存，道之所存"，正是体现出了教师所担负的传承使命。教师是人类精神文明的实践者，教师是"辛勤劳动的园丁"和"人类灵魂的工程师"，教师的工作体现出了他们担负着人类精神丰富与价值观塑造的重任。与此同时，教师还是创新意识的宣传者与引导者。也正是由于这些责任和使命，教师也成为社会上最受人尊敬的职业之一。

教师拥有坚定的职业信念。教书育人、为人师表是教师职业道德的核心内容和基本要求。在"四有"好教师的理念引领下，有理想信念被放在了对教师要

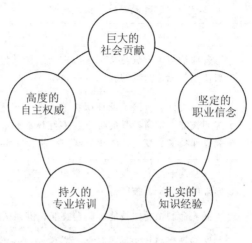

图 1-2　教师专业的特征

求的首要位置。思想是行动的先导，教师坚定的职业信念能够引领教师的教育行为。而教师自身正确的思想意识形态，则能够进一步影响学生，帮助他们树立远大的人生理想。因此，教师应当具有良好的职业道德情操，有对教育工作高度的责任感和强烈的事业心，并对教育事业怀着无比热爱的情感，有决心有能力在教育工作中做出巨大贡献，坚持"育人造士，为国之本"。同时，教师还应当对教育理论、教学方式等有自己的正确理解、原则与主张，具有能够感染学生的人格魅力，最后还要具有评判自己行为正误的能力。

教师具有扎实的知识经验(即教育理论基础和丰富的教学技能实践经验)。教师肩负着传道授业解惑的重要责任，自身应当具备丰富的知识积累。这种知识的积累体现在两个方面：一是理论层面的，对于所教授学科的内容知识、教学法知识以及学科教学知识的掌握；二是实践层面的，对如何将这些知识传授给学生的技能策略知识的掌握以及实际操作的经验与方法。

从教师教育理论基础上看，这些知识的内容大致包括如下八个方面：①对教育与教育学的理解；②对教育理论与规律的掌握；③对教育体制与法制的了解；④对课程、课堂教学、教师角色与学生行为的认识；⑤对教育评价测量的熟悉；⑥对德、智、体、美、劳教育的渗透；⑦对课外实践活动的组织与管理的运用；⑧对教育研究与成果创新的思考等。而从教师的教学技能实践经验来看，则主要来源于表 1-1 中的五个方面。

表 1-1　教师教学技能实践经验

表现	内容
教学通用基本功	普通话与语言表达技能、板书与绘图技能、多媒体课件制作与使用技能、基本的音体美技能等
课堂教学技能	教学设计、听课说课评课技能、课堂导入技能、课堂讲授与提问技能、学科教学的板书与多媒体制作技能、教学演示与实验操作技能、变化、强化与调控技能、课堂结束与总结技能等
了解与组织学生的技能	课堂沟通与交流技能、课堂组织与管理技能、建立与利用课内外的课程资源技能等
教学评测技能	涵盖命制试卷的技能、阅卷技能、讲评试题的技能等
教育研究技能	课堂观察与教学反思技能、教学研讨与教学评价技能、教学论文撰写技能、主持校本研修与课题研究技能等

教师需要经过持久的专业培训。教师所具备的专业能力与水平并非先天获得的，教师的成长也经历了学习者的过程，通过作为"学生"学习，通过针对性的教育或训练来掌握教师所需要的知识和能力。这种培训和发展的形式是多样的，从教师自我反思到参与一系列的教师培训项目，都能够帮助教师不断地进行知识填充，实现自我成长。

教师所接受的训练或培训有如下六个特性：①持久性，教师要随着时代的进步、科技的发展以及价值观的变更而体现出时代性，这就要求教师要具有终身学习与参与培训的意识。②自主性，教师的发展是多方面的，需要根据自身或所在地区的需要有针对性地进行提高，教师要充分了解自身情况，养成主动提高的自觉性，及时、随时补充所需知识与技能。③阶段性，教师的发展不是一蹴而就的，教师在成长过程中会步入新任教师、成熟教师、专家教师等不同阶段，而不同阶段的情况和所面对的困难各不相同，教师需要意识到自己的发展阶段进行差异化的提升。④系统性，教师的能力基础来自多重功底，以生物学教师为例，其能力基础常常还包含了物理、化学、数学等学科的基础知识，而这些生物学的内容知识又牵扯到了更多的生物学学科教学知识和教学法知识，不同知识之间构成了系统性的网络，帮助教师专业发展的有效进行，因此专业培训也应该是多方面、系统化的工程。⑤多样性，教师的自身特点不同，特长兴趣不同，教学风格不同，因此发展方向也应"因材施训"，着重发展每一位教师的人格特色，在教师队伍中呈现出百家争鸣的景象。⑥针对性，教师参与培训应从解决当前问题的角度出发，着重解决在实践中遇到的困难。因此在培训参与上应有明确的目的性，不能漫无目的地"泛泛而学"。

教师具有高度的自主权威（即专业自主权和权威性组织规范）。教师所从事的教育工作是一项专业工作，应具有更高的专业自主权。在教师的发展和提升方面，学校应在确保教学任务顺利完成的基础上，尽量减少管理体制的控制，下放教育行政权力，赋予教师更多专业发展的权利。这样一方面能够促进教师更加开元化的学习与成长，另一方面也能激发教师的专业自主意识，让教师能够更加积极主动地参与到职后成长与提高的过程中，逐步养成属于自己、适合于自己的教学习惯于教学风格，同时使教师队伍更加具有权威的组织规范。

综上所述，教师作为一种专业，自身具有独特的特征与属性，同时也肩负着社会对教师职业所提出的要求和发展目标。教师的专业发展不仅对教师的知识水平、教学能力、育人情怀等一系列的综合素质提出高标准，同时也需要社会在长期发展过程中给予尊重与理解，使公众对教师的认可度能够不断提高。这二者的结合最终才能使教师职业做到"内外兼修"——内有素质，外有认可。

1.1.3　教师专业化发展的定义与特点

专业化，简单地说就是指职业专门化，这里的职业不仅要符合专业标准，同时也有其相应的专业地位。对于教师而言，教师的专业化发展即代表了教师职业专门化的过程。教师专业化有其丰富的内涵，它指出教师职业应当具有自己独特的职业要求和职业条件，并且具有专门的培养制度和管理制度。

教育部在《教师专业化的理论与实践》中指出了教师专业化的基本含义特征：第一，教师专业既包括学科专业性，也包括教育专业性，国家对教师任职既有规定的学历标准，也有必要的教育知识、教育能力和职业道德的要求；第二，国家有教师教育的专门机构、专门教育内容和措施；第三，国家有对教师资格和教师教育机构的认定制度和管理制度；第四，教师专业发展是一个持续不断的过程，教师专业化也是一个发展的概念，是一种状态，也是一个不断深化的过程。在此基础上，有学者将教师的专业化分为教师个体与教师职业两个方面：既指教师个体通过职前培养，从一名新手逐渐成长为具备专业知识、专业技能和专业态度的成熟教师及其可持续的专业发展过程，同时也指教师职业整体从非专业职业、准专业职业向专业性质职业进步的过程。

一种职业能够成为一门专业，都需经历专业化的过程。教师专业化的形成过程的条件就包含了至少三个部分：第一，教师专业化需要形成一套完善的教师专业教育体系与教师专业资格的认证制度。例如，国家、地区需要有一整套教师培训和教育的机构给教师提供持续的支持。国家也应设立教师职业资格考试等方式来给教师职业提供资格上的考核与认定。第二，教师专业化应当形成公认的教师学科专业知识、技能与职业伦理。例如，对生物学教师来说，教师应当掌握课程标准中所说明的生物学科的重要概念等生物学学科知识、与生物学教学相关的如探究式教学、科学本质教学等教学法知识和课堂教学技能，此外还应当具备与教师职业相关的伦理道德知识。第三，教师专业化应当形成教师的专业化队伍。从教师的年龄、水平、教学经验等方面形成梯队化的师资建设，确保整个教师职业的平稳推进。

教师的专业化还意味着教师个体和群体的专业水平提升以及教师职业社会地位的提升，这其中也包含了三个具体的维度。三个维度之间呈现出紧密联系、相互促进的关系。三个维度当中任何一个方面的提高，都可以促进整个教师专业化的发展进程。反之，缺乏了其中的任何一个环节，都会产生牵一发而动全身的影响，进而可能阻碍专业化的发展进程。

如表 1-2 所示，教师个人专业水平的提升是教师队伍专业水平提升的基础，只有每一位教师的专业水平得到提高，教师队伍整体水平才会发生显著增长；而教师队伍专业水平的整体化提升又能够形成一个更高更好的专业化平台，为教师个人专业水平的提升提供良好的环境条件，也为教师个人的专业化发展提供更多的帮助与支持。而教师个人的专业水平提升、教师队伍专业水平的提升能够不断推进教师的整体素养与价值实现，这在效果上能够直接促进教师职业的社会地位的提升；反之，教师职业的社会地位的提升也能够为教师个人或教师队伍建设提供更广泛的社会支持与认可度，进而促进这二者的进一步推进。

表 1-2　教师专业化水平提升的三个维度

维度	指向
维度 1 教师个人专业水平的达标与提升	主要针对每一位教师，要求教师应当能就自身的发展提出更高的要求，达成从事教师职业的对于知识和技能等各方面的要求
维度 2 教师队伍专业水平的达标与提升	主要针对教师这个职业的整体。如一个学校、一个学区、一个区域或者一个省市的全部教师的平均水平和整体能力提升
维度 3 教师职业的社会地位的提升	该维度不仅包含了全部的教师，还融入了更多的社会性因素的考量，需要全社会给予共同的努力和支持

了解了教师专业化的定义和不同维度后，下面再来看教师专业化的特点。一般认为，教师专业化的内涵具有三个特点，分别是丰富性、发展性和主体性(图 1-3)。

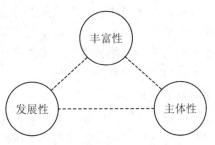

图 1-3　教师专业化的内涵特点

丰富性。教师专业化的内涵是不断丰富，这体现在教师职业在服务宗旨与效能、专业团体的多样化、专业训练的针对性、专业地位的多层次这些方面都是全面发展的。随着时代不断发展，教师的专业被赋予了越来越多的价值和责任。从最开始的传授知识，到后来的培养学生良好的学习习惯与方法，再到后来关注学生的科学素养提升，提高公民生活质量，以及帮助学生进行正确的未来职业规划等，这些内容都在不断扩充与丰富着教师专业化的内涵。丰富性还体现在对教师个体上的变化。教师个体的专业知识的跨学科、专业技能多种类、专业道德与情感的全面性、教师专业成长的规律性以及教师教学的科学性与艺术性等方面都是不断增长的。作为一名生物学教师，单单掌握生物学基本知识是远远不够的。教师专业化发展还要求教师具备物理、化学、技术与工程等多方面的知识，具有进行实验操作、探究活动等基本技能的能力，了解自我水平并进行自我职业规划的能力等。由此可见，教师专业化的内涵具有丰富性，它也是教师个体专业素养不断丰富的呈现。

发展性。教师专业的发展性从本质上来看，是一个教师个体持续成长的过程。在这个过程中，教师的专业化不是在进入职业之前就已经明确的，而是需要在自身职业生涯中不断地学习和丰富。而学习的内容也是非常多样的，不仅包含生物学学科的新知识和新概念，还包括了与教学方法策略相关的新的能力和技能以及接受适应甚至重建新教学理论的过程。知识是不断膨胀的，信息化时代更是加快了知识与技能的产出和传播速度。教师成长为教育行业中的专业人员，就需要不断发展其专业内涵，养成终生学习的意识与习惯，让自身的专业水准处于不断发展的过程中，达到社会所动态要求的专业标准。

主体性。教师专业化的最终达成不是一个人努力的结果，从本质上来看它是一个社会各界共同努力和进步的过程。在这个过程中会有很多的个体和组织机构参与进来，其中包括了跟教育相关的各级行政组织，各级各类不同阶段、不同层次的学校，这些组织机构及学校中的领导与行政部门，以及其他社会上的与教育相关的企业、公司、文化团体，社会上其他行业中与教育内容相关的或者对教育事业感兴趣的人群等。因此教师专业化的内涵本身就具有了多主体性。这些众多的主体通过共同努力，使教师专业最终能够做到"学科性"与"教育性"的和谐统一、"学术性"与"实践性"的完美结合、"综合性"与"专业性"的融会贯通，最终达到共同发展的目的。

我国的教师专业化制度建设从国家的层面上来看正在经历着不断发展与完善的过程。经过多年的发展，我国目前已经建立起了相对健全的教师教育机构认证、教师教育课程认证、教师资格认证的"三建一体"的资格认证系统，这在制度层面上为教师专业化建设提供了保障与支持。此外，国家还同时加大了教育投入，保障教师的基本权益和待遇，并致力于使教师培训更加规范化，全方面地促进教师专业发展与建设。

【学以致用】

1. "三人行必有我师"中的"师"是比自己知道更多或能力更强的人，为什么与学校中的"教师"仍有不同？请从教师的专业化与职业特点举例分析其中的异同点。

2. 社会上流传这样一句话"好父母胜过好老师"，请从教师专业化的一般特点出发，尝试分析这句话的可能的正误之处。

第2节　教师专业发展不断前行的漫长历史

【聚焦问题】

1. 举例说出教师职业的产生与发展过程经历了哪几个阶段？
2. 我国教师专业发展的历史与现状如何？
3. 国际上教师专业发展培训的方式如何？

【案例研讨】

一位老师在参加完在职培训后提到，"参加完本次培训后，我对新课改的方向和目标有了进一步的认识，同时也更新了自己的一些教育观念，对国内外的教学理论有了更深入的了解。通过和同事交流并结合这些理论，我在教学中的一些问题也得到了解决。这次培训也让我对今后的教育教学工作充满信心"。

"在培训中，我对'教师观'有了新的看法。21 世纪是知识经济时代，信息技术与教育领域的融合越来越紧密。传统认为教师就是'教书匠'的观点已经不适合当今社会了。教师必须具有现代教育观念，从以教师为本转向以学生为本，更多关注学生学习的过程，而不只是学习的结果。在'学生观'上，每位学生都应被尊重，教师和学生都是知识话语权的掌握者。在课堂上要注重学生的学而不是教师的教。教师要充分相信学生并积极评价学生。在信息时代，教师要与学生建立学习合作的方式，与学生知识共享，教学相长，共同进步。在'教学观'上，知识经济时代对人的要求越来越高。所以对于学生的培养已不再是简单的知识传授，教学重点要落在传授学生学习方法。学生掌握了方法，才能应对信息社会飞速发展对人才的要求。随着'终生教育'观念的发展，教师也要树立终身学习的观点，学习的内容不限于本学科的内容，教师要不断进行多元化、跨学科知识的学习，并将学到的知识进行教学融合，才能让教学多元化。新课改形势下的教育需要教师不断地学习，不断丰富更新自己的教育教学理论，不断总结研究教学实际中遇到的问题，成为知识经济时代的高素质、核心竞争力的人才。"

在上述案例中，通过在职培训，教师的教育理论和教学实践都得到了指导，这对案例中教师的发展具有很大帮助。在职培训是现代教师专业发展的一部分，于 20 世纪后期逐渐出现。那么，教师专业发展经历了哪些过程？对教师专业发展的培训又有哪些方式？本节将对上述这些内容展开详细的阐述。

1.2.1　教师专业发展的产生与历程

教育是伴随生产力不断发展而产生的。回溯到原始社会生产力低下的时代，人类的一切行为活动都以满足生存需求为前提，低下的生产力导致没有剩余的食物和产品，没有等级及社会阶级，在物质生活条件与精神生活条件上都极为简陋。而就是在这种状况下，人们依旧能够发现一些教育的痕迹。

在这样的时代下，年轻一代跟随长者在劳动和生活实践中接受教育，通过模仿和一次次重复性操作来完成生存学习的过程，教育融合在生产劳动和社会生活之中加以完成，尚未成为独立的社会现象。在这一阶段由于没有文字、书籍和专门的教师职业存在，人们依靠把生产生活经验物化在工具上、记忆在头脑中的办法，通过言传身教传授给下一代，这就是教育最初启蒙的样子。在教育启蒙时期，教育是面对全体儿童的，但是在学习的内容上存在着男女间的性别差异。例如，男孩更多地会跟随成年男子学习狩猎、战斗等技巧，而女孩则跟随妇女学习缝纫、采集等活动。纵观整个原始社会时期的教育，它是原始的、简单的，且长期发展缓慢。这种自然进行的教育被称为自然形态的教育，即自在的教育。

从原始人群历经母系氏族再过渡到父系氏族时期，教育的内容从茹毛饮血、打制石器、采集狩猎，到学会用火烹饪、建造房屋、制作陶器，经过了160余万年的历史。从我国古代史书记载中可以发现，自古以来就有了教的活动，但专业的教师并未出现。英国社会学家桑德斯指出，历史上最古老典型的三大专业是牧师、医生和律师，这其中并未包含教师。然而在生物界发展与延续的历史长河中，从智慧生物诞生开始，技巧与知识的传承就成为生物生生不息的重要纽带。

虽然职业的定位并未随着教育活动一起出现，但教的行为伴随人类生产而产生，是人类社会古老永恒的活动之一。《尸子》曰："伏羲之世，天下多兽，故教民以猎。"大意是在伏羲的时代，野兽众多，所以教会民众打猎的本领。《周易·系辞》记载："神农氏制耒耜，教民农作。"说的是神农氏制作了耒耜(类似于现在的犁)等农具，教民众从事农业耕作。《孟子·滕文公》上记载："设为庠、序、学、校以教之。庠者，养也；校者，教也；序者，射也。夏曰校，殷曰序，周曰庠；学则三代共之，皆所以明人伦也。"大意是，应该设立地方教育机构来教人们懂得伦理关系。庠意为培养人，校意为教书，序意为教人射箭。夏、商、周三代的学校分别称为校、序、庠，学习的内容都是人伦之道。

由此可见，原始人类社会中有经验的人已经开始承担了教师的职责。这一时期的教育活动在平时的生产生活中展开，是一种自然形态并不具备专业化，也没有专门设置的学习场所。教师并非是专职的，自然教学也并非是专职的活动，教的人也更不会成为独立的社会职业，不会接受专业机构的专业训练。到了西周时期，人们开始设置专门的学习场所开办国学和乡学，实行"学在官府""官守学业"，由官吏兼任教师。随后春秋时期出现了"士"，被称为"中国的第一代知识分子和第一代教师群"。此后，学习场所又发生了由官到民的变化，从"学在官府"到"百家之学"的发展，使教师职业的专业化进一步发展。

从相对稳定的教育场所出现开始，教师进入了部分职业化，但是并未做到专职化。秦朝的"以吏为官"说的是把朝廷的官吏作为教师；汉代学校的教师则由太学博士兼任；明朝时期参与科举考试的人可以为师；清朝时的人可以通过捐官的方式成为教师。教师群体始终未能从官职体系中独立出来，且终生从事教育工作并不是他们的追求，也不是他们生活中的重要部分。我国古时私学或书院的教书先生，虽以教书为谋生手段，但也只是因为掌握和记忆了较多的文化知识，而并不是因为他们具有很多从教的专业技能，因此这一时期的教师其实并没有专业的机构和制度进行培养训练，而是以口耳相传的"艺徒式"教师培养模式进行培训。与古代中国相似，西方追溯到中世纪时期，僧院学校、教会学校也多以僧侣、神父、牧师为师，但专门的培训机构也未有记载。

教师职业从最开始由其他职业的人员进行兼职，再到后来的独立发展，这个过程一方面是社会发展推动的结果，另一方面是由于社会发展所带来的独立师范教育的诞生。上述这一现象一直持续到现代意义上的学校出现，而教师培训学校也在教师职业出现之后开始产生。真正的教师培训学校出现于16世纪，相比于原始社会存在的教育活动来说，它距今也只有几百年的历史。从这里开始也可以看作教师培训学校发展的历史开端。

法国在17世纪末出现了最早的师范教育，天主教神甫拉萨尔先后在法国理姆斯和巴黎创立初等师范学校，成为世界独立师范教育的开始。拉萨尔师范教育要求师范生在校接受文化与宗教教育后，还要在教员指导下在附设的实习学校进行教学。这类师资培训学校成为近代西方师范教育的早期典范，随后这种形式的教师短期培训方式也在奥地利和德国相继出现。这些师资培训实质上是一种职业的训练，培训水平低，尚未达到专业训练的程度，但已经具有师范教育的雏形。18世纪中后期，初等义务教育逐渐普及，培养教师的学校逐步在一些国家兴起，师范教育理论的发展和完善也为教师职业训练提供了理论和实践依据，欧美各国相继出现师范学校并颁布了师范教育法规，包括中等师范学校的设置、师资的训练、教师的选定、教师资格证书的规定以及教师的地位、工资福利待遇等，师范教育开始呈现系统化、制度化的特征。

而我国学者在19世纪末也开始关注教师培训的问题。1896年，梁启超先生在发表的《学校总论》《论教师》《学校余论》等文章中阐述了师范学校开创的重要性和教师专业发展的必要性，他也是我国最早提倡开办师范学校的学者之一。19世纪后期，国内开始出现了专门培养教师的师范学校。1897年大理寺盛宣怀在上海创办南洋公学师范院，这是中国第一次对教师进行专门的职前培训。1902年颁布的《钦定学堂章程》对师范教育体系进行了正式的规定。要求高等学堂应附设师范学堂一所，如京师大学堂内开设师范馆等，培养各地中等教育的师资队伍，这标志着我国师范教育的开始。1904年，《奏订学堂章程》对师范教育章程进行了修订，把开设在京师大学堂的师范科改为独立的专门培养教师的优级师范学堂，由原来的附属院系升级为专门学堂机构。优级师范学堂则变为国家统一设置，成为专门培养中学师资的机构，这标志着我国定向型教师教育体系的建立。

　　教师的专业化发展在 20 世纪 60 年代开始兴起。这一时期的教师不仅开始职业化，更是开始了专职化。发展国际师范教育也在该时期面临着巨大挑战，表现在如下三点：一是世界各国的出生率下降，学生群体的数量减少，使得社会对教师的需求量减少；二是经济危机迫使各国减少对师资培训机构的公共支出，改为增大支出改善社会上出现的失业、贫困现象；三是许多国家的民众认为国家教育并未达到社会期望，并将教育质量不高的原因归咎到教师的师范教育上。面对这样的挑战，有关教师素质、教师专业发展、教师的作用与社会地位等问题成为国际社会的重要关注点。

　　1966 年，联合国教科文组织与国际劳工组织在《关于教师地位的建议》中首次以官方文件的形式对教师专业化做出了明确的说明，提出"应把教育工作视为专门的职业，这种职业要求教师经过严格地、持续地学习，获得并保持专门的知识和特别的技术"，强调了教师的专业性质，提出了教师这一职业的专业化要求，也是教师培训机构逐渐转变成真正的专业教师培训机构的开始。1975 年，联合国教科文组织第 35 届国际教育会议提出，需要将教师的职前培训和在职进修进行统一，强调教师专业的终身发展，此后也出现了"教师培训一体化"的概念。这对教师专业化的进一步发展提出了要求。从 1989 年开始，经济合作与发展组织相继发表了一系列教师及教师专业化改革的研究报告，如《教师培训》《学校质量》《今日之教师》《教师质量》等。1996 年第 45 届国际教育大会提出"专业化是改善教师地位和工作的条件，也是最有前途的中长期发展策略"。1998 年，"面向 21 世纪师范教育国际研讨会"在我国北京召开，大会提出"当前师范教育改革的核心是教师专业化的问题"。"教师专业化"这一认知在 20 世纪末达成共识，指引着 21 世纪教师教育的发展。

1.2.2　我国教师专业发展的历史

　　我国历来有尊师重教的传统。我国古代的思想家荀子在《荀子·大略》中明确指出，教师的作用关系到国家的兴衰、法制的存废和人心的善恶。"国将兴，必贵师而重傅；贵师而重傅，则法度存。国将衰，必贱师而轻傅；贱师而轻傅，则人有快，人有快则法度坏。"

　　我国对师资的重视由来已久，但创办师范学校，建立系统的师资培训制度却是在晚清时期出现的。在前面的内容中提到，我国最早成立的师范教育机构当数盛宣怀创办于 1897 年在上海南洋公学设立的师范院，而真正开启高等师范教育的机构是 1902 年在京师大学堂所设的师范馆。

　　我国早期的师范教育以学习日本模式为主，倡导定向培养。随着杜威、孟禄等美国教育家的到访，我国师范教育开始融入欧美等发达国家的教育模式，即注重多元一体模式，多种院校培养师资，但坚持职前教育与职后教育一体化进行，不设专门的在职教师进修机构。1922 年，中华民国政府教育部制定颁布《学制改革系统案》（即壬戌学制）提出要授予普通大学中的教育师资教育权，即中等师资的培训由普通大学与独立设置的师范学院共同承担。中华人民共和国成立以后，我国师范教育体系开始参照苏联的教育制度，在 20 世纪 50 年代进行了大规模的"院系调整"，将师范院校和其他综合性院校进行划分，并明确了各类院校的主要任务，教师的培养主要由独立设置的师范院校进行培训。

1978 年，教育部颁布了《关于加强和发展师范教育的意见》，强调"大力发展和加强师范教育，建设一支又红又专的教师队伍，是发展教育事业，提高教育质量的基本建设、百年大计"，并规定"为了办好师范教育，巩固和提高中小学师资队伍，应切实保证各级师范院校招收新生的质量；高师、中师学生，全部享受人民助学金待遇；高师、中师毕业生属于国家分配，应全部分配到教育战线工作"。这一时期师范教育要解决教育恢复时期教师队伍数量短缺的问题，促使了师范教育的发展走向繁荣，但是对师范教育的培训的具体要求确未得到体现。

1980 年，教育部在北京召开的全国师范教育工作会议上提出，"师范教育不是可办可不办的问题，而是一定要努力办好"，并强调了各级师范院校的培养任务。"高等师范院校本科，主要是培养中等学校师资；师范专科学校，培养初级中等学校师资；中等师范学校和幼儿师范学校，培养小学师资和幼儿园师资。"而关于在职教师的培训在此次会议中也进行了明确的规定，"各级教师进修院校是培训中小学在职教师和学校行政管理干部的基地，是我国师范教育体系中的有机组成部分""省级教育学院或教师进修学院，相当于师范学院；地（市）级教育学院或教师进修学院，相当于师范专科学校；县级教师进修学校，相当于中等师范学校"。会议提出的培养体系包括职前培训的师范大学、师范专科学校、中等师范学校以及职后进修的教育学院和学校，教师培养体系逐渐完整，结构完善，各级学院学校培养的师范人才层次分明。这一体系壮大了基础教育阶段的师资队伍，解决了基础教育阶段的师资供给问题。这种培养方式逐渐发展成为一种单一型、定向型和封闭式的培养体系，在当时为我国基础教育迅猛发展的师资需求提供了可靠的保证。然而这一教师教育制度培养下的师范生水平较低，师范教育研究主要集中在中等师范教育、高等师范教育和农村师范教育方面。

前面提出，20 世纪 60 年代国际上开始进行教师专业化运动，从 80 年代开始，我国也开始进行教师专业化运动。1985 年全国中小学师资工作会议后，我国开始有计划地对中小学教师进行大规模的学历教育。1986 年 4 月公布的《中华人民共和国义务教育法》中的第 13 条明确规定："国家建立教师资格考核制度，对合格教师颁发资格证书。"9 月，国家教育委员会发布《中小学教师考核合格证书试行方法》，要求中小学教师必须获得"教材教法考试合格证书"和"专业合格证书"。这是我国第一次规定任教教师需要取得资格证书，我国教师队伍发生了从"量"到"质"的改变。1993 年《中华人民共和国教师法》进一步完善了教师资格认定，其中第 10 条规定："国家实行教师资格制度，中国公民凡遵守宪法和法律，热爱教育事业，具有良好的思想品德，具备本法规定的学历或者经国家教师资格考试合格，有教育教学能力，经认定合格的，可以取得教师资格。"1994 年我国开始实施的《中华人民共和国教师法》规定"教师是履行教育教学职责的专业人员"，第一次从法律的角度认可教师职业是一门专业，教师具有专业地位，在师范教育史和教师队伍建设史上具有划时代的意义。1995年国务院颁布《教师资格条例》，2000 年教育部颁发《〈教师资格条例〉实施办法》，教师资格制度在全国开始全面实施。此外该条例还明确规定非师范毕业生通过教师资格认定也可进入教师领域，这为教师队伍注入了新鲜的血液。

2000 年，我国出版的第一部对职业进行科学分类的权威性文献《中华人民共和国职业分类大典》，首次将我国职业归并为八个大类，其中教师属于"专业技术人员"一类，定义为"从事各级各类教育教学工作的专业人员"，下分高等教育教师、中等职业教育教师、中学教师、小学教师、幼儿教师、特殊教育教师、其他教学人员等小类。2001 年起，国家首次开展全面实施教师资格认定工作，进入实际操作阶段，从体制上保证推进教师专业化的进程，提高中小学教师质量。2013 年，以提高教师职业准入门槛，保障教师队伍质量为宗旨的《中小学教师资格考试暂行办法》颁布，并于 2015 年全国推行实施。该文件从三个方面提升未来中小学教师队伍的质量：一是要求教师资格证申请者必须是普通高等院校的学生，这项规定普遍提升申请者的学历要求，保障了资格证获得者的基本素质；二是从"省考"升级为"国考"，进行全国统一考试，要求更加严格规范；三是取消师范生毕业后自然取得教师资格的规定，要求师范生与非师范生一样都要参加全国统一的教师资格考试，合格后才能取得教师资格证。这项规定对入职教师队伍的人员进行统一要求，提高了教师行业的要求标准。从 20 世纪 80 年代开始到 21 世纪，我国教师资格认定的制度逐步完善，展现了教师专业发展的变化历程，我国教师队伍专业的发展水平逐渐提高。

与此同时，我国师资培养机构自 20 世纪 90 年代末开始也得到了发展提升。1999 年颁布的《中共中央国务院关于深化教育改革全面推进素质教育的决定》提出，"2010 年前后，具备条件的地区力争使小学和初中阶段教育的专任教师的学历分别提升到专科和本科层次"；2001 年颁布的《国务院关于基础教育改革与发展的决定》，再一次提出"推进师范教育结构调整，逐步实现三级师范向二级师范的过渡"。由此开始，我国逐步提升教师培养层次，停办了大量师范学校，小学师资的培养由 20 世纪 80 年代要求的中等师范学校提升到专科甚至本科层次，教师培养结构从低级向高级提升。目前我国的教师教育体系基本完成了从过去三个层级（中等师范学校、高等师范专科学校、师范学院或师范大学）向新的四个层次（专科、本科、硕士研究生、博士研究生）的转化。近年来，招聘博士生任职小学教师的趋势逐渐在北京、上海等一线城市出现。

教师的职前培训和职后进修也逐渐开始了一体化。2001 年，《国务院关于基础教育改革与发展的决定》中首次用"教师教育"的概念取代了长期使用的"师范教育"的概念，提出"完善以现有师范院校为主体、其他高等学校共同参与、培养培训相衔接的开放的教师教育体系"。"教师教育"这一概念，意味着将教师的职前培养、入职教育和职后培训连成一体，将教师教育过程视为一个可持续发展的终身教育过程，体现了教师教育的连续性、一体化与可持续发展的特征。

从相关的教学培养机构来看，《中共中央 国务院关于深化教育改革全面推进素质教育的决定》在 1999 年颁布，提出调整师范院校的层次和布局，鼓励综合性高等学校和非师范类高等学校参与培养、培训中小学教师的工作，探索在有条件的综合性高等学校中试办师范学院。《国务院关于基础教育改革与发展的决定》中再次强调，"加强师范院校的学科建设，鼓励综合性大学和其他非师范类高等学校举办教育院系或开设获得教师资格所需要课程"。来自综合性院校的师范专业毕业生和非师范专业毕业生可以由独立设置教师教育院校来培养教师，也可以由综合性大学和专门的理工大学设教育学院来培养教师，还可以是以中小学校为本来培养教师。这改变了 20 世纪 80 年代以来教师培养机构的封闭性，教师培训也逐渐向开放性发展。依据此类政策，一些综合性大学相继开设了教育学院，而一些师范类逐渐实现了向综合性大学的过渡。2003 年，教育部在《2003—2007 年教育振兴行动计划》中又一次明确提出并具体阐述了构建教师教育体系的任务，指出要"构建以师范大学和其他举办教师教育的高水平大学为先导，专科、本科、研究生三个层次协调发展，职前职后教育相互沟通，学历与非学历教育并举，促进教师专业发展和终身学习的现代教师教育体系"。这是对教师教育现状的客观反映和对未来发展趋势的把握。

1.2.3　国际视野下教师专业发展培训

1966 年，联合国教科文组织与国际劳工组织在《关于教师地位的建议》中首次以官方文件的形式对教师专业化作出了明确的说明。文件强调了教师的专业性质，提出"应把教育工作视为专门的职业，这种职业要求教师经过严格地、持续地学习，获得并保持专门的知识和特别的技术"。自此，各个国家对教师的培养和培训开始转变为教师专业发展。自 1966 年将教师职业认定为专业后，教师专业发展问题在美国逐渐兴起，在 20 世纪 70—80 年代才逐渐在欧美兴盛。80 年代以后，美国将教师教育的中心开始转向教师的专业发展。

美国教师专业发展培训。美国教师专业发展培训有两种模式。一是在美国的综合大学以大学本位的模式进行师范教育。这种模式下，学生在综合大学完成 4 年本科专业课程学习取得学士证书后，再进入两年的教育专业硕士学习阶段。学业合格后取得教育专业硕士学位。二是大学与中小学合作模式。为更有效地促进教师的专业发展，美国还采取了大学与中小学合作的模式。美国教育工作者在 20 世纪 80 年代开始探索一种融合教师专业发展、中小学教育改革和大学教育科研为一体的办学模式，以期建立大学、中学、小学的伙伴关系。1986 年，美国在布鲁克林市创办了第一所教师专业发展学校，此后此类学校在美国大量出现。这种高等教育机构与公立学校合作兴办的机构还包括专业临床学校、专业发展中心、实践学校等。

20 世纪 80 年代以后，这种教师专业发展培训的方式在一系列政策中得到迅速发展。大学与中小学合作的培训模式是大学教师和中小学教师共同承担教师职前培训的工作，其中大学教师负责为学生提供理论支持和帮助。中学指导教师指导实习生的实践教学，大学教师和中小学指导教师以及实习生共同解决实习中出现的相关问题。此类专业发展学校模式包括三方面的内容：一是培养实习生的教学能力，发展未来反思型教师；二是推动专业发展学校中在职教师的发展；三是促进大学指导教师的发展。中小学教师和大学教师的理论思想以及教学经验都会在实际教学指导中得到提升，同时也为职前教师提供了丰富的教师教育培训，在教师专业发展上具有很强的现实意义。

美国教师专业发展培训包括职前培训、入职培训和在职进修阶段。其中，职前培训丰富了教师专业发展培养的课程内容。在中小学教师的职前培训课程中，包括通识学科课程(自然科学、社会科学、人文科学和艺术、语言学)、专业学科课程(中小学教育科目)和教育科学课程(教育基本理论、各科教学法、教学实践)三类。课程设置体现了教师专业发展上要具备良好的综合素质、深厚的学科专业基础和科学教学方法。20 世纪 80 年代中期，舒尔曼等研究者提出学科教学知识的概念，认为"教师的专业基础知识不是学科知识，也不是学科知识和教育知识的简单相加，而是普通教育学与任教学科的结合以及教育学知识在任教学科的具体应用"，强调了知识的连贯性和融通性。

目前，美国中小学教师教育课程包括学科教育学、学科课程、学科教学法等，学科知识和教育学科融合，让学生把握学科的专业性和学术性。职前培训对师范生的教育实践环节也提出更高要求。自 20 世纪 70 年代开始，美国各个大学进行了师范生教育实习改革，注重职前教师的实践能力培养。全国师范教育鉴定理事会在 1979 年颁布《师范教育鉴定标准》，把教育实践作为职前师范教育的必备环节。大多数州规定教师资格证书的申请人除参加过教学实习外，还必须具有在学校中的实地经验。如今，几乎所有的师资培养计划中都安排有实地经验的内容。

美国在强调任职教师职前培养的同时也重视新手教师的入职培训，这是教师专业发展的重要环节。美国提出为新入职的教师提供 1～3 年有指导教师帮助的、有组织的入职指导计划，并为新手老师进行适当的实践方法和策略的培训，帮助他们进行教师专业化的发展。美国已有 27 个州正式通过并推广了州一级的新教师支持体系，1999 年全美已有 38 个州和哥伦比亚特区建立了新教师入职培训制度。入职培训在教师专业发展培养体系中逐渐完善。

1994 年美国颁布的《教育改革法》特别强调了教师的在职培训。《教育改革法》规定，"到 2000 年，所有教师都必须接受发展专业的继续教育以获得为教好学生所需要的知识与技能"。教师的职后培训方式包括远程教育和专业发展学校，在职培训的计划包括教育专业课程，教学方法课程，学科课程，现代科学技术等课程，同时还积极地将培训的基地和课程推广到中小学中，强调教师专业发展要理论联系实际。1985 年以后，一些州立法废除教师资格证终身制，目前美国大部分州实行教师资格证每 5～7 年更换一次，教师只有通过教学工作和教学进修的考核才能再次获得教师资格证。这也是促进教师的专业发展的有效方式。

法国教师专业发展培训。20 世纪 80 年代起法国开始关注教师专业发展的问题。法国师范教育在颁布的《教育方向指导法》下得到了进一步的发展，以提高教师的专业水平为宗旨，提出"力图训练出更多合格教师、训练出更好的优质教师，使教师们接受一种新的培训计划，使教学成为一个专业"。该法案规定建立大学教师培训学院，并成为学区内唯一的培养中小学教师的专门机构，从而确定了一轨制的师资培训制度。此后，法国政府开始对教师专业发展进行明确培训和指导。

法国针对教师专业发展采取的是大学本位的培训模式，即建立大学教师培训学院负责承担教师专业发展。该学院还强调教师这一专业的高标准性，要求进入大学进行教师专业培训的学生要具有大学 3 年或相等学历后才能申请进入师范学院进行 2 年的继续培训学习，经过总计 5 年的学习后才能从大学教师培训学校毕业。

法国教师专业发展培训包括职前培训和在职培训两个阶段。在职前培训中，大学教师仍然承担师范学校的教学工作，培训课程内容结构保证了教师扎实的专业理论知识。教师专业培训课程灵活富有特色，在课程设置上不仅重视师范生理论和师范技能的培养，还引进新技术和外语课程以满足时代发展对教师专业化发展提出的新要求。职前培训同样注重教育实习，重视教师专业发展的实践培训，规定学生要进行三个不同层次的教学实习：第一阶段的实习主要让师范生对教师的工作内容有初步了解，即"感知"阶段；第二阶段由指导教师带队，学生以小组的形式对任课教师进行观察分析，并进行少量的教学工作；第三阶段实习教师开始尝试承担教学工作。教育实习还强调中小学老师的职前交流，要求实习生跨学科和年级实习，安排实习生和中小学教师参观小学和中学各一次。大学教师训练学院每一学年末都要进行考核，每次考核的内容侧重各不相同。例如，第一年主要针对学生是否能够进入第二年的培训学习进行考核，第二年则侧重考核学生的教学实践、论文模块研究以及工作态度能否进入中小学的教师队伍。

在终身教育思想的影响下，法国也逐渐构建起教师职前职后专业发展一体化的模式。1972 年法国教育部颁布了《关于初等教育教师终身教育的基本方针宣言》，指出"教师培训是一个整体的概念，包括职前培训和职后培训"。此后法国的在职教育制度不断加以完善巩固，目前法国负责教师在职培训的有学区、省和国家三种主要培训组织，以及由民间团体举办、政府资助的辅助培训机构——暑期大学。通过这些培训，在职教师之间能够进行互相交流，促进教师的专业发展。而对在职老师而言，国家也有对应的评估方式。例如，规定小学教师每 3 年评估一次，中学教师每 4～5 年评估一次，这种专业的考核和评估也确保了教师专业发展的高效性。

英国教师专业发展培训。自 1966 年肯定了教师的专业地位后，英国的教师培训就转向了"促进教师职业的专业化"这一方向上。20 世纪 70 年代至 80 年代初期，英国的教师教育明确提出进行教师专业发展的培训。80 年代后，英国政府开始认识到在教育改革中，提升教师的专业化水平必须是教育政策中的重点议题。

　　英国采取的教师专业发展培养模式也包括两种。第一种是大学本位的培养模式进行师范教育。在英国师范教育中取得教师合格证书的途径有两条。一是研究生教育证书课程，这种途径包括两个阶段：第一阶段对学生进行三年或四年的学术培养；第二阶段学生要进行两年的教育理论和实践学习。二是教育学位学士课程，学生在大学教育学院和教育系进行三年或四年的学术性和师范性学习后就能取得教师资格证。第二种是校本教师培训模式。这种模式是以大学和中小学合作的教师专业培训模式。

　　20 世纪 70 年代，英国没有专门负责培养教师的国家机构，教师培训主要是由地方组织和大学联合负责。然而这种教师培训方式偏学术性，教学内容与教师的实际教学工作也相对容易脱节。1992 年，英国教育大臣克拉克(Clarke)公开表示，希望在学校中进行中小学教师专业发展的培训，以中小学为培训基地取代大学师资培养基地。自此，这种与其他国家不同的、具有英国特色的师资培养模式——校本教师培训得到了大力发展。这类校本教师培训以中小学校为基地，联合地方教育当局、大学或教师中心共同规划和制定教师培训方案。校本教师培训既有中小学教师的实践经验作为支撑，又有大学教师的学科理论作为指导，加强了教师实践和理论的深入融合。目前，英国政府已将校本教师培训列为一项基本国策，并将其与学校的课程开发和校本管理结合起来。同时英国的大学本位的教师专业发展培养模式在职前培训中也较为常见。

　　同样是在 20 世纪 70 年代，英国师范教育委员会通过师范教育调查后发表了《詹姆斯报告》。该报告提出了著名的师范教育新模式，即教师培训的三阶段论，把教师专业发展分为普通高等教育阶段、专业训练阶段和在职训练阶段。此后英国开始注重教师专业发展的连续性，并将教师专业发展培训分为职前培训阶段、入职培训阶段和在职进修阶段，并提出了三条建议。

　　第一，规范的师范生职前培训。英国特别注重对师范生的职前培训，在1998 年公布的《职前教师培训课程要求》中就对师范学校教学目标、教学要求、师范生取得教师资格证的学科知识、技能与教学实践能力进行了明确规定，形成了系统化的教师培训课程标准框架体系。严格要求师范生的教育实践培训也是加强职前培训的大力措施。20 世纪 80 年代英国提出把"合作式"的师范训练课程作为师范教育的法定要求。90 年代初，合作的师范教育体制在全英国迅速建立，即中小学、大学、地方教育当局建立伙伴关系。这种合作关系在学生教学实习中为实习生提供丰富的学科指导建议，让实习生在教学实践期间既能把握教学经验学习，又能结合理论分析教学中的实际问题，提高师范生教育实践的质量。同时学校还增加了师范生课程中教育实习的比重，如研究生的教育实习能占到整个教学课程的三分之一。本科课程中的教育实习还被分散安排在各个学期，让师范生从接触师范教育开始就参与实践学习，将教育理论的学习和教学实践并重同时进行。

第二，建立新教师入职培训制度。1999 年英国开始实施新教师的入职培训制度，并规定取得教师资格的教师必须参加 3 个学期的入职培训才能在中小学任教，并在入职培训中会要求指导教师、地方教育局对新教师进行监督和表现评估，指导教师还会根据每个新教师的具体情况制订有针对性的教师专业发展目标和计划。新教师的入职培训制度是建立在职前培养和职后进修之间的，这种全新的教师培养制度的建立使得新教师能更好地适应自己的工作，让职业发展更加专业化。

第三，校本教师培训成为独具特色的教师职后培训。英国多次下发文件要求教师必须要进行职后培训。近年来，英国教师的在职进修模式主要是谢菲尔德教育学院总结的六阶段模式。第一阶段，教师向大学培训部门或地方教育部门传达自己在哪些方面需要进行教育培训。第二阶段，中学与大学培训部门商谈教师培训计划。第三阶段，教师确定培训计划，提交并签订协议。第四阶段，在大学进行第一阶段的理论培训，主要是介绍新知识和新的方法论。第五阶段，在中小学实施第二阶段的实质性培训。第六阶段，培训结束。在职进修使教师注重发现教学中遇到的实际问题，并在进修阶段结合教育理论找到解决方法，在实际教学中验证这种方法的可效性，进而提高自己的教育教学质量。这样循序渐进、不断提升的教师在职进修模式能有效作用于教师的专业发展。

德国教师专业发展培训。德国的教师专业发展培训并没有非常固定的模式，它也不只是单一的以大学本位的模式进行教师培养。不同阶段的教师专业发展由不同组织负责，具有不同的培训方式。教师专业发展的培训包括三个阶段：修业阶段，即师范生的职前培训期；见习阶段，即师范生通过第一阶段的国家考试后进入教育见习阶段；进修阶段，即在职教师的培训阶段。

高水平的职前培训为教师的专业发展打下很好的基础。目前，德国的师范生培养基本上由学科性的综合大学或专科大学负责。高水平的具有学科性质的大学保证了德国师资培训的高标准、严要求。德国不同州的教师培训方式主要包括三类，第一类是以学校的类型进行不同的教师培养，分为基础学校教师、主要中学教师、实科中学教师；第二类是以教育阶段进行教师培养，包括小学教师、中学教师等；第三类是前两者结合进行培养。德国的在职培训阶段非常重视教育科学和教育研究的培训，教育学科的种类和占比在大学课程份额相当高。课程设置包括课程与教学、教育行为、教育理论、学习与信息加工、改革教育学史等 20 多种教育学科。这种重视师范生理论知识的学习，保障了师范生在之后的职业生涯中进行教育研究的基础，让教师专业发展更加顺畅。在大学取得合格证后，师范生需参加第一次国家考试。考试内容包括教育专业或学科教学法。

见习阶段为教师的专业发展提供保障。师范生在第一次国家考试通过后，需进入见习师范学校和见习师范学院进行见习培训，期限为两年。这一阶段包括理论学习和实践学习，理论学习以研究性质为主，实践学习则需要去指定的学校听课观摩或者试讲。在实习合格后，还要参加国家的第二次考试，考试的内容包括论文、课堂教学和书面考试。近年来，见习培训也要求师范生到学校的相关领域进行学习。这种方式让教师专业发展不仅局限于教学，还涉及教师的其他专业素质的发展。

制度化的在职培训规范了教师的专业发展。德国的很地区都制定了教师进修法，从法律层面上规定了教师进修是教师发展的必须阶段。负责组织教师进修的机构包括各地区负责的教师进修中心和民间的协会组织，进修的内容涉及学科问题、教育问题和社会问题。这三类进修内容的学习既保障了教师教学知识的更新，同时也保障了教育理论、教学方法的更新和社会关注的更新，使得教师的专业发展持续不断地前进。

德国严格的教师资格考核和评估制度保证了教师专业的长期发展。师范生要取得教师资格证首先要在综合大学学习合格并通过第一次国家考试，其次在经历两年的见习期并通过国家第二次考试后，最后成为学校的"候补教师"，并通过学校的试用期，才能获得正式的教师资格，但这类新手教师往往只能担当助理教师。在学校见习两年后，再参加一次国家考试才能被聘任为正式教师。任教三年后，教师还需要接受一次校长和当地督学的考核才能终生任教。德国还规定对中小学教授每四年进行一次评估，各州还需设置督学制度，每三年督学要对教师进行一次全面评价。严格的教师资格考核和评估让教师具有了提升自己专业能力和素养的意识，保证了教师自我长期的专业发展。

日本教师专业发展培训。日本教师教育经历了从"专业化"到"反专业化"再到"专业化"的三个阶段。在教师专业化运动影响下，1971 年日本通过的《今后学校教育综合扩充整顿所必需的基本对策》指出，"教师职业本来就需要极高的专业性"，此时便开始强调加强教师的专业化。1972 年日本学者三好信浩提出"教师教育"这个概念，并取代了"师范教育"和"教员养成"的概念。1997 年日本教师专业化观念重新落实到教育实践层面。

第二次世界大战后，在教育民主化改革总原则指导和美国干预下，日本确定了"开放型"的师资培训制度。即"只要经文部省认可，无论是国立、公立还是私立的大学均可从事师资培训"。改革后的日本便再无专门的师资培养机构。在第三次日本教育改革中，规定将东京教育大学改设为筑波大学，再开设兵库、上越和鸣门三所教育大学。三所教育大学设有基础教育教师的培养机构和专门为中小学教师设置的在职进修的研究生学部。这种教师专业发展培训摆脱了政府的管理和控制，具有很大的自主权。

日本教师专业发展培训包括教师养成、教师任用、在职进修三个阶段。教师养成阶段是一种开放式的教师职前培训，在这一阶段中，学生可以在综合大学或者师范大学学完教育法律规定的学分，而后就可以申请教师资格证。学生学习的教育科目主要是由基础教育学科、共同教学学科和专修专业学科构成的教师教育体系，并且近年来也在逐渐减少学科专业课程的学习，加大教育专门课程的学习量。开放型的职前培训方式增加了日本的教师教育培养的方法和渠道，注重了教师专业发展的学术性，提高了教师队伍的专业水平。

1988年日本政府修订了《教师资格认证法》，并在修订后开始采用新的教师制度，规定大学毕业生可以参加大学开设的"短期教师集中课程"，完成为期一年的教学实习、教育研修任务，取得教师资格证。而在在职进修阶段，日本法律明确规定，在职教师须参与不间断的在职培训。为了统一教师的职前教育和职后培训，新设置的三所教育大学需要着重提高教师素质和能力的在职培训，国家也会采取相关措施进行教师的在职进修。如日本国家教育总局每年都会对学校校长、副校长、教师等进行培训。教育部门还会在中小学教师中选出千名教师到国外参加一些长期或短期培训。近几年，日本教育部门还规定教师资格证书的有效期限只有10年，在证书到期的前2年，教师需要进行为期30小时的在职培训。培训课程是经过由国家认定的、由大学独立举办或教委与大学合作举办的学习课程，其中包括教育案例研究、教案制作、课堂教学环境模拟等。

中国教师专业发展培训。1993年《中华人民共和国教师法》规定，"教师是履行教育教学职责的专业人员"，第一次从法律的角度确认了教师职业是一门专业，教师具有专业地位，这在师范教育史和教师队伍建设史上具有划时代的意义。1995年教师资格证制度在我国建立，为教师专业发展提供了条件和机遇。1998年"面向21世纪师范教育国际研讨会"在北京召开，会议明确指出"当前教师教育改革的核心是教师专业化问题"。我国的教师专业发展起步较晚，教师专业发展的培训也还在起步阶段。

我国对教师专业发展的培训主要以大学本位的模式进行。从20世纪80年代开始，我国就在为教师的专业发展进行一系列改革。一些高等师范院校开始向综合师范院校转型，即开始教师教育大学化。这样充分利用大学优势，以大学本位的模式进行教师专业的发展提高了我国师范生的专业培养水平。2001年《国务院关于基础教育改革与发展决定》提出加强师范院校的学科建设，鼓励综合性大学和其他非师范类高等学校开设教育院系或开设教师资格所需要的课程。自此，一些综合性大学开始开设教育学院，而一些师范类大学也逐渐向综合性大学过渡。我国的职前培训开始注重"学术性"和"师范性"并重。

我国教师专业发展培训包括职前培训和职后培训两个阶段。为了提高教师队伍的整体水平，达到较高程度的教师专业化，我国的师资培训教育体系从20世纪90年代末开始进行了改革。教师培养结构从低级逐渐向高级提升，教育体系结构的调整促使了在职培训内容的不断完善。我国师范生的课程内容包括通识课程，即为了提高学生的整体素质由学校统一开设的公共课、学科基础课，目的是让学生掌握学科基础知识理论和技能；专业课可以促进学生构建专业基础知识体系；实践课让学生将学习到的理论应用于教学实践，丰富实践经验。

然而对于我国而言，这种教师专业发展的职前培训和在职进修两个阶段之间存在一定的脱节问题。针对这一问题，2001年《国务院关于基础教育改革和发展的决定》明确提出"完善教师教育体系"，即建立一体化的教师教育体系，将职前培养和职后培训连接起来，使教师不仅能够在职前进行教师专业的准备，还能在成为教师后继续进行专业再学习、再发展。我国也开始将一些师范院校与教育学院或教师进修学校合并，创建一体化的教师专业发展机构，针对中小学普通教师，中小学骨干教师和中小学校长这三个不同层次的教师展开相对应的培训项目与活动。与此同时，国家还从法律法规角度逐渐完善课程内容，让每个级别的教师都能根据自身的实际情况展开具体的专业培训。

【学以致用】

1. 从"师范教育"到"教师教育"，教师专业发展发生了哪些变化？
2. 我国教师专业发展历史中有哪些标志性的事件？
3. 比较分析我国与国际教师专业发展培训方式的差异性。
4. 我国教师专业发展培训对我国教师的成长有哪些帮助？

第3节　生物学教师专业发展应当具备明确的目标方向

【聚焦问题】

1. 生物学教师的专业发展指向是什么?
2. 生物学教师专业发展在内容和途径上有哪些分类?
3. 如何进行生物学教师专业发展的规划和选择?

【案例研讨】

小任是一名即将毕业的师范院校的学生。作为即将投入到中学生物学教学中的"职前教师",小任利用暑假的时间前往本市的一所中学进行教育实习,希望能够尽快地熟悉未来的工作环境。趁着实习工作不太繁忙,小任想要先利用假期的时间对自己未来的职业发展进行规划。这时,"教师专业发展"一词在他的脑海中闪现出来。可是为什么要参与专业发展,专业发展又是什么样子的,这些问题使他感到有些迷茫。于是他去询问了教研组内的几位生物学教师,希望得到他们的解答。

组里一位已经有多年教龄的教师 A 对他说:"专业发展培训一般都是教给你一些新的知识和理念,对你日常教学其实影响不大,你还是应该找个师傅好好带带你,这样进步比较快。"而与他几乎同龄的另一位教师 B 则说:"专业发展的目标有很多呀,你要选择适合自己的类型。规划专业发展的路径对于个人成长和发展是相当重要的。"

听完两位教师的回答,小任感受到每个人对于教师专业发展的理解千差万别。那么对中学的生物学教师而言,这种专业发展的指向究竟是什么?又有哪些类型和途径呢?怎样才能帮助自己更好地作出职业规划与选择呢?

明确教师专业发展的指向性,了解其不同的内容和途径分类,进而更好更快地在各类培训项目中做出选择,是中学生物学教师应具备的基本知识和能力。尽管教师培训的主题和内容千差万别,但其目标指向和规划考量的思路则是相对固定的。本节内容将从这些方面入手,帮助生物学教师更好地建立专业发展的意识,明确职业发展的目标方向。

1.3.1　生物学教师专业发展的指向

同其他学科教师一样,生物学教师的专业发展是值得教师在职业生涯中细心规划的重要内容。对于究竟什么是教师的专业发展，以及教师专业发展的指向性，不同的学者和教育工作者们会给出不同的理解与定义。结合生物学教师的特征及不同学者的定义，可以从微观、中观和宏观三个层次的视角明确生物学教师专业发展的指向。从这三个层次上来看，专业发展指向呈现出从教师个体到教师群体再到社会行为的依次递进关系(图 1-4)。

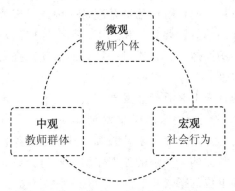

图 1-4   教师专业发展的指向层级

首先从微观的角度上看，生物学教师的专业发展指向每一位教师个体。依照戴(Day)、利特尔(Little)对教师专业发展的定义，它应当是通过一些有利于教师个体的行为，目标指向在一定程度上或根本上是提高在职教师的职业能力，使教师能够适应自己所在学区现在或将来将要达到的一切活动，最终指向课堂教育质量的提升。也就是说，对于生物学教师而言，这种专业发展的指向应当是通过参与一系列的培训活动或计划，提高自身在生物学教学上的内容知识水平、生物学教学知识水平以及教学策略与技能，让自己能够成为一名合格的"生物学教师"，并能够很好地参与到学校、学区以及所在省市的各类教研活动、教学评比及考核活动当中，不断提升自己的课堂教学质量。在这一角度上看，它着重针对教师对自我意识的反思，明确个体在发展过程中的目标，指向自身水平的提升及自己所教班级学生学习效果的提高。

其次从微观角度上进行过渡，可以比较容易地延伸到中观角度——关注教师群体层面上的生物学教师专业发展。在这里需要强调关于"学习共同体"的重要作用。在利特尔的定义中，学习共同体的存在被看作能够促进教师成长与发展的重要机制。它认为教师群体间的合作会比教师个体单独进行的专业发展具有更显著的效果，而这种合作不光体现在一些正式的共同体与活动上，也同样体现在一些非正式的情境中。例如，同一个年级或者同一个教研组的生物学教师、参与同一个专业发展培训项目的教师或者对同一个问题具有相同的兴趣进

29

而建立起学习小组的教师们之间都可以看作这种互相合作的群体关系。通过彼此间的交流讨论和学习，生物学教师可以获得更快速的自我提升，达成目标。当然，有些时候这种群体层面上的教师专业发展还可能发生于一些短暂的、非正式的场合下。例如，两位生物学教师在下课后一同从教室走回办公室的途中所进行的对于刚刚授课的回忆和反思、午餐时候进行的关于未来教学思考的短暂对话，都能够被看作共同体合作的提升途径。因此对于教师群体层面的专业发展而言，交流是其中的关键要素。相比于教师个体层面，它将生物学教师的提升扩展到了一个小的团体，旨在通过一系列的活动来提高这一个群体内教师的整体生物学教学水平。

最后再从宏观的视角上来看专业发展。宏观层面上的定义则更加的抽象化和概念化，它认为生物学教师的专业发展本质上是一种社会行为。格里诺（Greeno）曾指出，从这个角度上看待教师专业发展的架构，更多地不再是集中于某一次或某几次独立的、离散的如工作坊、研讨会或者大学课程等这类活动。它更多的是一种上位的概念化的观点，是一种交互式的、具有社会性特征的行为。在这种定义下，生物学教师专业发展更加倾向于教学研究中的定义，不再关注于某一位或某几位生物学教师，也不再着眼于某一次或某几次的培训活动。从社会行为的角度上看，更像是跳脱出日常培训的辅助者或者促进者的视角，概括地指向所有生物学教师在提升自身教学效果、帮助学习者更好地学习的过程，从整个社会的层面上来关注能够提升生物学教师专业素质的抽象或具象化的一切行动。

明确了从个体到群体再到社会行为的生物学教师专业发展指向后，可以看出不同学者对于这种专业发展的定义是各不相同的。不仅如此，教师们也可以明确地感受到专业发展从内容到形式上都是千变万化的。在这里需要再从过程性与目标性的角度上引出阿瓦洛斯（Avalos）提出的教师专业发展的一个核心指向——专业发展应当是关于教师学习的、关于学习如何去学习的以及怎样将教师的知识转化为实践，最终使他们的学生受益。

从生物学教师的角度上可以对这一核心指向进行展开叙述。它强调生物学教师的专业发展实质上是将每一位生物学教师看作"学习者"，由此所展开的一系列"学习活动"。而这种"学习"的关注重点不仅仅是教师在活动中最终学到了哪些具体的知识和技能，而是强调学习的"整个过程"，其中囊括了生物学教师们在发展过程中对学习内容的选择与决策、学习的目标、如何去进行学习、学习到了什么、如何将学习到的内容应用于生物学课堂教学、实际的应用效果又如何以及最后学生们是否通过这种教师的学习而得到了学习效果上的提升。这种从选择开始，到最终教学实践的整个过程，都是生物学教师专业发展的目标指向。因此仅仅探讨生物学教师在培训活动中学到了什么是十分片面的。

而在上述关于生物学教师专业发展指向的全部内容当中，明确专业发展活动和培训活动实施效果之间的相关性，是研究者和教师们都会普遍关注的重点(图 1-5)。对于进行教师培训的研究者来说，通常会着重收集培训前后的试题测试成绩、访谈记录或者满意度调查问卷等数据，明确参与培训前后教师的知识或技能增长情况，进而说明培训活动的实施是否对教师具有正向提升的积极作用；而生物学教师们也会着重关注在参与培训之后自己对某个生物学概念有没有更清晰的认识、学到的教学策略能不能应用于课堂教学以及新策略的应用能不能帮助学生在生物学知识测试当中取得更好的成绩。

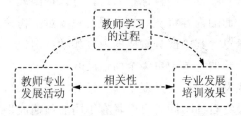

图 1-5　教师专业发展活动、过程与实施效果的关系

诚然，了解培训效果是教师专业发展提升实施的不可或缺的重要部分，但是近年来越来越多的学者开始强调，对于教师展业发展项目来说，明确教师是"如何"学习的，与教师学到了"什么"应当具备同等重要的地位。特别是在大多数教师都只关注学到了"什么"的现状下，了解教师是"如何"学习的，开始被学者们认为具有更大的价值与更重要的意义。

教师的学习过程本身包含了很多重要的信息。从知识的角度上来看，它指向教师从某个生物学或者教学法概念由不了解到完全掌握所经历的理解层面的动态变化，例如，教师在完全掌握某个概念之前所产生的前概念、不完备概念甚至是错误概念，明确这些内容与教师最终正确掌握概念之间的关系以及了解为什么会发生这种理解上的变化；从技能上来看，它指向教师对一种技能策略从只能落实在书面上的理论过渡到熟练应用于课堂当中的应用现状，这其中包括了教师在应用过程中可能遇到的问题或者障碍，以及教师是如何克服这种障碍最终实现了理论到实践的完整过渡的；从情感或者心理层面上，它指向教师在对待一种知识或者技能从陌生甚至是抗拒，到逐渐认可并肯定，再到产生想要使用它的心智变化过程，以及这种心态变化产生的干预因素及理由等。

对教师在专业发展中学习过程的关注，能够更为有效地了解教师的学习效果与培训内容设置的合理性，针对教师认知发展的过程及时调整活动内容和走向，这对于培训效果的整体提升具有非常重要的价值。在实践操作过程中，研究者可以更多地关注教师培训中的过程性数据，如教师课堂中的发言、提问以及小组讨论的内容，以及在过程中产生的一些写作任务、访谈记录等信息。而对于生物学教师自身而言，应当在参与整个培训活动的过程中不断进行反思并加以记录，如形成记录教学反思日志的习惯，在培训中或每次培训后随时记录自己的疑惑或思考，能够站在第三视角上随时审视自己的整个发展过程，及时明确自身的发展需求，调整发展方向。

1.3.2　生物学教师专业发展的内容与途径概述

明确生物学教师专业发展的目标指向后，可以帮助教师更好地了解专业发展的内容和途径。下面的内容将从更加宏观的角度对生物学教师专业发展的内容和途径分类进行概览，其中部分重要的内容如学科知识、学科教学知识与教学法知识等，将在后续的章节中更为全面地展开。

生物学教师专业发展的过程是复杂而多样的。依据参与者身份的不同、参与者所期望达到的最终目的不同，可以具有不同的预期成果。这其中包括但不仅限于提高生物学教师对于某个生物学概念的理解、对某种专业技能的掌握与提升、更新自己的教学工作内容与范围或者是用这些内容去支持支撑一些影响教师实践的教育改变与改革等。数十年来的文献研究逐渐揭示，教师作为学习者参与学习和发展的模式本身是一个复杂的过程，它需要组织并囊括一系列不同的要素，同时也会受到各种具有同等重要性的其他因素的影响。关于这些影响因素的叙述将在第 2 章第 3 节中具体展开。为初步了解这种复杂性，可以先从内容和途径上对专业发展进行划分。首先从内容上来看，生物学教师专业发展涵盖了多个方面的信息，主要的分类方式见表 1-3。

从学科与教学的角度上来看，生物学教师专业发展的内容可以分为学科内容知识（Content Knowledge，CK）、教学知识（Pedagogical Knowledge，PK）和学科教学知识（Pedagogical Content Knowledge，PCK）三部分，而对于这种分类方式很多教师并不陌生。

生物学学科内容知识主要集中在具体的生物学概念，如通过培训来帮助教师理解更多关于光合作用发展史的知识、关于免疫与克隆的最新进展和研究现状的知识等。它可以是集中于生物学教材上的内容，也可以是以核心概念为基础进行深入挖掘或者外部延伸的内容。教学知识也就是我们说的教学法或教育学知识，一般会脱离具体的生物学学科内容，集中在更为宏观的大教育层面。

例如，某种用以进行教育学测量评价的方法、某种新的课堂教学方式，或者是
最新的教育研究成果，等等。生物学学科教学知识则介于前二者之间，强调将
具体的生物学学科内容和教学策略与方法相结合，形成针对具体生物学知识的
教学策略和教学理解。如在呼吸作用主题下所生成的能够帮助学生更好地理解
学习这一概念的课堂教学策略与手段。它可以来自已有的前人研究成果，也可
能产生于教师在进行教学实践时自发形成的经验。近年来，对于 PCK 部分的
知识开始被认为能够更为有效地促进教师的自身成长与发展。

表 1-3　生物学教师专业发展的内容分类

分类角度	分类类别
学科与教学角度	(1)生物学学科内容知识(CK) (2)教学知识(PK) (3)生物学学科教学知识(PCK)
知识综合角度	(1)综合与通识类知识内容 (2)生物学学科知识类内容 (3)教学法或方法类内容 (4)实践经验类内容
技能与态度融合角度	(1)知识增长(Knowledge) (2)技能提升(Skill) (3)性情转变(Disposition)

从知识综合的角度上来看，这种专业发展的内容可以划分为：①综合与通
识类知识内容；②生物学学科知识类内容；③教学法或方法类内容；④实践经
验类内容四部分。其中上述所说的学科与教学角度的内容可以涵盖中间的②、
③两部分。除去这些与生物学学科知识相关的内容和教学法内容外，专业发展
的知识还可能包括综合通识与实践经验。

综合通识类的知识范围更大，它包括了除教材中所提及的生物学概念之外
的一切知识与概念。这其中包括但不仅限于其他学科如物理、化学、地理等与
生物学学习可能相关的知识，以及一些在生活中所获取的能够更好地帮助问题
处理与解决的常识类问题等。而实践经验类的知识则是在实践应用中获取的、
可能有别于理论知识的内容，例如，某种教学策略在实际生物学课堂实施的过
程中，依据课堂和学生的表现情况而进行的改良与优化，以及学生和教师在课
堂实施中可能遇到的问题、给予的反馈和回应等。

  技能与态度融合的角度相比于前两种分类则更加宏观。它类似于生物学教师在教案撰写中常出现的"三维目标",将内容划分为知识增长、技能提升和性情转变。上述的两种知识类分类内容都可以涵盖在这一分类下的第一部分,因此对于第一部分内容不再展开描述。有学者指出,对于一个优秀的教师来说,知识、技能和性情的提升具有同等重要的地位。

  在技能提升部分,分类强调生物学教师能够在专业发展培训的过程中获得实际教学行为的变化,即教师通过培训后所获取的不仅仅是来自各个角度的理论知识与概念,还应包括一些教学技能与方法的提升,特别强调教师能够将这种改变切实地应用于日常的生物学课堂教学当中,改变原有的教学设计或结构,提升教学效果。而性情转变指教师能够通过专业发展培训在态度上产生一定的变化。这种变化可以是有实际行为体现的,也可以仅仅是内心情感上的变化。例如,教师表现出对某个培训内容的强烈认可与肯定,对已有课堂教学现状表现出的困惑与不满,也可能是更加愿意主动地参与到后续的培训过程中、产生更强烈地改变自己课堂教学的意愿的行为等。在这一分类视角下,生物学教师的专业提升是多方面的。无论是知识的增长、技能的改善还是情感的转变,都可以看作培训给教师带来的有效作用。

  从培训的途径上看,教师的专业发展可以从活动形式、内容综合和目标指向三个角度进行分类。活动形式指的是专业发展过程中所采用的培训活动的种类;内容综合指的是活动在综合性上是更倾向于分离的还是组合的;目标指向指的是培训更加关注的是理论传递还是实践的操作(表1-4)。

表 1-4 生物学教师专业发展的途径分类

分类角度	分类概述
活动形式	从传统型的教师专业发展活动转向改良型的活动形式
内容综合	从分离的、独立的活动转变为更加综合性的、战略组合型的活动
目标指向	从纯理论传递的培训转变为更加注重实践操作和技能提升的培训

  从传统型的教师专业发展活动转向改良型的活动形式,是生物学教师专业发展培训的第一个途径特征。传统型的培训活动一般在学校外部指定地点,利用节假日的时间遵循固定课时进行培训。如常见的单一次数的培训工作坊、培训学院或者主题授课等。而改良型的培训活动出现较晚,强调将培训融入教师的日常教学当中,一般会选择在学校内部开展,灵活安排时间,如小组学习、合作学习或者导师学徒制等。就目前国内的情况来看,传统型的培训活动更为常见,广泛分布于绝大多数的培训计划当中。改良型的培训活动由于更加贴合

生物学教师的日常工作，能够将培训内容与实践反馈更有效地结合，因此在这两年中正在逐步兴起，并在教师培训中起到了非常好的效果。这种活动形式的过渡也是专业发展更加关注教师真实课堂的良好体现。这一部分内容将在第2 章中具体展开。

从分离的、独立的活动转向综合性的、战略综合型的活动，是生物学教师专业发展培训的第二个途径特征。专业发展开始由最初针对一个单一的话题或者主题、建立互相分离的、独立的培训活动，转变为开始寻找不同活动之间的内容联系与逻辑关系，形成不同主题或内容领域相综合、由单次培训的小目标构成整体培训计划综合性目标的战略考量。这种综合性一方面能够加强培训的内容深度与培训意义，更重要的是不同活动之间的综合贯通可以让彼此间起到互相强化和帮助深入理解的作用，避免离散活动结束后缺乏后续持续的记忆刺激而导致的培训效果遗忘较快、实践应用难度较大的问题。

从纯理论传递的培训转变为更加注重实践操作和技能提升的培训，是生物学教师专业发展培训的最后一个途径特征。早前的很多生物学教师培训活动多以讲授的形式，由专家进行授课培训，教师进行听课记录。其主要的目标是传递新的理念或者教育理论，极少涉及实际的操作。近年来，培训活动开始转向更多地关注教师的技能提升。这种提升不仅表现为在培训活动中融入更多的小组合作、动手探究的机会，也体现在培训活动后对教师实际课堂应用的持续追踪与跟进活动。这种实践的融入一方面能够帮助教师在培训活动中及时地理解理论所传递的意义，产生学习的动机与兴趣；另一方面则有利于教师在实践中随时发现问题，有针对性地解决困难。从这些不同的途径特征中，可以看到虽然我国目前的生物学教师专业发展培训活动还存在着很大的提升空间，但在近年来已经在朝着更加效率化、实际化的方向快速前行。

1.3.3　生物学教师专业发展的规划与选择

面对信息爆炸的 21 世纪，生物学教师专业发展领域中遍布了众多的专业发展形式以及内容理论成果。无论对于生物学教师而言，还是想要从事教师专业发展研究的教育工作者而言，如何进行培训的选择、如何规划一个有效的教师专业发展项目，都是从最开始就要进行仔细考量的问题。这要求参与者们在培训伊始就要对培训的需求进行有效分析。从宏观框架上来看，这种分析可以划分为两大类，分别是组织分析与任务分析(图 1-6)。

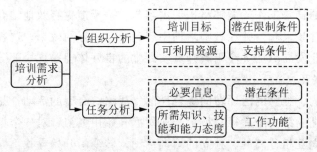

图 1-6　教师专业发展培训需求分析

　　组织分析强调专业发展项目的组织者和参与者需要概述在系统层面上的组织构成。对于研究者来说，它是在进行培训初期设计时所进行的规划与考量；对于参与的教师来说，它是用来帮助教师判断是否选择参与某一培训活动的依据。对组织分析的考量包括了关注培训的目标、能够利用的资源、潜在的限制条件以及支持条件等诸类因素，以及因素之间的一致性，这也是整个培训活动从设计开始关键的第一步。

　　从研究者的视角上来看，组织分析的完成是帮助研究者确认培训可以进入实施的前提保障。例如，培训目标强调研究者需要率先明确本次培训的设计目的，并考虑通过研究的实施能否最终达成这一目的；可利用资源则是从外部客观条件上确认是否有足以支撑项目完成的必要场所、时间以及资金支持等，避免项目中途流产；潜在限制条件需要考虑到一系列会中断或者阻碍项目顺利实施的因素，这其中包括培训者、参与培训的教师以及外部环境和内部动机等各个方面的考量；支持条件则是汇总除研究者外是否有能够帮助项目顺利实施的各方面的支持，以及在实施过程中遇到困难与问题时，这些支持条件是否能够帮助研究者克服困难、解决问题。

　　从参与培训的生物学教师的视角上看，组织分析的完成可以让教师更加理性化地看待整个培训，避免因为一时兴起或认识不足而误参与或错失培训的机会。例如，培训目标指向教师通过本次培训后究竟想要达到怎样的自我提升效果，以及这种预期是否与培训的走向相一致；可利用资源指通过参与本次培训后，教师能够在物质和精神层面上收获怎样的回报；潜在限制条件包括实际阻碍教师参与培训，或者可能在培训途中造成无法继续参与的各类内部和外部的影响因素；而支持条件则是教师所拥有的能够帮助自己完成培训、达成预期培训目标的一系列条件和属性。

　　综合来看，研究者设计者和参与培训者在这几个方面的分析具有一定的相似性，但落实到实际操作中时却略有区别。一致性体现在双方都建立在能够让培训完整顺利地实施的基础上。但设计者更关注培训项目本身的完成情况，即更加关注培训的可行性；而参与的教师则更关注自己在培训中的主体地位，即关注对自己来说项目是否具有参与的适用性。以某一个"概念转变教学实践"专业发展培训的主题活动为例，可以从表1-5中具体对比二者在组织分析上的具体考量。

表 1-5　教师专业发展组织分析的案例对比

组织分析维度	研究设计者	培训参与者(生物学教师)
培训目标	概念转变教学在生物学课堂中的实践应用	学习如何在课堂中使用概念转变教学法
可利用资源	培训的场地、面向的教师受众、培训专家等	跟领域专家交流的机会、发放的书籍资料参考文献、提供的餐饮交通方式等
潜在限制条件	培训的时长有限、培训内容较多较复杂、没有足够的辅助者来帮助项目实施、教师没有相关基础知识	对概念转变理论并不清楚因此讨论实践难度较大、课时工作限制无法全程参与、学校无法批假
支持条件	项目组的物资和经济支持、市区教育部门的合作支撑、研究团队的共同协作	所在学校领导的支持、能够进行课堂实践应用尝试的自由度、培训专家组的持续跟进帮助反馈和问题解答

　　任务分析则强调了在具体的项目实际操作时，从各个角度上来了解执行培训项目所需的内容，这其中包括了项目实施必需的信息、详尽描述完成任务时所需要的工作功能、潜在条件以及完成任务所需的知识、技能和能力态度。对培训组织者来说，任务分析能够帮助研究者更好地规划培训实施，确保项目按照预期的组织顺利执行。对于参与项目的教师来说，任务分析能帮助教师在参与培训项目后确保培训实施效果，尽可能多地从培训当中受益。

　　同样先从研究者的角度来看，任务分析涵盖了培训在实际执行过程中所需要的一切资源，以及可能遇到的具体的影响因素。必要信息包括了执行过程中的所有计划与安排，如授课专家的信息、具体主题的信息以及单次培训的细致安排等各个方面；工作功能指向尽可能地描述出实际进行培训的工作操作，相关的一切详尽的执行计划；潜在条件指项目在执行的过程中随时可能遇到的细小的潜在的问题、影响执行效果的困难或者额外的帮助条件；而所需知识技能和能力态度则特指在专业发展层面上的理论知识、操作经验和角色定位等。

而从参与培训者的生物学教师的视角上看，任务分析中的各个要素不是完全均等考量的。例如，工作功能部分，由于一般情况下参与教师都是学习者和信息接收者，所以不一定有具体的工作和任务。但在一些特别的如引导教师进行项目学习或完成的培训中，可能涉及教师的工作安排；必要信息和潜在条件与研究者相似，都是需要去考量在具体的培训活动或者课程安排当中如何获取必要的参与信息，以及自身在学习过程中可能存在哪些限制条件，或者相比于其他参训教师来说自身具备怎样的优势。教师的任务分析重点集中在所需知识技能和能力态度上。教师需要充分考虑自身的已有条件是否能够帮助培训目标的达成。这其中包括自身对所学知识点的理解、自己课堂的掌控能力以及对主题的喜好和态度。例如，作为尚不能完全熟练控制课堂时间安排的新任教师，想要实践一些需要对课堂架构进行大幅变更的课堂技能或培训内容会遇到非常严重的困难，进而导致培训效果无法顺利达成。

与组织分析相类似，这其中很多需要研究者或教师进行考量的因素是相通的。如潜在条件和必要信息贯穿于项目从规划到实施的始终，是需要参与者时刻留意的要素。组织分析和任务分析的主要区别在于阶段和视角的不同。组织分析一般处于项目设计阶段或者教师是否参与项目的选择阶段，它更多的是一个意识层面的思考，预判可能产生的各类问题，从宏观上进行抉择；而任务分析则一般处于项目已经开始执行或者教师已经决定参与到某一个项目当中去的实施阶段，它更多的是在实践当中依照具体真实发生的问题进行解决，从相对微观的角度上来处理各类可能面对的细节。同样还是以上述的情境为例，具体来看研究者和教师在任务分析阶段的异同（表1-6）。

表1-6　教师专业发展任务分析的案例对比

组织分析维度	研究设计者	培训参与者（生物学教师）
必要信息	由什么专家针对哪一个具体的话题进行授课、培训采用的课程模式、具体的课时和休息安排、参与教师人数及如何分组等	培训的时间和地点以及授课人、培训人员的联络方式、参与报名途径等
工作功能	针对某一场具体的培训工作坊如何组织展开、设计者和执行人在其中扮演怎样的角色、如何应对突发的情况等	在培训中如何学习，以及在部分活动中可能会产生的其他角色，如何带领组员一同开展活动，如何完成在培训中的计划和任务等

续表

组织分析维度	研究设计者	培训参与者(生物学教师)
潜在条件	在执行过程中遇到的潜在的困难和帮助条件(如某次工作坊中外聘教师的语言翻译问题、国内外教师课堂的表现积极性的差异)	自身对于某个主题的兴趣所造成的对该次课程理解的不同、先前的错误理解所造成的对主题的理解偏差、所在学校的教学资源无法支撑完成培训布置的任务或者工作
所需知识、技能和能力态度	培训者关于教师专业发展相关的理论知识、如何进行项目开展、引导和数据收集方面的技能,对待参与教师的态度和角色定位	帮助理解和学习当前知识的其他知识基础(如概念转变的理论背景和认识论定位、课堂开展探究活动的能力、对待培训主题的认可度和学习参与积极性)

可以看出,研究人员是否要设计实施一个培训项目,或者参与的教师是否要选择一个培训活动参加,都是需要经过慎重思考理性选择的。无论是在培训之前还是在培训的过程中,都存在着诸多问题需要方方面面的人员多加权衡。进行完善的培训需求分析,可以帮助研究者更好地实施培训计划,也可以帮助教师更好地规划自己的职业发展方向,避免偏离自身预期的目标,为自身节省出更多的时间。

【学以致用】

1. 了解身边关于生物学教师专业发展培训的相关信息,并从中选择一个自己感兴趣的项目,说出它在内容和途径两个方向上分别属于哪一个类别?

2. 在问题 1 的基础上,针对这个培训项目分别进行组织分析与任务分析,判断该项目是否适合自己?你是否准备参加?并说明判断的理由。

参考文献

[1]Avalos B. Teacher professional development in Teaching and Teacher Education over ten years[J]. Teaching and teacher education,2011,27(1):10-20.

[2]Dall'Alba G,Sandberg J. Unveiling professional development:A critical review of stage models[J]. Review of educational research,2006,76(3):383-412.

［3］Day C. Developing teachers：The challenges of lifelong learning［M］. Falmer：Falmer Press，1999.

［4］BanksF，Mayes A S. Early professional development for teacher［M］. London：David Fulton Publishers，2001.

［5］Greeno J G. On claims that answer the wrong questions［J］. Educational Researcher，1997，26(1)：5-17.

［6］Grossman R L. The making of a teacher ：teacher knowledge and teacher education［M］. New York：Teacher College，Columbia University，1990.

［7］Jenlink P M，Kinnucan-Welsch K. Case stories of facilitating professional development［J］. Teaching and Teacher Education，2001，17（6）：705-724.

［8］Jim Graham. Teacher professionalism and the challenge of charge［M］. Trenham Books Ltd，1999.

［9］Little J W. Teachers as colleagues［M］//Richardson-Koehler V. Educators' handbook：A research perspective. New York：Longman. 1987.

［10］Little J W. The persistence of privacy：Autonomy and initiative in teachers' professional relations［J］. Teachers College Record，1990，91(4)：509-536.

［11］Little J W. Organizing schools for teacher learning［M］//Darling-Hammond L，Sykes G. Teaching as the learning profession：Handbook of policy and practice［M］. San Francisco：Jossey-Bass，1999.

［12］McDiarmid G W，Clevenger-Bright M. Rethinking teacher capacity［M］//Handbook of research on teacher education：Enduring questions in changing contexts. London：Routledge，2008.

［13］National Education. Association. Division of field service：the yardstick of a profession［M］. Washington，D C：Institutes Professional and public Relations，1948.

［14］Salas E，Cannon-Bowers J A. The science of training：a decade of progress［J］. Annual review of psychology，2001，52(1)：471-499.

［15］Stinnett M T. Professional problem［M］. New York：The Macmillan Company，1988.

［16］陈伟. 西方大学教师专业化［M］. 北京：北京大学出版社，2008.

［17］陈永明. 当代日本师范教育［M］. 太原：山西教育出版社，1997.

[18]当代中国丛书教育卷编辑室. 当代中国高等师范教育资料选[M]. 上海：华东师范大学出版社，1986：215.

[19]杜静. 历史与现实的追问：英国教师在职教育的发展与动机研究[M]. 北京：中国社会科学出版社，2010：84，115-116.

[20]顾明远，梁忠义. 世界教育大系(教师教育卷)[M]. 长春：吉林教育出版社，1998.

[21]国家职业分类职业资格工委. 中华人民共和国职业分类大典[M]. 北京：中国劳动社会保障出版社，1999.

[22]郭齐家. 中国教育思想史[M]. 北京：教育科学出版社，1987：4.

[23]何东昌. 中华人民共和国重要教育文献 1949—1997[M]. 海口：海口出版社，1998.

[24]何东昌. 中华人民共和国重要教育文献 1998—2002[M]. 海口：海口出版社，2003.

[25]何东昌. 中华人民共和国重要教育文献 2003—2008[M]. 北京：新世界出版社，2009.

[26]黄怀信.《论语》中的"仁"与孔子仁学的内涵[C]. "儒学与实学及其现代价值"国际学术讨论会，2006.

[27]姜娜，许明. 教师专业成长的重要途径——英国新教师入职培训制度概述[J]. 教育科学，2002(4)：54-58.

[28]教育部. 教师专业化的理论与实践[M]. 北京：人民教育出版社，2003.

[29]教育部师范教育司编. 教师专业化的理论与实[M]. 北京：人民教育出版社，2001.

[30]教育发展与政策研究中心. 发达国家教育改革的去向和趋势——美国、苏联、日本、法国、英国 1981—1986 年期间教育改革文件和报告选编[M]. 北京：人民教育出版社，1986.

[31]劳动和社会保障部，国家质量监督检验检疫总局，国家统计局. 中华人民共和国职业分类大典[M]. 北京：中国劳动社会保障出版社，2015.

[32]李其龙，陈永明. 教师教育课程的国际比较[M]. 北京：教育科学出版社，2002.

[33]梁忠义. 谈日本教师的继续教育[J]. 比较教育研究，1996(5)：46-49.

[34]梁忠义. 战后日本教育研究[M]. 南昌：江西教育出版社，1993.

[35]吕达，周满生. 当代外国教育改革著名文献(德国、法国卷)[M]. 北京：人民教育出版社，2003：336.

[36]曲恒昌. 创建充满生机与活力的师范教育——《面向 21 世纪师范教育国际研讨会》论文集[M]. 北京：北京师范大学出版社，1999.

[37]孙培青. 中国教育史[M]. 上海：华东师范大学出版社，2009.

[38]孙玉玺. 发达国家教师的在职进修[J]. 中国成人教育，2000(8)：62-63.

[39]万勇. 关于教师地位的建议[J]. 外国教育资料，1984(4)：1-5.

[40]王家通. 日本教育制度——特征与趋势[M]. 高雄：复文图书出版社，1988.

[41]王建磐. 中国教师发展：现状、问题与趋势[J]. 教师教育研究，2004(9)：3-12.

[42]汪凌. 法国中小学师资培训大学级学院及其课程特点[J]. 外国教育资料，1999(1)：30-34.

[43]邢克超. 战后法国教育研究[M]. 南昌：江西教育出版社，1993.

[44]许明. 近年来英国师范教育的改革与发展[J]. 教师教育研究，1996(4)：73-78.

[45]袁桂林. 英国教师在职培训的六阶段模式[J]. 外国教育研究，1995(1)：13-14.

[46]赵中建. 国际师范教育发展的里程碑：第 45 届国际教育大会简介[J]. 高等师范教育研究，1997(2)：76-80.

[47]中国社会科学院语言研究所. 现代汉语词典[M]. 7 版. 北京：商务印书馆，2016.

[48]中华人民共和国教育部. 教育部关于印发《中小学教师资格考试暂行办法》《中小学教师资格定期注册暂行办法》的通知[EB/OL]. [2021-01-25]. http://old. moe. gov. cn//publicfiles/business/htmlfiles/moe/s7151/201309/xxgk_156643. html.

[49]中华人民共和国教育部. 中华人民共和国教师法[EB/OL]. [2021-01-25]. http://www. gov. cn/banshi/2005-05/25/content_937. htm.

[50]中华人民共和国教育部. 中华人民共和国义务教育法[EB/OL]. [2021-01-25]. http://www. npc. gov. cn/wxzl/gongbao/2015-07/03/content_1942840. htm.

[51]中华人民共和国教育部. 中国教育概况——2016 年全国教育事业发展情况[EB/OL]. [2021-01-25]. http://www. gov. cn/guoqing/2017-11/22/content_5241529. htm.

[52]钟启泉，陈水明. 现代教师论[M]. 上海：上海出版社，1999：189.

第 2 章　生物学教师专业发展的模式与要素

随着时代不断发展，生物学教师专业发展也在不断地向前推进。从小到几小时的专家培训工作坊，到持续一年至数年的导师学徒制培训方式，各种不同形式的教师专业发展模式层出不穷。教师们的成长道路各不相同，其中存在的可能影响因素也众说纷纭。了解不同培训模式的优势与不足，明确不同阶段的教师发展思路，关注更为有效的教师发展要素，对于设计培训或参与培训的教师、教育研究工作者来说都是十分必要的。

【学习目标】

通过本章的学习，学习者应当能够：

1. 明确教师专业发展培训中几种常见的不同形式，知道这些形式的培训活动所存在的优势、特点与不足；

2. 知道如何依据自身条件，选择更加适合于自己的培训活动模式；

3. 明确处于不同职业阶段教师的特点，能够对自己进行准确的定位分类，认识自身的条件特征与发展方向；

4. 能够说出影响教师专业发展培训有效性的几个主要影响因素，了解这些因素如何影响培训效果；

5. 能够综合各种相关条件与因素，分析一个教师专业发展培训项目的基本情况，并依据这些分析来选择适合于自己的培训活动。

【内容概要】

当今社会各类教师专业发展活动层出不穷，究竟哪些更加有效？这是一个因人而异、无法给出统一答案的问题。如何在有限时间精力的条件下，获得尽量高回报的培训效果，是值得每一位已经从事或即将从事生物学教学工作的教师思考的关键问题。在这之前，教师们不但要准确了解自身的条件以及目标需求，同时也要对不同教师专业发展模式有清晰的认识。本章内容将立足于生物学教师专业发展的模式和要素，向教师们介绍现今常见的几种主要的专业发展途径，并依据教师所处的从职前到专家的不同阶段给出不同的建议。此外，本章还将介绍在各类教师专业发展研究当中得到证实的一些专业发展有效影响因素。综合这些内容，希望能够帮助广大生物学教师对专业发展有更加清晰的认

43

识，进而帮助教师们选择最适合于自己的专业发展道路。

【学法指引】

在本章的学习过程中，读者可以遵循从理论到实践的路线，依照每节内容中的聚焦问题，理解节点中的理论难点，并将这些内容融会贯通。在学习完成全部的章节后，读者应当能够架构起关于有效教师专业发展基本框架，并能够剖析自身的条件与成长需求，依照框架在职业生涯当中实际地评价、选择不同的教师专业发展项目，最终在实践中得到切实提升。

第1节　生物学教师专业发展培训的形式多种多样

【聚焦问题】

1. 教师专业发展培训有哪些主要的形式？

2. 不同教师专业发展培训形式的优势和不足有哪些？

3. 如何选择适合自己的专业发展培训活动？

【案例研讨】

为了提高教师们的教学能力与水平，某高中的高一生物学教研组组长决定鼓励组内生物教师多多参与各类教师专业发展培训活动。在期末的研讨会上，各位教师分别就本学期参与的各种培训活动展开了讨论。

教师 A："我这学期参与了一个关于如何将探究式教学融入生物学课堂中的专家培训工作坊。通过与专家进行交流，我觉得这些理论知识是我们在日常教学中比较难以接触到的，而这些理论对于我们日后更好地改进教学是很有必要的。"

教师 B："我这学期参与了一个如何基于新版生物学课程标准来进行教案修改的研讨会。参与研讨会的教师都是来自市区很多学校的生物学教师，大家在一起分析新课标，动手修改目前的课程教案，相互交流自己的课堂情况，我觉得这些实践性的知识对我启发很大。"

教师 C："这学期课程比较多，所以我参与了一个在线的生物学教学论的 MOOC 课程。我觉得这种形式的培训非常适合我们这些授课任务较重的教师，因为我可以在午休等各种空闲时间随时研读课程材料，遇到不理解的地方还可以反复回看，这种模式有利于我们更好地接受新知识。"

教师 D："这学期是我授课的第一年，我没有在校外参加各种培训活动，但是我这一学期一直在跟着我的师傅王老师进行课堂观察。我觉得通过观察他的课堂以及通过他观察我的课堂向我提出问题和改进意见对我的帮助是巨大的，这种师徒的形式让我能够更快地从一名新教师向成熟教师转变。"

上述案例中，几位教师的讨论分别描述了几种不同的教师专业发展培训形式。可以看出，不同的培训模式有不同的特色和优势，同时也分别适合于不同身份的教师。了解这些不同的培训形式对于教师专业发展提升是很有必要的。

伴随着科学知识的不断膨胀式发展，生物学教师对自我的要求也在不断提高。越来越多的生物学教师愿意通过参与各类专业发展培训活动来提升自己的教学水平，丰富知识储备。面对数量众多、形式各异的培训活动，它们究竟都具有怎样的特征，优势和不足在哪里，又是否适合自己呢？本节内容将就上述这些问题展开，介绍目前常见的几种教师专业发展培训形式，帮助教师们做出选择。

2.1.1　理论丰富的专家培训工作坊

在教师专业发展的研究领域中一直存在着两类不同的培训模式：一种出现较早的培训模式，主张将培训设置在学校之外的指定地点，利用学校教学之外的时间，遵循固定的课程时间由专家辅导进行，这一类培训模式被称之为"传统式专业发展模式"；另一种培训模式起源较晚，主张将专业发展放置在日常的教学工作中，将全部或者部分的培训地点设在学校内，并按照教师的授课时间进行安排。这种培训模式则被称之为"改良式专业发展模式"（表 2-1）。在这个分类体系中，工作坊（Workshop）作为典型的传统式专业发展模式代表持续至今。

表 2-1　传统式与改良式的教师专业发展模式对比

项目	传统式专业发展模式	改良式专业发展模式
培训地点	教室外的指定培训地点	一般为教师教学所在学校或教室
培训时间	日常教学外的其他额外时间	多为教师日常教学时间
内容安排	有固定的课程安排计划	随教师的教学进度进行变化

项目	传统式专业发展模式	改良式专业发展模式
典型 培训形式	工作坊（Workshops） 培训学院（Institutes） 主题授课（Courses） 会议（Conferences）	学习小组（Study Groups） 合作学习（Cooperative Learning） 导师学徒（Mentoring）

对于教师专业发展而言，工作坊的培训形式作为传统式专业发展模式的代表，毫无疑问是最常见的教师专业发展模式，也是各类文献及书籍中常常提到的培训方法。它以成熟模式化的方式设计出固定的培训内容表，由一位或多位具有相关丰富知识和经验的专家引导参与教师进行学习。这种培训常常发生在日常下课后、周末或者是寒暑假的时间中。

在上述主要模式下，不同的培训工作坊也会在时间、内容形式等方面具有各自不同的特征表现。例如，在时间长短上可以从数小时到几天不等，授课模式可以是以专家讲授为主导模式也可以穿插融入小组讨论及动手操作的活动形式，而培训内容可以是针对一个生物学的重要概念也可以是一种教学技能或方法。但是需要特别注意的是，培训工作坊强调能够针对所培训内容进行有重点地深入学习，它有别于宽泛地针对某一话题进行的短时的、单次的学术报告。这就要求讲授者需要随时跟进教师在培训中的反馈，及时解答出现的各类问题并调整培训的走向，因此对讲授者具有更高的要求。通常在工作坊正式开始之前，培训内容及培训者等信息都会被提前锁定，教师在进行选择的时候，应当着重关注图 2-1 中给定的信息。

以图 2-1 中的内容为例，该培训工作坊以光合作用主题作为切入点，面向生物学教师展开了如何进行概念转变教学的培训。培训为期 2 天，采用了专家授课与小组讨论相结合的形式，从光合作用的重要概念解读入手，逐步介绍了概念转变教学在课堂中的应用方法，并实际引导教师们进行了教案设计与修改讨论。整个培训过程集中，知识内容具体细致，并且能够将实践环节融入理论教学当中，应当能够起到较好的培训效果。

在工作坊的培训模式中，由于主要的授课方式和培训的时间跨度都相对固定，因此在挑选或者组织工作坊的过程中值得留意的主要变量有两个：一是授课专家；二是授课内容。

培训时间：2020 年 10 月 3—4 日

培训地点：××中学初中部大讲堂

培训专家：×××

培训专题：概念转变教学——光合作用主题培训

培训内容及时间安排：

10 月 3 日 08:30—10:10　光合作用重要概念解读

10 月 3 日 10:10—10:30　茶歇及讨论

10 月 3 日 10:30—12:10　概念转变教学策略

10 月 4 日 08:30—10:10　光合作用错误概念的探查及转变

10 月 4 日 10:10—10:30　茶歇及讨论

10 月 4 日 10:30—12:10　教学设计修改及小组交流分享

图 2-1　培训工作坊信息介绍示例

作为以专家讲授为主的培训模式，授课专家的专业水平是决定工作坊培训效果的主要影响因素。相对于其他培训模式，工作坊在时间安排上短而集中，授课专家需要具有敏锐的洞察力与知识能力，来及时发现教师在培训中出现的问题，把握培训整体走向。在这一层面上，选取在生物学教学领域内知名度高的专家固然重要，但除此之外还有很多其他需要综合考虑的细节。教师或是培训组织者需要明确授课专家的专业研究领域是否与培训主题相契合。科研工作作为一个不断深入挖掘的精专化的过程，决定了即使是专家教授也不可能对所有知识面面俱到，了解入微。因此专家研究领域的匹配度将决定一个好的培训主题能达成多高的完成度。判断授课专家与培训的契合度有几种不同的方式，最简单的方法可以通过期刊文库对专家所发表的文章、所获得的成果产出进行了解。例如，在进行关于新版生物学课程标准解读的培训中，如果授课专家是课标编写组的成员，那么可以预期专家在培训中对于课标的理解和解读将是十分准确和深入的；另外，还可以通过咨询其他参与过该专家相关培训活动的其他教师，了解他们对培训的感受和收获来获取上述信息。

除授课专家外，授课内容是决定教师能在培训中获取什么类型信息的重要因素。由于培训工作坊的主题明确、授课时间集中，教师通常能够在短时间内获取大量的理论知识。因此在参与工作坊前，教师需要明确以下几个问题：这个培训主题是不是我想要学习的理论领域？我在这个概念内容上是不是还存在着问题想要解决？相比于实践，我是否更希望在工作坊中获得更多的理论知识？这些知识的获取、理解和掌握对我是否有难度？参与过工作坊后，这些理论知识是不是对我的实际课堂会产生帮助？我愿不愿意尝试将这些知识应用到自己的实际课堂中？简言之，选择自己感兴趣、想要深入了解并且愿意尝试应用的主题，是参与培训工作坊前应当明确的信息。

通过分析可以发现，培训工作坊的短期集中性既包含了优势，同时也隐含了它一定的不足（表2-2）。这种集中性使得培训主题鲜明，能够针对一个特定的话题开展深入集中的分析，其中可以包含较高的理论价值，容纳更新的研究成果。而这种短期性也决定了工作坊的理论知识无法被十分详尽地展开说明，因此也无法较好地兼顾到后期的实践落实与效果跟进。此外短期集中的时间安排灵活性较差，对于课程任务繁重的一线教师而言全程参与也就形成了一定的难度。

表2-2　专家培训工作坊的优势与不足对比

优势	不足
• 主题性明确	• 周期短，内容无法详尽展开
• 知识理论性强	• 时间安排不够灵活
• 观点集中深入	• 较难兼顾实践落实
• 能够针对最新的研究成果进展	• 后续跟进困难

依照这些优势与不足的特征，教师可以明确这种培训模式是否适合于自身的需求。一般来说，专家培训工作坊更适用于以下几类教师：首先是具备一定的教学经验后，想要进一步提升自己理论知识的或者想要自己尝试开展教学研究的成熟型教师和专家型教师；其次是对培训内容已经具备了一定的了解、想要通过与专家交流进行深入探讨的教师；最后是对自己身未来发展有相对明确的规划、对自己的未来职业走向有较清晰认识，想要在特定方向上对自己进行专项提升的教师。无论是哪一种类型，都需要教师具备较强的自主学习能力，能够对自己有严格的要求，主动地将培训中获取的理论知识转化为课堂实践。需要始终明确的是，教师专业发展培训的最终目标并不仅仅是对教师的改变，更重要的目标是使他们的学生最终受益。

与此同时，专家培训工作坊的模式也有其相对不太适合的人群。例如，对教学尚不太熟悉的新任教师；工作安排繁忙、没有足够的精力及整段时间完整参与一次培训的教师；对自身未来发展规划尚不明确，不知道该如何选择适合于自己的理论主题或是只想粗略对各类主题都有所了解的教师；以及课堂实践安排相对固定，没有想要通过理论改良课堂教学的教师。对于这一部分教师来说，工作坊的短期、集中、深入性特点就显得并不十分适合了。教师们可以尝试了解并选择后续小节中阐明的其他培训形式。

此外，针对一些想要组织实施教师专业发展活动或者想要通过相关课程活动来为其他教师进行培训的生物学教育研究者来说，工作坊的模式也存在着一些可供借鉴及需要注意的地方。这种培训形式的特征优势，为设计相应教师培训的研究者们在项目规划实施、数据收集分析等方面提供了便捷，同时它所存在的不足也对研究者们提出了更高的要求。从优势上来看，专家培训的组织形式相对简单，单次培训能够容纳的教师数量较多，因此对于研究而言能够获取的有效样本数量相对较大。由于培训时间短而集中，有意愿的教师通常能够全程参与，保证了参训教师的培训完整性，变量控制相对容易，研究可操作性高。而从不足上来看，培训工作坊的短期性缺乏了后期跟进，因此要求研究者们能够在培训之后设计相应的跟踪环节，持续了解参训教师在完成培训活动后的实践应用情况。此外，研究认为这种形式的培训活动最好也能够综合其他的培训模式一起设计实施，融合不同培训形式的优势弥补不足。简言之，研究者要尽量关注教师最终能否将培训中的理论知识进行持续性地实践转化，而不是仅仅功利性地关注于一次培训的短期效果。

2.1.2　经验交织的教师研讨会

相比于专家培训工作坊，教师研讨会作为改良式的教师专业发展模式，其组织形式和培训模式都更加灵活。研讨会通常以小部分教师为主体，采用学习小组（Study Groups）或合作学习（Cooperative Learning）的形式，组织教师们针对某个问题或研究主题展开讨论与学习。这种形式的专业发展在时间上相对灵活，可以依据教师的时间进行调整，在整体时间跨度上可以从单次研讨到持续数月不等。与专家培训工作坊不同，研讨会虽然有确定的主题与培训方向，但其具体内容的安排也更具有可操作性，可以根据讨论内容和走向的不同，及时进行修正与添加。

尽管时间和内容组织相对灵活，教师研讨会的培训模式自身也存在着较为严密的组织结构。一般来说，在研讨会中主要存在着讨论小组、引导教师、组织协调员以及引导者四大部分的角色。

讨论小组是研讨会的主要开展单元，通常由数位教师构成一个讨论小组，针对培训内容或主题进行有效讨论。每个讨论小组内通常会包含一位引导教师，既作为一般教师参与讨论，又作为协调员对整个组内的讨论方向和进度进行把控。引导教师的角色可以由培训者指定，但通常情况下可由小组在讨论过程中依据不同教师的性格和活跃度自发地产生。讨论小组的分配依据培训的不同目的可以有不同的方式。例如，在针对具体授课内容和教案进行分析讨论时，可以将相同年级或授课进度的生物教师安排在一个小组；而在某些注重跨学科概念的科学培训活动中，通常也会刻意将生物学教师与其他学科教师安排在一组。作为研讨会的主要单元，培训小组内成员的表现也会直接影响整个活动的效果。

组织协调员与引导者通常均为培训组织者的一部分。前者在培训小组较多的情况下起到秩序引导和协助讨论的作用，能够针对讨论过程中产生的突发情况及不明确的问题进行解决与解答；后者则为整个培训活动的宏观把控者，一般由培训领域内的专家承担。在过程中不但要负责主持引导整个研讨会的主题走向、培训内容调控，还要负责解答教师在培训中遇到的困惑，是除培训小组外另一个能够影响活动效果的重要因素。

上述各部分角色在一次研讨会中也并非必须同时存在。依据研讨的性质与规模不同，各个角色之间可能存在缺失及兼并的情况。如在由 3～4 位教师与研究者组成的偏理论型的研讨会中，引导者、组织协调员均可由研究者自己承担，而在总人数较少的情况下小组内也可不产生引导教师；再如讨论小组为 1～3 个总数量不多的情况下，引导者也可不配备组织协调员，由引导者自己对各个小组进行辅助与协调。研讨会中各个部分的组织关系如图 2-2 所示。

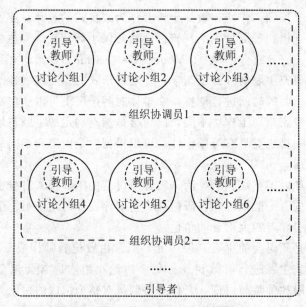

图 2-2　教师研讨会一般组织结构

相比于专家培训工作坊，教师研讨会的培训模式灵活性更高，无论是时间跨度和主题走向上都具有较多的机动性，因此能够对其培训效果产生影响的主要因素集中在引导者和讨论小组成员两部分上。

引导者在整个研讨会中起到宏观把控的重要作用。这种宏观上的调控可以分为两部分，一是对时间轴的把控，二是对内容的把控。在时间轴的把控上，引导者主要决定的是整个研讨会的培训效率，即何时针对怎样的主题、讨论多长的时间可以达到多大的深度、如何结束及转入下一个话题，等等。培训效率直接反映出教师在讨论会中能够接触到的有效知识数量，以及针对同一个主题所能讨论到的深度与广度。而在内容的把控上，除基本的引导教师围绕所需主题讨论，避免在无关话题上耗费过多精力外，引导者还有另外一个重要的属性，即需要对所培训和研究的内容具有极高的熟悉度与敏感度。当教师在讨论过程中出现预期计划中没有的某些关键点或特殊话题点时，引导者应当能够对这些突发情况进行灵活处理。很多时候，这些突发情况并不一定会影响培训效果，甚至反而能够成为研究过程中的新发现。

对研讨会产生影响的另一个重要因素即开展主体——讨论小组。讨论组内每一位教师所发表的看法与观点都有可能成为其他教师参与培训的收益。由此认为，参与研讨会的教师(参与者)积极性是影响研讨会效率的关键。参与者希望在研讨会中交流学习、分享观点、解决问题的主观能动性，将决定其自身甚至其他教师的培训效果。由此相比于培训工作坊来说，教师研讨会的形式更应当关注教师在参与过程中的主观意愿。此外，小组内成员间的关系也是影响教师交流分享深度与真实性的一个要素。对其他参与成员的熟悉度和信任度会帮助教师判断是否愿意将自己的真实课堂现状与感受，特别是一些出现的问题与负面情况暴露出来进行讨论。因此，若参与教师研讨会的教师之间是完全陌生的关系，引导者可以考虑在正式开始前采取一些破冰行动来加深教师之间的了解。

教师研讨会自身所存在的优势与缺陷，一定程度上与专家培训工作坊的模式呈现出了互补关系(表 2-3)。除时间安排上相对灵活外，由于研讨会使得一线教师之间能够进行充分深入的交流，因此其实践性更高，也更贴近日常的教学情境。教师们可以通过分享真实的课堂体验，来获取极具针对性的问题解决策略。然而与此同时，将大量时间用以贴近实践，同时也会面临着无法提供太多时间来进行理论知识的深入探究，整个研讨活动的进行效果与效率会依赖于引导者自身的水平，同时也依赖于参与研讨会教师们的主观能动性。这也就决定了其在有效可控范围内无法组织大规模的培训。

表 2-3　教师研讨会的优势与不足对比

优势	不足
• 实践性强 • 贴近日常教学环境 • 获取一线反馈 • 时间安排灵活	• 参与人数限制 • 理论深入性相对欠缺 • 引导难度大 • 参与者主观依赖性强

　　依据上述内容可以发现，研讨会形式的教师专业发展是一种适应性较广的模式。依据研讨会预设目的的不同，它可以容纳从新任教师到专家型教师等不同的参与者类型。对于针对具体教学问题解决、基于具体项目或任务的学习等主题下，新任教师可以有机会将自己在教学中遇到的问题带到研讨会中，同具有教学经验的老师们共同探讨发现解决办法，帮助新任教师更快地适应教学环境；对于相对成熟型的教师来说，研讨会上的讨论和头脑风暴能够促使教师们进行思考与反思，回顾目前的教学情况，对提高现有教学效果、理解新的教学策略与手段提供展望和落实的契机；而对于已经具有丰富教学经验的专家型教师，参与一些针对非常具体的教学策略与教学理论的研讨会，与研究者们共同参与一些与最新研究成果相关的研讨会，能够帮助他们实现进一步的自我提升，在教学基础上开展一些相关研究，获得教育相关的成果产出。

　　而正如前文所提到的，这种研讨会的形式较多地依赖于参与者自身的主观能动性，因此要求参与研讨的教师自身具备充分的、希望进行学习与探讨交流的动机。在适应性较广的前提下，它通常不存在完全不适用的参与人群，但对于一些出于各类主客观因素，在研讨会中没有太多意愿想要与其他参与者进行交流的参与者来说，进行研讨的效率就会远远下降。如一些并没有太多想要改变目前教学现状的需求的教师，或者习惯针对教学建立自己独立思考模式的教师等。

　　对于实施培训的生物学教育研究者来说，在当下这个越来越讲究方法，特别是越来越关注实证取向的时代，在科学教育研究当中注重贴近实践的证据是目前研究所关注的重要走向。而研讨会能够成为研究者理解教师实践行为变化，特别是明确其中变化机制的重要数据来源。因此，研讨会能够面向研究者提供诸如课堂讨论录音、录像、与教师的问答交流、修改教案及研讨成果作品等一系列不同类型的数据，在研究者处理得当分析深入的情况下，对于描述现象和原理探索是极为有效的。然而与此同时，也不能忽略其中存在的困难。首先研究者需要具备对研究问题和研究方向十分清晰的认识与知识储备，在引导研讨会走向，发现其中可能存在的创新点上都需要熟练的技巧与能力。无论是从研讨会形式把控还是数据处理上都对研究者提出了相当高的要求。因此一般在教师专业发展实践过程中，教师研讨会常常也与其他培训形式相结合展开，便于研究者锁定讨论主题，把握数据方向。此外，在与教师间关系的建立以及可能存在的伦理问题处理上，也需要研究者进行慎重的权衡与考量。

2.1.3 拉近新老教师的导师学徒制

导师学徒制（Mentoring）是改良式教师专业发展模式的另一种表现形式，在国内的中学中较为常见，又或称为"传帮带"。师徒制的教师专业发展主要采用一对一或一对少数的模式，由一位富有经验的成熟型或专家型教师作为"导师"，对一名或几名新任教师进行指导与帮助。师徒制的形式在整个教师专业发展中的存在具有其鲜明的特点，这种只针对少数个体的、持续时间较长的培训方式也成为新任教师快速适应教学环境的有效途径。

与名称相对应，导师学徒制的发展模式构成比较简单，培训主体主要为担任导师的教师及作为学徒的教师两大部分。与主体相比更加多元化的则是培训所处环境及内容涵盖方面。师徒制的专业发展可以发生在双方教师的课堂、课后讨论、问题的提出与解决，以及日常心得交流反思等不同方向（图 2-3）。在时间和地点的选择上比教师研讨会更具灵活性。

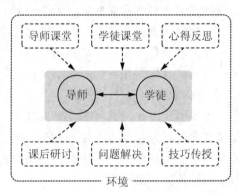

图 2-3 导师学徒制主体及环境构成图

一般来说，针对一组师徒制的培训中，会稳定存在一名导师的角色。大多数情况下，当这种教师专业发展模式发生在中学环境中时，导师的角色常常由富有教学经验的成熟型或专家型教师承担。承担导师任务的教师与自己相对应的学徒教师结伴，负责引领和指导学徒教师。在这个过程中，指导的形式表现非常多元化。导师教师可以观摩学徒的授课课堂，发现并找出学徒教师在实际授课过程中出现的问题；可以带领学徒参与观摩课课后研讨或教研会，学习其他教师在授课过程中使用的技巧与方法；还可以将自己在教学过程中积累下的经验知识以讲授或非正式环境交流等形式传递给学徒；等等。除此之外，在少部分情况下，这种导师的角色还可以由研究者承担。在一些专业发展培训，特别是针对少量个体开展的个案研究当中，研究者自身可以深入培训教师的授课学校承担导师的角色，针对学徒教师的课程展开一对一的辅导。与前者相比，这种辅导的理论倾向性更高，导师常常可以更加细致深入地帮助学徒教师实际应用一种新的教学策略或者教学理论，切实帮助教师改变教学计划与授课模式。

与之相对应的学徒教师则在师徒制专业发展模式中担任受训的角色。学徒教师通常为刚刚接触教学工作，或尚不具备充足教学经验的新手教师，通过向与自己结对的导师学习相关知识与技能，来达到快速自我提升的目的。在这个过程中，学徒教师可以观摩自己导师的授课课堂，观察成熟教师的课堂设计与授课技巧；可以随时向导师提出自己在教学中遇到的问题，向有经验的教师请教问题解决的方法，解答疑惑；或者可以在整个专业发展过程中形成自己的培训日志，通过不断记录细小的变化与思考，生成心得体会与自我反思，并将这些想法随时与自己的导师沟通。

尽管传统意义上的导师学徒制专业发展常常采用一对一的形式，但在一些特定情况下，这种一对一的模式也并非绝对。在条件允许的时候，存在学徒教师同时安排一位以上的导师，或是存在一位成熟型教师与一位教育研究工作者共同承担导师的情况；而更多时候，在导师资源不充裕的条件下，常常也存在由一位导师指导 2～3 名学徒教师的情况。

作为机动性极高，表现形式多样的教师专业发展模式，导师学徒制的培训更加关注教师的实际课堂教学，并且深入关注一些更为具体的课堂策略、授课技巧以及师生间的关系。由于师徒制的主客体关系明确结构简单，因此其效果也直接取决于导师教师与学徒教师的状态。

导师教师在整个师徒制的专业发展模式中起到主要的引导作用。这种影响同时体现在教师的固有教学水平以及对待培训的态度与积极性上。导师教师的教学水平通常会在更为宏观的方向上产生影响。通过让新手教师观摩自己的授课课堂、面向新手教师讲授教学方法与策略，能够从整体的教学风格与教学模式上对其产生正面积极的影响。因此导师教师所能掌握的教学知识以及其所具备的教学经验就成为这种宏观影响的主要因素。而态度和积极性则更多地表现在更为微观细致的方面上。具有认真主动想要传授经验的意识的导师教师，通常能够在很多除教学方法和策略以外的方面给予新手教师帮助。如帮助新教师了解所任教学校、班级学生的学习水平和能力水平；在一些具体课程特别是生物学实验课程中提供自己积累下的小技巧与小教具；在每一节具体课程的课堂时间把控和重难点分析上给予指点；甚至是在一些极为具体的课堂手势、动作、语言习惯上给予新手教师建议；等等。

与教师研讨会相类似的，参与师徒制专业发展的学徒教师的积极性同样也是影响培训效果的重要因素。无论是对导师教师的课堂进行观摩，还是接受导师教师的指点与教导，所接受到的知识多大程度上能够应用于课堂教学中、转化为教师自己的实践，主要取决于教师自己对于这些内容的认同程度和主观意愿。具备学习积极性的教师通常能够较好地把握要点，经常对课堂内容进行回顾，形成自己的反思记录，并尝试在自己的实践教学中进行应用。此外，教师的积极性还体现在能够主动发现自己在教学过程中遇到的问题，并就这些问题与导师教师进行讨论。作为导师来说，日常的观摩能更多地发现新任教师外在表现出的问题，而更加内隐的出于思考所产生的问题，导师常常难以有足够的时间去了解和发现。这就要求学徒教师能够主动将这些问题暴露出来，通过与导师教师的讨论来切实地解决这些问题。

对导师学徒制的专业发展模式来说，在不同的阶段中导师与学徒教师之间的关系定位不同，其学习的内容侧重点也各不相同。例如，在学徒教师刚刚入职的初期，尚处于职前教师向新任教师转型的过渡期内，二者之间的关系会偏向于学生与老师的状态，学习的内容范围更广、更为基础，如对课堂的把控、教学仪态、对学生的了解分析等。随着时间的推移，教师学习的侧重点会更加深入而具体，能够集中在自己关注的问题甚至具体的授课主题下学习教学策略等。而在学徒制的后期，学徒教师已经具备了充分的教学经验后，二者之间开始更多地转向同伴关系，导师与学徒之间可以进行更多的分享交流与讨论，并由导师对一些发现的细节提供建议，进行优化处理。需要明确，虽然导师教师对学徒教师的教学风格养成具有重要的作用，但这种学习的本质并不是简单地复制——并且大多数情况下教学风格也是无法进行复制的。教师需要通过这一学习的过程，逐步形成适合于自己的教学风格与特色。

由于整体结构层次鲜明简洁，导师学徒制的专业发展模式其自身的优势与缺陷也很明显(表2-4)。这种倾向于一对一的结构自身具有其他培训模式无法替代的优越性，由于师徒双方可以直接对接，因此无论是在培训内容、培训场合还是培训时间上都具备相当强的灵活性。而这种深入课堂教学的具体指导，使得这种模式能够极大地贴近教师的教学实践，并且能够有针对性地聚焦到细微的教学细节当中。然而与此同时，一对一的培训结构从根本上便决定了它无法通过一组师徒使多人次的教师受益，因此无论是在导师人选的人力成本，还是在导师花费在学徒教师身上的时间成本与精力成本上来看都是极高的。这些成本也决定了师徒双方愿意在这种专业发展模式下所展现出的主动性与积极性，将影响整个培训的最终效果，也就是之前在教师研讨会模式中所提到的，培训模式对于参与者的主观依赖性较高。

表 2-4　导师学徒制的优势与不足对比

优势	不足
• 培训地点多样	• 参与人数非常有限
• 时间安排灵活	• 时间成本高
• 密切与实践挂钩	• 人力精力成本高
• 聚焦细微教学细节	• 参与者主观依赖性强

　　同样出于其鲜明的结构层次，导师学徒制的专业发展模式适用人群也是直接明确的。它主要针对刚刚投入到一线教学当中的新任教师。对于新任教师来说，尽管在职前阶段接触过很多理论化的知识甚至具备比较充分的见习与实习体验，但对于真正投入一线教学来说，实际操作与在学校所能学习到的东西仍旧差异很大。特别是一些针对具体课程重难点把握、学生学情与课堂应急问题处理等内容上所存在的困惑，只能通过日常的教学慢慢暴露出来。因此这种导师学徒制的发展模式能够快速地帮助新任教师获取他们最急需的实践类指导，迅速地将职前的理论知识向课堂教学进行有效转化。与此同时，师徒制的模式所能持续的时间更久，这就保证了新任教师在很长一段时间内的困惑暴露与问题出现都能够得到第一时间的反馈与解决。因此，这种模式所具备实践性、即时性与持续性应当说其他各类教师专业发展培训都无法比拟的。

　　由于导师学徒制的培训目标明确，因此其不适用的参与者范围也十分清晰。一般来说，对于尚没有机会投入到一线教学中的职前教师来讲，导师学徒制的培训形式所能起到的效果会有所降低。一是这类教师在不具备授课经验前，对于课堂和教学的理解是具有局限的，特别是对于着手实践操作的难点与重点把握不足，因此无法高效地利用和处理在导师教师课堂中所接收到的信息；二是在接触真实的学生和课堂前，教师们很难预估自己未来可能会遇到的问题，因此也较难通过提问来从导师教师处获取到具有针对性的解决方案。此外，已经形成了自己固定教学风格的成熟型教师和专家型教师对于师徒制的需求度也会更低。

对生物学教育研究者而言，研究人员可以在师徒制的专业发展模式中作为第三方来进行观察，同时也可以切实参与（研究者担任导师）到培训中。无论是哪一种情况，都需要研究者不单单具有较强的理论知识水平，更要对于实践教学具备足够的经验与认识。导师学徒制这种持续性的培训活动是研究者探寻教师专业发展变化过程、变化机制和潜在原理的优质资源，通过深入的跟踪和分析，研究者能够获取到传统模式所无法获取的数据深度。但这也对研究者在过程中所要花费的时间和精力提出了极高的要求，同时也非常考验研究者在面对数据过程中发现问题、发现研究创新点的敏锐程度。因此，这类教师专业发展研究可能更加适用于在领域内已有一定相关经验的研究者，而对于刚刚开始进行专业发展研究的教育工作者来说难度较大。

2.1.4　数字时代下的视频与网络课程

数字化时代的到来为人类社会发展带来了颠覆性的变革。新的通信技术、数码设备不但改变着人们的生活方式，更是逐步推进了教育领域的发展。教师专业发展作为教育领域中的一个重要分支，也随着科技的发展革新而不断前行。通过融合新的科技，大大扩充了教师专业发展的潜在可能，无论是从培训形式还是研究分析上都有所颠覆。

数字化时代下的教师专业发展种类繁多，形式多样。依靠互联网与多媒体技术，教师只需配备网络与电脑就可以实现不受时间、地域、空间限制的全方位学习。无论是线下的课堂教学视频资源回放与分析，还是线上建立的讨论与学习群体，再到互联网大规模开放授课的慕课（Massive Open Online Course，MOOC）模式，这些现代信息技术不仅革新了以往的培训模式，更是给教师们带来了更多全新的选择空间。从培训主体上来看，这种新兴的教师专业发展模式大大解放了人力资源，从传统的培训者和被培训者双方主体的情况下，将培训者主体以数字化资源加以替代，实现了培训组织效率的大幅提升（图 2-4）。

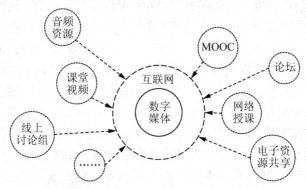

图 2-4　数字化时代下的教师专业发展资源

　　基于多媒体与网络技术下的教师专业发展资源与形式多种多样，其中常见的形式主要可以划归为两大类：一是授课型，由专家教师进行在线讲解，教师可以通过网络听课来获取知识，包括能够容纳互动形式的网络课程以及适用于更大规模的 MOOC 等；二是自主学习型，即借由多媒体设备提供的技术支持所展开的教师自我反思和学习，在形式上更为多样，包括线上讨论、录音与录像回放等。不同类型的资源和方式本身具有不同的特征，对教师的学习起到不同的影响效果。

　　网络授课基本形式上与专家工作坊有类似之处，由于采取了类似讲授式的方式，因此授课的专家与授课内容是影响培训效果的首要影响因素。与专家工作坊相同，教师需要了解授课人所擅长的研究领域是否与课程主题相契合。另外，由于网络授课大多为录制课程，在讲授过程中一般较难及时获取到听课教师的反馈，这就要求授课人能够对听众水平有一定的了解，把握听众在学习过程中可能存在的问题，合理地预期整个课程的重难点，因此可以说是对授课人提出了更高的要求。除此之外，网络授课的另一个有效影响因素体现在对听课教师的反馈追踪与互动跟进上。例如，有些课程为实时在线讲授，授课人与听课教师可以及时地就课程中出现的问题进行探讨与交流。然而一般大规模的网络课程无法做到与大量听众实时互动；但仍可以采取一些其他的跟进方式。例如，在每节课程后设置作业及讨论环节，授课人会定期就收到的作业和问题给出点评与回馈；或是在课程页面中设立讨论区，为授课人与听课教师之间提供交流的空间。

　　而自主学习型的专业发展模式中，教师主要借助数字化的多媒体数据，依照自身的成长需求进行自我反思与提升。以录像视频资料为例，教师一是可以通过观察优秀的生物学教师课堂录像来获取课堂教学技巧与策略，并将这些内容应用于自己的课堂当中；二是可以对自己的课堂进行录像，通过回看自己的课堂来发现并解决问题。在这一类型的专业发展中，主要的影响因素集中于资源类型与关注点两部分。对于资源类型来说，所获取的多媒体数据情况会影响教师所能观察到的信息，这里除了指音频、视频的格式与清晰度等客观条件外，主要还指数据的内容。如课堂录像的录制方式是只对焦了教师还是兼顾了学生的反应，前者能够提供更多关于教师在课堂上语言、行为的细节，而后者则可以给教师提供观察学生的表情、上课的反应的机会。而教师的关注点则是另一个能够影响教师信息获取的要素。针对同样的资源、同一份生物学教师的课堂录像，关注点不同的教师可以在相同数据中获取到不同的有效知识。当教师想要改善自己在课堂中的提问方式时，可以着重聆听录像中教师所提问的类型和问题的引出等；而当教师想要改善自己的肢体语言表达时，则可能更多地去观看录像中教师的行为动作。上述二者最终在专业发展上会取得不同的效果。

作为数字化时代的产物，这种利用网络与多媒体的教师专业发展模式继承了现代化技术的各种优势条件。网络在办公环境及家庭环境中的普及，彻底摆脱了传统教师专业发展培训中对于培训时间安排和场所的限制。此外，由于资源可以通过网络获取，这种专业发展模式使得单一课程可以惠及大量的群体。与此同时，专业发展培训的内容可以从理论讲授到课堂教学实践分析多种多样，无论是在受众上还是内容上都具有极广的覆盖面。当然，随着培训模式的数字化，这种专业发展形式同时也会弱化一些传统形式原有的优势点，例如，多数在线课程提前录制，因此内容固化无法通过教师反应及时修正内容，并且无法做到在培训的过程当中对参与培训教师进行观察与监管，难以保证学习的效率。此外，随时随地的培训形式导致研究者无法统一获取参训人员的回馈，因此在反馈获取和后续跟进等一系列步骤上的效率较为低下（表 2-5）。

表 2-5　数字化专业发展的优势与不足对比

优势	不足
• 时间安排灵活 • 没有场所限制 • 受众面广 • 内容覆盖面广	• 后续跟进可控性低 • 过程难以监控 • 内容固定化 • 反馈获取率低

依靠数字化资源进行的教师专业发展培训在适应范围上承袭了研讨会的优点，即它能够包容从新任教师到专家教师等各种不同层次教师的不同需求。这种包容性要有赖于它多种多样的表现形式。例如，网络授课的模式能够更加贴合于理论知识和教学指导，既可以面向新任教师开展课堂教学入门的培训，也可以面向成熟教师开展最新教学成果与教学理论的普及；而像课堂录像类的数字化资源，一方面可以让新任教师有机会通过观摩全国各地优秀教师的课堂进行学习，帮助自己快速适应一线教学工作，同时一些成熟教师和专家型教师也可以通过分析自己的课堂进一步实现自我提升。可见，数字化的教师专业发展培训在各类模式当中具有最高的人群适应性。更难能可贵的是，通过网络学习小组的建立或在线论坛，新任教师、成熟教师、专家教师以及专家教授能够在同一平台进行交流，让不同水平、不同层次及不同专注方向的教育与研究工作者们展开实时交流，为各类型人群的自我学习与问题解决提供了机会。

与之相对的，这种依赖于多媒体和网络技术的培训形式在根本上具有客观的限制因素——设备及网络资源的依赖性。对于网络使用受限制的地区、多媒体资源或硬件设施配备条件不足的学校、家庭以及对现代化软件操作学习较为困难的教师个体来说，难以适用这一类的新型培训模式。而出于这类培训模式广泛的包容性，因此在基本条件配备允许的情况下很少有不适用的参与人群。但是值得注意的是，依赖于媒体和数码资源的培训，常常缺少面对面的监控机制，因此培训方很难对参训教师起到有效的管理和监督作用。这也就说明，对于学习意识并不强烈的参与者来说，很有可能面临着无法完成全部培训的问题。

对生物学教育研究者而言，数字化的培训方式是教师专业发展研究工作的一项重大革新。它的出现大大解放了研究人员的人力成本；通过网络课程，研究者可以以一次录制多次授课覆盖大量参训者，而不用每一次前往固定的培训地点授课；通过音频与视频资源的数码转录，研究者无须再配备大量的记录员进行课堂观察记录，并且数据资源完整清晰无有遗漏；对于后期数据处理来说，这些数码化的资料可以直接导入相关分析软件进行处理，不再需要研究者花费大量的时间将原始数据输入分析处理软件当中。可以说这类培训极大地提高了研究者的研究效率。然而缺乏了人力监管的过程，研究者需要额外注意这些数据的有效性和真实性。如通过网络授课课后的在线作业提交环节，研究者无法确保所提交的数据是否是由听课教师自己认真撰写而来。这些弊端也应当纳入研究权衡考量的范围内。数字化的时代正在普及开来，无论优势也好弊端也罢，不得不说这种多媒体化的教育研究方式成为未来发展不可回避的新趋势。如何扬长避短有效应对，将是教师与研究者们必须思考的问题。

此外，伴随着现代数码技术的不断革新，网络信息以爆炸式的规模不断扩充，其中的资源质量也参差不齐。在进行资源选择时，应当对信息的质量优劣进行判断，如多关注国内外政府教育部门、大型教育评估组织给出的教学资源、网络课程。而对于一些以盈利为主要目的的网络培训资源，教师应当提高警惕。

上述提及的这些不同形式的专业发展培训活动本身各有优劣，如何根据自身的实际情况进行挑选，找寻符合自己需求的活动是最为关键的。除此之外，有研究学者指出，大多数传统型的专业发展活动通常由于无法给教师提供充足的学习时间和有意义的活动，在实际课堂改善上的收效比较有限。可见，除具体实施情况外，不同类型的培训活动在模式本身的质量上也是存在着区分的。故而当各方面条件都允许的情况下，推荐教师尽量多地去选择改良型的教师专业发展模式。

【学以致用】

1. 请分别依据以下不同教师的情况，给出他们应当参与哪一类教师专业发展培训活动的建议。

(1)具有五年教龄的李老师最近了解到建模教学对学生生物学概念理解有很好的帮助作用。他希望能利用周末的时间来了解一下建模教学是什么，如何在教学中进行应用?

(2)入职第三年的王老师恰逢新版高中生物学课程标准的颁布。在基于新课标进行教学的过程中，王老师遇到了一些非常具体的问题，想要与其他教师进行交流和讨论。

(3)新教师小赵刚刚进入××中学担任生物学教师。刚刚走出校园的他对教学还不太适应，也不了解这所学校的学生情况，十分需要有针对性的专业发展建议。

(4)专家型教师孙老师近期想要着手尝试关于如何将 STEM 内容融入的自己的生物学教学当中。关于 STEM 的内容他还有一些实际操作上的困惑，但由于工作紧张，他无法确定自己的空闲时间安排，只能利用课后晚间的零散休息时间进行学习。

2. 依据自身的条件，请你为自己选择更加适合的专业发展培训活动。

第 2 节　不同类型教师应进行不同的专业发展规划

【聚焦问题】

1. 不同类型和职业阶段的教师分别具有什么特点?

2. 不同阶段教师的优势和可能存在的问题是什么?

3. 如何规划适合于自己水平的专业发展路径?

【案例研讨】

许老师是一名初中生物学老师，这个学期是许老师入职后的第二个学期。经过上一个学期的授课之后，许老师觉得自己在教学当中遇到了很多的问题，让她感觉有点力不从心。如许老师经常发现课程内容还没讲完下课铃声就响了，有时候总也把握不了一堂课的学生理解难点到底在哪里。特别是在进行一些生物学实验操作课时，她发现完全按照教材上的步骤来操作，似乎实验效果不是那么好。

许老师开始意识到自己需要对未来的职业发展进行规划，但她并不知道应该从何入手。她发现同一个教研组的组长张老师最近经常去隔壁的大学参加培训，就去向张老师打听情况。张老师很热心地告诉她最近自己正在参加一个关于如何应用探究式教学来提升生物学课堂教学水平的专家培训班，并邀请许老师可以跟自己一同前往参加。

一周后，许老师如约同张老师一起参加了专家培训班。但是许老师却感觉效果并不那么好。专家在分析传统课堂情况的时候一带而过，而自己却对传统课堂情况还没那么了解；专家所描述的一些学生在课堂中的反应与表现周围的老师都很认同，可是自己感觉精力都集中在如何把授课任务完成上了，并没有太多精力去仔细观察课堂中学生的反应。一次培训下来，许老师觉得能够消化吸收的内容非常少。她感到有些迷茫。究竟自己该如何规划未来的职业发展方向，又应该从哪里着手进行自我提升呢？

教师在自己的职业生涯中通常都会经历不同的阶段。从尚未离开校园的职前教师开始，再到最终成为成熟型甚至是专家型的教师，每一个阶段都具有自身不同的特征，同时具备着属于这个阶段的优势和面临的独有问题。了解上述这些信息，明确自身所处的成长阶段，是教师在选择自己专业发展途径前需要首要考量的因素。本节将按照教师所处阶段，依照职前教师、新任教师、成熟教师与专家教师四个模块，介绍不同情况下的教师属性，帮助教师选择更合适、有效的培训和发展模式。

2.2.1 走出校园的职前教师

任何职业的成长都是一个渐变的过程，教师自然也不例外。一名优秀教师的专业发展也是一个连续的、动态的、终身的过程。在这个成长的过程中，有些信息来自教师在学校中的学习经历，有些来自实践教学中的体验；有些知识来自书本，有些知识则来自教师的经历感悟以及与同伴的交流。在成长的过程中，教师会分别处在不同的阶段，同时也具备这个阶段应有的特征和独有的优势，但与此同时也会分别面临不同的困境与问题。准确定位自己所处的阶段，充分利用优势解决困难，寻找适合于自己的专业发展之路，是每位教师应当进行思考的话题。

教师的成长落实到自身的变化上会有不同方面的表现。我们将其划分为思想意识、知识水平和实践能力三个方面（图 2-5）。思想意识层面主要表现为教师的内心活动，如希望自己怎样发展、如何发展，以及预期自己能够达到的目标是什么，此外还有教师对于学生的期待，希望自己能够培养什么样的学生，希望他们未来成为什么样子的人，他们的发展途径应当是什么样子的，等等。

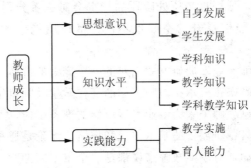

图 2-5　教师成长的三个方面

知识水平层面体现在三个方面，分别是教师对生物学学科基本知识的了解、对教学策略教学法等教学知识的了解和对二者结合所产生的针对生物学教学知识的了解。学科内容知识包含了具体的生物学课程知识，如呼吸作用、光合作用等特定的概念，以及如何提取叶绿素等实验操作；教学知识又称为教学法知识或者教育学知识，特指应当如何进行教学的知识，如测量评价的方法、教育心理学原理、学生的学习理论等；而学科教学知识则是将二者进行了结合，在生物学教学中，特指针对生物学科领域的各类教学内容和主题下，教师进行教学的策略和方法，以及对于生物学教学的理解。它是一种将生物学知识和教学方法进行整合的特定领域，一般包含了教师自身对于生物学教学的特有理解和经验认识。研究认为，这种知识是影响教师专业成长的关键因素，也是学科教师与教育专家的不同之处。

实践能力层面则体现于教师的实际教学行为上，这其中不仅包含了教师在课堂授课过程中的实践，同时也包括了在课下对学生的育人行为，这些行为可以与生物学知识相关，也可以脱离学科内容关注于学生宏观的成长。对于前者而言，更多地倾向于教师是否能够将理论层面的知识成功转化为实际操作。例如，教师可能对上述提到的学科内容知识、教学知识以及学科教学知识有很好的理论层面的理解和掌握，但是否能将这些知识真正表现于课堂中、这种表现能够向实践转化出几成，则都依赖于教师的课堂实践能力。对于后者而言，则可能包含了教师在进行德育工作等方面的实践能力，例如，作为班主任对班级的管理能力、对每一位学生的关注和因材施教的能力、帮助学生解决在学习生活中遇到的困难的方法和经验等。一般来说，实践能力的增长依赖于教师在一线教学中的经验积累，这在一定程度上与教师的任教时间是密切相关的。

总而言之，对于上述所提到的三个方面，不同阶段的教师在不同方面上的基础表现各有不同，依据自身所处阶段的特点会对三者分别有所侧重。同时，教师在每个水平上能够提升的空间也不同，最终所能够达到的状态也各不相同。

职前教师是教师专业发展研究中面对的一个庞大的群体。通常情况下，这个群体的人员来自尚未正式承担教师工作的高校学生及师范生。针对职前教师开展的教育活动，是教师未来为专业发展所做的准备工作，希望教师能够在未来从事教师职业时具备所需要的基本知识和技能。无论是通过教育实习还是通过入职前的授课活动，对职前教师来说都是一个重要的考验。从学生的身份尝试进行角色转换的变化是剧烈而突然的，它让职前教师从被动听从、依赖教师的学生角色，转变成需要为学生负责、肩负责任的角色。这一段经历有可能是成功的、让人充满自信的，但绝大多数情况下常常伴随着挫折和失落。顺利走过这一段阶段，将是职前教师顺利过渡到职业生涯的关键时期。

从教师成长的三个方面来看，职前教师具有非常鲜明的特点（表 2-6）。在思想意识上，职前教师具有非常宏观的理想信念，这其中可能包括了非常长远的人生蓝图，以及对未来职业生涯的大致预期，但大多只有大致的线条，并不具体细致，也极少有能够落实的详细专业发展规划。与此同时由于缺少与学生打交道的机会，因此对于学生的发展没有太多自己的想法，尚停留在按时完成教学任务的阶段上；在知识水平上，可以说职前教师的三种知识结构具有明显的区别。由于在读书阶段所接触到的教育学知识尚新，因此他们普遍具有非常高的教学知识水平，特别是对于一些时下的研究热点、理论观点以及国内外前沿的教学方法都有所了解。但与此相对的，会对中学教材上的生物学学科知识遗忘较多，在正式投入教学工作前，这些知识的水平处于中等，但不一定能达到熟练讲解的程度。而水平最低的应当是学科教学知识。由于缺乏授课经验，职前教师在生物学知识与教学知识相结合的实践方面不足，所以生物学教学知识相对匮乏；而在实践能力方面则是职前教师的明显弱项，在走入日常教学之前，这种实践能力的薄弱不仅仅体现在教学上，也体现在育人的各个方面，例如，解决学生的学业困惑与迷茫，处理班级突发事务，等等。简言之，职前教师整体呈现出重理论弱实践的状态。

表 2-6　职前教师的阶段特征及核心问题

阶段特征	核心问题
· 宏观的理想信念 · 职业热情与学习动机 · 教学知识水平高	· 缺乏能够落实的详细专业发展规划 · 学科教学知识较少 · 教学实践能力薄弱

通过询问经历了实习阶段后的职前教师，以下谈话案例记录了他们开始接触教学后的情感状态。在案例中，我们希望这些尚处于学生身份的职前教师能够描述自己在实习过程中的心理变化：

学生 A：（站上讲台）特别紧张。但是其实也很兴奋，因为感觉自己真的成为一名教师……我觉得自己是喜欢跟学生打成一片的那种，课后学生来找我问问题或者只是聊一些跟学习无关的东西，觉得自己还是被学生喜欢的……很幸福的感觉。

学生 B：我觉得第一次授课自己不太满意……课上没能把握好时间，其实我之前自己在家也预演过，但是在实际课堂中出现了一些问题，学生讨论不是很好把控，在自己预计的时间内学生讨论效率很低，然后我就临时决定放宽讨论时间，最后内容就没讲完。感觉真实教学里的情况跟我在备课的时候完全不一样。变数还是挺多的。不知道为什么总觉得自己站上讲台以后，之前学到的那些知识就不够用了。感觉上课是有另外一套知识体系的。

学生 C：我自己是挺矛盾的，就是那种没讲课之前特别紧张、害怕，可能都有点退缩就想要不还是别讲了。但真的讲完了以后我觉得是很受鼓舞的。特别是课后跟学校的其他老师进行交流，他们提出的那些问题真的是我以前从来没想过的，也是跟我在书本里学到的不一样的，非常受用。感觉（毕业之后）会是一个新开始啊，还有很多要从头学起的东西。

从上述案例中可以看出，处于初步尝试学生到教师角色转换的职前教师，在心理角色上大多还保留着学生时期的样子。他们会将实践的经历看作知识的一部分，并且努力尝试适应、习惯这种角色的变化。处在这一阶段的职前教师们常常具有旺盛的求知欲以及对教师职业的新鲜感。在具备在实践教学中探索未知领域的兴奋与冲动的同时，也夹杂着面对陌生环境的紧张与不安。渴望证明自己，却又担心在过程中经历挫折而丧失信心。

刚刚走出校园的职前教师具备一些独有的发展优势。在知识结构上，他们在校园中积累了比较扎实的理论知识基础，对于教学知识的理解较深，因此可以在此基础上较快速地接触并接纳新鲜的事物与理论，具有较强的学习能力；在情感上，他们具有对未来职业生涯的期待和憧憬，因此具备着进行自我专业发展的新鲜感与探索未知领域的热情。这些特点对于职前教师走上工作岗位后进入职业的快速发展期是很有帮助的。可以说这段时期是教师知识与实践水平的快速增长期，同时也是对理想信念塑造的重要时期。

然而不可忽视的是，职前教师的发展过程中也存在着一些主观和客观上的限制因素与问题。首先是知识结构的不均衡性，整体偏理论化。尽管接触了教学任务，但是对于教学中的一些细微教学策略和技巧的具体内容了解较少，且无法熟练应用，对于学生的整体水平、教学重难点、学情等教学情况缺乏经验，因此也很难产生共鸣。由此在参与一些倾向实践教学类的专业发展培训时，对于知识的理解和转化效率较低。此外，部分职前教师在真正进入教学工作前，可能会对课堂环境、学生情况等信息怀有过于理想化的期待。过高的期许在教师进入学校的第一年中会对他们产生一定的冲击，而面对和解决这种冲击感在一定程度上会过多地耗费教师的精力和时间，从而导致部分教师无法全身心地投入到自身职业发展规划的过程中去。

职前教师在选择个人专业发展的路线上是相对明确的。在完成必要的理论学习的基础上，尝试接触真实的教学环境是职前教师自我快速提升的有效手段。如利用教育见习的时候观察成功的生物学课堂教学案例并进行反思评价练习；借助教育实习的机会深入一线课堂进行观摩，了解教师们是如何处理课堂中的情况与问题的，例如，如何把握一堂具体课程中的重点和难点，如何在生物学实验当中有效地控制课堂时间，如何利用教学经验来优化书本上给出的案例和实验设备，等等；还可以在有条件的情况下深入校园环境，与学生多进行交流和沟通，了解不同年龄段学生的特点，充分分析学生的学情和能力水平。多多旁听公开课，特别是课后的说课环节与讨论环节，尝试获取一些教师研讨会等形式专业发展培训的机会，在会上多观察教师们的交流并聆听他们所描述的一些课堂教学的经验与技巧。此外，能够有机会真正站上讲台进行实际授课，并在课后接受一些成熟教师甚至专家教师的点评和指导也将是非常有效的提升途径。

2.2.2　初为人师的新任教师

与职前教师相比，新任教师是正式踏入教师职业岗位的开端。这一阶段的教师不再单单处于体验课堂教学、进行实践锻炼的阶段，而是进入到分配了自己应当任教的班级、正式着手教导学生并对学生负责的时期。一般来说，新任教师并非指刚刚步入职场的一个特定的时间节点，而是指从入职开始到职业成熟之前的一段相对较长的时期。在这个时期内，新任教师的知识和能力可以得到持续的增长，教师个体也能获得整体上的成长。对于一位新任教师而言，这段成长的基本过程包含了适应期、稳定期和发展期三个主要的阶段。而这三个阶段的完成一般来说需要 6～10 年的时间。

新任教师所处的阶段是一个波动变化相对巨大、教师成长特点差异性比较明显的阶段（表 2-7）。作为从尚未步入职场的学生时代开始，到成为一名成熟型教师的中间过渡阶段，新任教师在心理上和实践中都将面对各类不同的问题。如在正式走上工作岗位的起始阶段，新任教师面对复杂多变的课堂教学情况时常常会产生应接不暇、无所适从的状态。教师们可能无法有效控制课堂时间，无法妥善处理课堂中出现的突发情况，甚至会陷入自我否定和消极自卑的状态中去。而经历了若干年的教学锻炼后，这些教师能够慢慢熟练地掌握教学中的各项基本功和教学策略，能够基本上有效地掌控课堂，开展育人工作，最终积累下相对充足的教学经验。在成为一名成熟型教师之前，新任教师在这一时期的最终阶段会初步开始形成自己的教学风格，形成各具特色的教育学理念和理解。尽管这些教学风格和理念并不是极其完整与完善的，但却是新任教师最终成为一名成熟型教师的必要途径。

表 2-7　新任教师的阶段特征及核心问题

阶段特征	核心问题
• 开始进行有针对性的专业发展规划 • 知识结构的融合 • 教学实践能力的快速提升期	• 面对复杂课堂情况的处理能力较弱 • 较难兼顾到每一位学生 • 心态上的波动和不稳定

与职前教师相比，新任教师在教师成长的三个方面上发生了一些较为明显的变化。首先从思想意识上来看，教师对自身发展的理想会经历一个比较大的方向转变，即从职前阶段的长远预期落实到现实中来。经过一段时间的教学后，新任教师能够开始发现自己在个人成长中所表现出的相对具体的不足，进而有针对性地进行自己的专业发展规划，提高个人水平。在这一时期，教师进行短期具体目标规划的频率会显著增加。例如，对于实验课熟练度不高的教师会将未来一个月一学期的时间专门用以训练实验操作技能，而对于无法在课堂中有效抓住学生注意力与学习兴趣的教师会开始请教有经验的教师改善自己的课堂教学技巧和教学风格等。对于学生的成长来说，新任教师在能够成功掌控课堂之后，会对学生发展投入一部分精力。教师会开始在宏观上设想自己的学

生应当能够达到怎样的水平，具备怎样的科学素养，等等。但与此同时，这种想法可能并不能完全在教学当中达成，也很难以兼顾到每一位学生的不同情况。

从知识水平上来看，新任教师的三种知识结构间的明显区别开始弱化。这种弱化主要体现在学科知识的飞速增长以及学科教学知识的初步形成，但偶尔也会面临着部分教学知识的遗忘。这种变化导致了三种知识之间的差距逐渐缩小，同时也意味着知识之间的相互融合。在学科知识上来看，经历了高强度的备课、听评课、授课等环节，教师对于所授课年级的生物学知识已经掌握的相当透彻，并有可能对于这些知识的外延和扩展有了一定的了解，能够基本解答学生在课堂当中遇到的问题与疑惑。在新任教师过渡到成熟教师的后期阶段，这种生物学学科知识的掌握可以达到成熟的状态。而脱离开高校的教育环境后，处于新任教师阶段的老师们在面对课时与工作上的压力时，能够主动参与继续学习和深造的教师较少，时间也相对有限。因此对于很多理论层面的研究成果、教学原理知识会有或多或少的遗忘。当然这种情况因人而异，在完成教学任务的过程中也不一定表现得很明显。从学科教学知识上来看，新任教师阶段是这一模块知识的初步增长时期。具备了实际教学经验的教师们开始能够获取生物学学科内容相关的教学方法和策略手段，并逐渐形成具有自身特点的教学风格。这一成长要得益于新任教师通过一段时间教学之后，对生物学知识与教学知识之间的理解与融会贯通。

实践能力是新任教师阶段显著增长的另一个方面。通过正式步入日常教学，教师的教学实施能力得以迅速提升。在第一个教学周期内，教师能够完整地实现生物学课程的教学，掌握基本的课堂教学方法，并在随后一段时间内不断地磨合、优化与完善。在育人方面，新任教师能够开始独立承担班主任的工作，了解学生的基本情况，解决学生在课内外遇到的各类问题。怀着对于工作的热爱与期待，这一阶段的教师能够与学生之间进行更多的交流，加上年龄差距相对较小，很多教师能够与学生之间建立非常融洽的师生关系，进而了解更多关于学生的个人情况与信息。这对于育人工作的开展是十分有益的。虽然说实践能力的增长在这一时期非常迅速，而教师们所遇到的困难和问题也相对较多。在这个成长过程中，新任教师常常会遇到相当多的挫折与打击。以良好的心态成功克服这些困难，是加速新任教师向成熟型教师转化的必要条件。

在研究案例中，我们获取了一位新任教师 LM 的访谈信息。该教师任职于一线城市的一所市级优秀中学的初中部，当下是她工作满 2 年的第二学期期末。以下案例是她对自己第二年年终工作的总结与思考：

LM：在教学工作上，我能够比较熟练地完成教学任务，达到预期的教学目标。经过上一年的教学，班级平均成绩能够达到全年级中等偏上水平……相比于入职的第一年，我对班内学生的基本情况了解更多，能抓住学生学习上的难点，明确教学任务中的重点并有效落实……相比于前辈教师的课堂灵活规划而言，我还有很多进步的空间。

LM：在德育工作上，我依旧担任 5 班的班主任。经过与学生两年的相处，我基本了解了每位学生的家庭情况和性格特点。虽然无法做到平衡兼顾每一位学生，但我在处理学生问题、帮助学生健康发展方面有了自己的理解……我爱我的每一位学生，希望自己所带的第一届学生都能够有很好的未来发展。

LM：回顾过去一年的时间，是自己教学成长比较快速的一年。这种成长体现在我的教学能力上，也体现在我对于职业的认同和理解上。通过入职两年来的教学工作，我深刻地意识到了自身还存在着很多的不足。对于课堂教学的细节还有很多值得推敲和完善的地方。在未来的一年中，我希望能够有更多的机会参与到教师培训当中，向有经验的教师多多请教，进一步地提升自我。

可以感受到，新任教师阶段是教师能力与风格逐渐走向成熟的塑造时期，从心理上来看，新任教师已经能够摆脱学生的心理角色，成为具有责任感与职业认同感的老师。这个阶段的教师经历实践教学后，能够明确地意识到自身存在的不足，因此具备很强的求知欲和改变自己的意愿，课堂也具备很高的可塑性。然而与此同时，经过了对教学现状的认识和自我发展过程中的挫折后，新任教师也会产生无法进行良好自我调整的失落，陷入专业发展的矛盾当中。

新任教师在职业生涯中具备相对明显的优势。首先在知识结构上，新任教师在授课过程中一方面快速吸纳生物学学科知识，另一方面也保留着较多从校园中学习到的教学知识，因此同时具备着较高的学科知识和教学知识水平，对于二者的理解和掌握良好。这一点对于教师融合生成生物学学科教学知识上是很好的基础，这一阶段也是教师在教学当中形成自身独特理解与教学风格的关键时期，具有很好的可塑性；在个人成长方面，新任教师对自身的发展认识逐渐明确，能够清楚自己需要什么、缺乏什么，进而建立非常具体针对性的发展目标。这对于教师参与教师专业发展的效率和知识转化率提升来说是十分必要的。可以说，这一阶段将是教师个体全面快速发展的有效时期。

与此同时，这一时期的教师也存在着一些问题。首先新任教师阶段是教师在职业生涯当中各类问题暴露最多的时期。无论是在课堂教学技巧上、课堂掌控方式上，还是在班级育人工作、学生辅导工作上，都会面临大大小小的各类问题。这些问题将大大占用新任教师的时间与精力，导致在这一时期的大部分教师可能无暇顾及其他，因此在参与持续性的教师专业发展培训活动上产生较大的影响。同样受到时间与精力的影响，新任教师尚处于能够基本掌握课堂教学一般方法的阶段，因此教师的课堂关注点更多集中于如何将自己的课堂呈现完整、让学生能够有效理解教学内容，尚没有到达能够对课堂进行及时反思，依照反馈实际改变课堂，特别是从大结构上改变课堂的水平。因此即使参与到部分教师专业发展活动当中，这些知识转化为课堂实践变化的百分比也不会太高。此外，教师在这一时期对自身问题处理、心态调节的处理也是十分必要的。

对于新任教师来说，导师学徒制的教师专业发展模式是十分有效且合适的。在知识水平得到了快速积累之后，通过有经验的教师指导，将知识迅速转化为教学实践，同时发现问题、解决问题，是新任教师快速成长的有效途径。在这种模式下，新任教师可以选择与自己授课年级相同的成熟型或专家型生物学教师作为自己的导师，通过与他们更多的接触来进行自我提升，例如，带着自身课堂中遇到的问题去观摩这些导师的课堂吸取经验、请导师观察自己的课堂，发现一些自身没有意识到的问题，以及随时提出并解决自己在日常教学当中遇到的问题，等等。值得一提的是，一些实践教学策略与技巧会源自于教师的教学资历和教学感悟，形成一种约定俗成的，但可能并不存在于书籍文献中的个人经验。通过导师学徒制，导师教师可以将上述这些经验传授给新任教师，从而大大缩短新任教师在职业发展中的摸索与试错的时间。此外，与经历过同样新任教师时期的导师教师交流在教学当中遇到的困惑，能够获取前辈所给予的有效信息，这将有助于教师疏导心理上的矛盾，进而平稳地度过新任教师时期。

2.2.3　经验丰富的成熟教师

自能够熟练掌握课堂教学的各项基本功、有效掌控课堂，并积累下相对充足的教学经验、形成一定的自我教学风格开始，教师将逐渐进入成熟型教师的职业阶段(表 2-8)。成熟型教师时期一般出现于入职数年至十数年后，这一阶段的教师不会再担心课堂的组织问题，已经能够灵活地处理课堂中出现的各种问题，保障课堂的有序进行，并且对于学生的认知水平、每个教学主题的重难点、考点等内容都了然于心。对于多年从事同一学校同一学段(初中或高中)生物学教学且没有经历较大课堂变化的教师来说，这一阶段的教学像是有些"条件反射"的熟练技能，有时也会像是一遍遍重复的"机械操作"。

表 2-8　成熟教师的阶段特征及核心问题

阶段特征	核心问题
• 熟练掌握课堂教学，形成一定的风格 • 生物学学科内容知识与教学知识的累积 • 灵活有针对性的育人能力	• 高原现象的出现 • 继续学习的需求和动机下降 • 部分教师存在重实践轻理论的思维

相比于新任教师，成熟型教师在各个方面都已经达到了一种较好的状态。从思想意识上来看，教师在学生发展方面上将会有所突破。因为不再拘泥于完成授课内容，熟练掌握课堂的成熟型教师将有更多的时间与精力来关注每一位学生，了解不同学生在学习上的特点、优势与困难，及时地对学生进行指引。此外，教师会在要求学生掌握课堂内容、生物学知识的基础上，更多地思考学生应当达成的学科素养、综合素质水平等，这对于学生的长远发展来讲是极其有益的。在知识水平上看，成熟型教师在生物学学科内容知识上的掌握已经非常熟练，并且能够在生物学教学知识方面积累充足的经验，形成对生物学教学的自我理解，掌握特定的教学方法，并逐渐形成自己的教学风格。然而在教学类知识上，成熟型教师的差异也将有所体现：能够长期持续自我提升和反思、不断参与专业发展的教师将与故步自封、仅仅将授课当作任务来完成，很少进行自我发展提高的教师之间迅速拉开差距。在实践能力方面，教师已经具备了相当灵活的课堂教学能力与育人能力。不但可以较快较好地完成教学任务，还能够在学生的德育工作中投入更多的精力与时间。

可以说对于成熟型教师来说，在职业生涯的各个方面都已经达到了较高的水平。这种水平和已有的知识能力已经足以支撑教师完成职业应尽的义务直至退休。然而在全部的教师成长方面上，有一点是成熟型教师能否继续发展进而转变成为专家型教师的差异点，即思想意识层面中的自我发展。这一时期的教师常常对于自己是否需要进一步提升以及如何有效进一步提升处于犹豫的抉择期。这种犹豫有时候源自自身发展速度的放缓甚至后退所带来的自我怀疑。这种体验也是成熟型阶段的特征之一——高原现象。

高原现象即教师职业发展中的瓶颈期。经历过在新任教师阶段不断获取快速提升的有效体验后，进入成熟阶段的教师会发现，尽管进行不断地与之前相似的练习与努力，在成长上所获取的体验却逐渐减少，有时甚至还会感受到后退的现象。如图 2-6 所示，这一阶段的教师成长呈现出平缓的"高原"状态，甚至会伴随着一定的回落和波动。高原期的存在事实上在也伴随着一定的教师职业倦息期。这一时期的出现和克服它的意愿是成熟型教师能否进一步提升转化为专家型教师的分水岭。经过这一时期的磨炼，成熟型教师将划分为两大群体：安于现状保持已有教学水平、一直处于成熟期直至职业生涯结束的教师，以及顺利克服并度过高原期成为专家型教师。

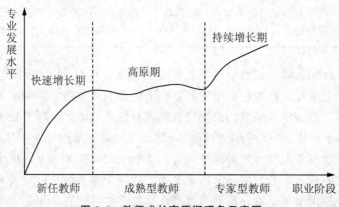

图 2-6　教师成长高原期现象示意图

高原期出现的原因是多样的，其中既包含了外部因素，同时也包含了内部因素。在这里，社会的迅速发展和教师心态上的变化是其中两个主要的原因。前者主要体现在社会科技的进步和研究成果的不断出现，使得新知识不断更替，导致教师已有的教学能力和方法与知识出现不匹配的情况；后者主要表现在教师的心理疲劳、职业动机减弱、教学创新兴趣降低，或者产生对现有状态的自满情绪。在教师专业发展研究当中，这样的案例并不少见：

　　研究日志(2018.10.12)：对于新的教学技术和教学方法，特别是一些电子资源与网络教学资源来说，经验尚浅的青年教师的接受程度远远高于有经验的老教师。这些数码时代对教学带来的新的变革与冲击，让愿意接受它的教师得到了迅速成长的便捷途径，同时也面向熟练掌握已有教学方法的成熟教师竖起了一道墙。这些教师一是已经习惯了传统的教学方法不愿意放弃；二是对于新知识的学习速度有所下降，相比于青年教师的接受能力来看有所挫败；三是对已有职业现状感到满足，个人冒险精神逐渐弱化。加之要面临变革所产生的风险，因此对于网络研修、MOOC、教学论坛等资源的使用十分有限。

从现代信息技术的案例中能够看出，高原期的出现是非常容易理解的。步入成熟型教师阶段的教师们通常具有十几年的教学经验，在形成已有教学风格、熟练掌握目前教学技能上投入了若干年的时间与精力。这一阶段的教师往往已经开始步入中年,对于新鲜事物的接受能力和接受速度都与 20 多岁的新教师拉开差距。对于他们而言,放弃已有的教学风格进行大刀阔斧的改革需要极大的勇气与毅力,并且还要因此承担尝试失败可能导致的学生成绩下降等风险。而从另外的角度来看,大多数人在心理上总存在着守旧的意愿。在已有模式已经相当熟悉与稳定的情况下,很多人并不愿意主动打破这种平衡来承担风险。

由此可以理解,高原期是一个非常普遍存在于各个职业中的阶段。然而,很多教师对于这一时期的存在了解较少,一些教师甚至并不明确自己正处于职业发展的高原期,进而失去了克服这一阶段的有效信息。对于生物学教师来说,判断自己是否进入高原期的表现有很多:第一,感到日常的教学工作是不断重复的劳动过程,难以感受到成长和成功的喜悦;第二,教学效果趋于稳定,所教的学生成绩始终保持在中等或偏上一点的状态,没有大的提升,也没有很严重的不足;第三,对待工作的热情减弱,对职业的认同感不及刚入职的时候,常常感受到疲劳,却没有想要改变这种状态的意愿与激情;第四,学习注意力相对分散。对任何教学相关的内容以及教师专业发展的培训都一知半解,但很难说服自己深入学习,也并不知道究竟什么内容适合自己,对自我认识的剖析上要弱于新任教师阶段的自己。

事实上,能否有效度过职业高原期以及度过这一时期的速度,与教师的内心状态和意识是有很大关系的。有想要成为专家型教师,而不是安于现状完成自己的本职工作的意愿、有自我提升的意识和动力、有对教师职业的认同感而不是将其作为单纯的谋生手段,这些都是重要的影响因素。解决这一问题的方法主要有三个方面:首先,教师需要认可高原期的存在,要意识到这一时期的真实性,不去回避自己在这一时期可能出现的消极心态和负面情绪,须知教师要先能够认清并接受现状才能够期望有所改变。其次,教师需要正确认识高原期的科学知识,明确它的成因以及它存在的普遍性,知道如何克服这一时期,通过正确积极的心态来面对它。最后,教师应当在职业生涯中及时进行自我反思和调整,遇到问题和困难不要回避,要勇于尝试、大胆突破,在实践中给自己设定自我提升和发展的目标,不要安于现状惧怕失败,勇敢修正甚至放弃已经熟悉的成熟教学风格,成为具备毅力品格的终身学习型教师。

对于有意愿进行专业发展提升的成熟型教师来说,他们具备着十分优秀的基本条件,在三种能力方面上的发展相对均衡。在知识结构上来看,成熟型教师在生物学学科知识、教学知识与生物学教学知识三种知识上的掌握都已经非常熟练，特别是在生物学教学知识上已经具备了相对深层的理解，形成了自身成熟的教学风格，对学生的基本情况、水平以及教学重难点的把握清晰。在实践层面上来看，成熟型教师已经具有了相当优秀的课堂掌控能力，能够熟练地控制课堂，处理课堂中出现的问题和变化。所以对于各类专业发展培训来说，成熟型教师一般能够较快速地理解并掌握新的教学方法与策略，并且具备了能够将这些培训内容应用于实践中的能力。在思想意识层面上看，成熟型教师相比于新任教师来说具备的最大优势是时间与精力上的解放。这一阶段的教师将具备更多的时间和精力来参与各类培训活动，并且有能力从大结构上来改善课堂，更多地将注意力从完成教学内容转移到学生的更有效发展上。

而高原期的出现也使得这一时期的教师遇到很多的问题。首先，对于部分成熟型教师来说，对教学任务的熟练完成会使得教师的学习需求下降，进而寻求个人继续发展的意愿减弱，从而在主观上不愿意参与一些教师专业发展培训活动；其次，一些教师在实践能力上的成熟后，会形成一种"重实践轻理论"的思维，对一些理论层面，特别是新的教学观点和教学原理类的专业发展培训活动失去兴趣，导致教学方面的知识增长缓慢甚至是随时间流逝逐渐退化；最后，由于成熟型教师已经形成了独特的自我教学风格，因此除非自身具备主观的改善意愿，否则这些教师在接触了新的专业发展培训内容后，说服自己实际放弃熟悉的教学方法来改变实践现状非常困难。这需要教师自身做好心理建设，也需要教师专业发展培训的组织者给予更多的关注和引导。

在教师专业发展的形式上来看，研讨会可以给成熟型教师带来更多的思考与提升可能。通过与一些专家型教师进行交流，成熟型教师可以了解到自身未来继续发展的空间与可能性，意识到自我提升的价值与意义，进而建立起持续性成长的动机与信心；而通过与具有类似职业经历的成熟型教师们进行交流，教师们可以了解面对同样的问题、同样处于高原期的其他教师是如何处理矛盾、解决问题、规划自身发展的，从这些经历中吸取经验，在成长过程中少走弯路。此外，成熟型教师也可以开始尝试接触培训工作坊的专业发展模式，了解教学上的新发展与新动态，接触更多理论上的内容，提升自己的教学知识，并在这一过程中寻找自己感兴趣、有能力尝试实践的研究内容与方向。最后，除了自身的专业发展外，成熟型教师也可以尝试在导师学徒制的形式中担任教师导师，与新教师进行交流。一方面可以帮助学徒教师更快地成长，另一方面也可以在与新任教师相处的过程中吸纳他们的活力与求知欲，调整自身心态，寻求共同进步。

2.2.4　更进一层的专家教师

顺利度过职业高原期，教师将会进入到个人职业发展的另一个平稳增长期——专家型教师的时期。处于这一时期的教师在各个方面上都达到了非常成熟的状态(表 2-9)。他们能够熟练并且有效地完成日常教学任务，较为轻松地解决在教学和育人工作中出现的各类问题，了解学生的需求并关注每一位学生的发展，可以在教学之外承担更多的其他科研、行政类工作，并能够在思想上意识到自身进一步提升的空间，做到不断完善、终身学习。

表 2-9　专家教师的阶段特征及核心问题

阶段特征	核心问题
• 从教师发展为研究者的角色转变 • 丰富的学科内及跨学科知识 • 熟练全面的实践技巧	• 专业发展活动的选择范围缩小 • 教学风格变更困难 • 时间的合理分配

专家型教师这一时期是教师身份在定位上的一个重大转变。对于这一部分教师来说，他们的身份并不仅仅局限于"教师"的本职角色。专家型教师的工作并不简单终止于完成基本的教学任务、教授教材上呈现的知识、辅导自己任课班级的少数学生，而是将自身定位为一个教育研究工作者。这种身份上的转化在一定程度上类似于高校的科研工作者，他们将自身的职责与义务看得更为长远，希望能够通过自己的行为来惠及更多的学生，为教育事业的发展做出更多的贡献。自这一时期开始，专家型教师的成长相比于新任教师而言开始放缓，但却呈现出持续不断的平稳提升。教师在成长的三个方面均已经达到了非常完善的状态，同时也在寻求着进一步的超越。

从知识水平上来看，教师已经具备了非常充足的生物学知识。除教材中呈现的一般教学重要概念外，他们能够将这些知识与其他课本之外的知识，甚至跨学科知识融会贯通，向学生传递更多教材中未曾出现的、能够帮助学生更好地理解概念的内容。在教学知识上看，这一阶段的教师由于经常能够主动接触、了解一些教学理论的新观点，并且持续性地参与各类有助于自我提升的专业发展活动，因此能够积累起非常丰富的教学知识。这些知识很多与最新的教育学研究相联系，使得专家型教师能够时刻了解教育学发展的动向，参与相关的文献阅读与学术讨论。这种理解并非浮于表面的"了解"，而是能够通过自我思考来深入理解这些知识，真正将其应用于自己的日常教学中。从生物学教学知识上看，专家型教师具有自身独特的教学方式与风格，他们可以跳脱出一般的课堂授课方法，形成自己对生物学教学的特有理解，通过多年的教学经验寻找帮助学生学习生物学知识的最有效途径，甚至将课堂时间更多地交还给学生，促进学生自主学习自我思考。可以说，对于专家型教师来说，三种知识的使用已经达到了收放自如、融会贯通的状态，这种状态能够帮助教师更为快速地变更、重构课堂结构，对于日后想要尝试新方法、改变课堂教学计划是十分有益的。

实践能力上看，专家型教师已经具备了非常熟练的课堂教学技巧。这种技巧在帮助教师轻松完成授课任务外，还能够帮助他们有效应对课堂中出现的各类突发情况，解决课堂中学生提出的各类发散性问题。此外，对于教学实践能力的掌握也给教师尝试新教学策略提供了保障。专家型教师在接触到新的教学理念与方法后，能够很快地在脑海中形成重新组织课堂的意识和框架，因此在将专业发展内容应用于实践方面的效率会很高。而在育人方面上看，一些专家型教师由于具备比较独特的教学风格、丰富的课内外知识以及一些新颖的课堂技巧与策略，一般很容易受到学生的喜欢。他们能够与学生保持亦师亦友的关系，进而了解学生更多的信息，预判并解决学生在学习发展过程中可能遇到的问题。虽然大多数专家型教师已经不再参与班主任与班级建设等工作，但这种能力对于帮助新任教师发现问题、辅助开展德育工作是极其有帮助的。

思想意识层面则是专家型教师特征更加明显的一个方面。经历过新任教师的波动变化与快速成长期、克服了成熟教师的高原期之后，专家型教师开始步入了平坦而逐步放缓的专业发展阶段。他们不再受制于教学工作中出现的问题或困难，相反地，更多的成长需求来自教师自我内在的动力。这种自发的成长需求一方面可以让教师更多地去反思在培训中接触到的知识，另一方面可以让他们清晰地意识到自己想要发展的方向是什么，哪些内容和方法是自己真正感兴趣也适合于自己的。专家型教师的自我成长也开始不局限于利用教学知识来改善课堂，他们能够通过专业发展培训，结合文献与书籍的阅读生成自己的教育理解和观点，甚至独立开展一些教育研究工作并进行文章的撰写。在某种程度上来说，专家型教师更像是从横向的多方面发展转向纵向的深度发展，这与学者开展研究的过程是极其相似的。这种深度的发展是多元化的，可以是在教学工作上做专做精，可以是在科研工作上有所建树，成为介于教师与研究者之间的角色，更可以是转向行政与领导方向，从政策层面来引导教学革新，等等。另外从学生发展角度来看，多年的育人工作经验让专家型教师们可以有更多的精力兼顾到每一位学生，更快速地分析出不同学生表现产生的原因和处理的对策，逐一向他们提供适合于自身健康发展的建议与指导，同时发现不同学生身上所具备的优秀品质与特长优势，鼓励学生了解不一样的"成功"定义，获得不一样的未来，真正做到因材施教。

在部分优秀中学里，我们有时可以遇到一些在各方面体现出专家型教师特质的老师。由于跨越发展高原期的时间长度不同，个人发展需求和动力有所区别，因此这些教师的年龄不一，风格也各不相同。但相似的是我们总能在他们身上看到超越教师本职任务的发展模式，体会到他们突破自我的独特样子。

> Z 老师是一位具有 15 年教龄的高中生物学教师。他在市属的某重点中学担任生物教研组的组长，并且兼职所在学区的教研员工作。在 Z 老师后几年的职业生涯中，他感觉到自己能为学生做的不仅仅局限在生物课堂短暂的 40 分钟时间里。于是在工作与生活当中，Z 老师在各个方面不断地进行着自我提升与发展。
>
> 在周末和假期的时间中，Z 老师参与了很多大学举办的教师专业发展培训活动。通过了解不同的教学理论和策略，他感到将探究式教学应用于生物学课堂具有很高的可行性。于是在保证日常教学任务的基础上，Z 老师大胆革新了自己的课堂，通过重构课堂框架，将探究活动放手给学生，让学生通过自己提出问题设计实验来得出科学结论，不但增强了学生对知识的理解，还提升了班级学生对生物学课程的热情与学习动力。
>
> 完成初步尝试后，Z 老师开始利用课余时间来尝试阅读文献，他发现很多最新的研究成果都发表在外文期刊当中。为了能够更好地理解阅读文献，Z 老师同步开始了英文学习，并在暑假的时间报名参加了前往美国大学深入学习探究教学的培训班。通过一年多的坚持，Z 老师已经可以比较熟练地阅读英文文献，掌握教学前沿与发展动态。在此基础上，他通过研讨会与教育学专家开展了讨论。教授建议 Z 老师可以在有时间的情况下开展一些教育学研究。通过进行一段时间的文献综述后，Z 老师决定以自己的授课班级为样本，开展行动研究来了解探究教学在中学生物学课堂中的实践情况，并在国内的期刊上发表了自己的研究成果。
>
> 在教学与科研工作之外，Z 老师还开展了一些其他的工作。如申请了微信公众号，定期发布一些教育学书籍的阅读推荐以及理论反思；积极肯定班级内一些成绩一般但是思维活跃有很强动手操作能力的学生，鼓励他们参加各类校内外创新竞赛；在学校内定期开设教师研讨会，与新任教师们讨论课堂中出现的问题，解决他们的困惑，了解新科技与新信息技术在课堂中的应用可能，并带领全组教师在教学当中进行实践尝试……

在上述的例子中可以感受到专家型教师"教育学专家"的形象。他们对于各类问题能够形成自己的判断，进行合理的选择和取舍，进而形成自身独特的观点，并能够将这些观点传递给他人，与领域内的其他教师与学者展开学术的讨论与交流。专家型教师的发展是一个自我超越与自我突破的过程。这种超越和突破建立在滚动向前的基础上，是在自我发展上将目前的自己作为基准，不断调整未来的要求与职业规划。可以说无论是在教学、领导、科研等各个方面，他们都是具备着"教师"与"教育研究工作者"双重身份的角色。此外，专家型教师还应具备的一个重要特质即开阔的国际视野。对于专家型教师而言，对待教育发展的眼光并不仅仅局限在国内，而是通过了解国际上更多教育发达国家的教育政策、文件，学习前沿的教学策略与教学理论，不断获取生物学相关外延的最新知识成果，不断地充实自身，并将这些信息融会贯通，纳入自己的教学和研究当中。因此良好的外语基础也是一位专家型教师应具备的素质。

在参与各类教师专业发展培训活动上看，专家型教师的优势与问题都是相对明确的，培训效果上的差异主要体现在培训的形式内容上。对于专家型教师来说，他们普遍具有非常扎实的理论基础与实践能力，整体知识框架体系相当完善，并且很多专家教师都对教育研究领域的动向有所关注。因此他们能够很快地理解并掌握培训中的内容，高效率地将培训内容转化为实践操作，并能够在其中融入自己的思考与理解，给专业发展研究带来一些意外的创新与收获。这些教师一旦具备了对培训内容的兴趣和学习动机，将会对其持续实施投入更多的时间与精力，他们愿意并且能够与培训专家们建立深入的交流合作关系。这一点对于越来越追求实证研究的现代科学教育研究环境来说是非常难得的宝贵资源。

然而与此同时，专家型教师的成熟教学风格与扎实的知识基础有时候也会反过来成为参与某些专业发展培训的问题。首先这种已经成型的教学风格与其带来的高效课堂产出会使得部分专家型教师具有相当成熟的生物学教学观念，因此专业发展培训在激发这些教师的学习兴趣与动机上会非常困难。这就要求专业发展活动的内容不应太过浅显，其水平不能仅仅停留在理论介绍和知识普及层面，而应该融入更多的分析与思考，配合更多与专家深入交流的机会，才能够吸引更多专家型教师参与其中。而这些成熟的教学思考与观点会让专家型教师形成自己对概念的判断与价值取向。如果培训的内容跟教师已有的知识体系或观念产生冲突，那么教师很可能会抵触甚至拒绝接受培训的相关信息，进而导致培训效果的减弱。另外，对于一些承担了研究任务或行政管理工作的专家型教师来说，如何利用时间更加灵活的培训形式吸引他们参与也是一个需要解决的问题。

　　正如上述所提到的，能够适用于专家型教师的培训需求是比较固定的。首先在培训形式上，专家工作坊可能是比较合适的形式。在专家指引的模式下，教师能够获取到更为深入的培训知识，接触到超越科普层面的、具有更多理论背景与研究意义的知识。此外，这种模式使得专家型教师与研究领域的学者教授能够建立起对话的形式，让教师能够提出自己在思考中遇到的问题或者在研究中碰到的困难——这种关系有时候类似于研究生与导师之间的角色。在内容的选择上，与新研究理论和成果挂钩、具备一定深度的培训内容是专家型教师选择专业发展活动必须去考虑的问题。对于最新的、尚未得到普及的教育新原理或者新的标准与标准解读类培训，专家型教师会具有较强的了解意愿与兴趣，他们具备较多的时间与精力，相比于新任教师与成熟教师有更多的接受新鲜事物的空间。而对于已有的知识内容，则可以在深度上进行挖掘。例如，超越简单的理论介绍和知识讲解，融入更多实践实施中的困难解决、学生学习本体论与认识论上的分析、不同学者对于相同话题的多方面、多来源的信息观点辨析，等等。总而言之，面向专家型教师提供深入学习的机会，呈现以往传统培训未曾呈现的内容是非常重要的。此外，对于专家型教师而言，在自我发展的规划上还可以超越已有的这些基本培训形式，自己寻找适合于自身的主动发展途径。如进行教育干预、撰写科研文章、合作参与高校研究、进行行政改革及教育决策或者引领其他教师参与提升，这些都是能够从多角度促进教育教学更好发展——同时也是专家型教师实现自我价值的专业发展之路。总而言之，对于专家型教师而言，培训的形式途径、方法内容均已不再受到限制。对于有终身学习意识的他们而言，任何具备自我提升动机的想法与行为，都可以成为专家型教师不断发展的途径。

　　针对上述的不同阶段的教师定位而言，虽然每个阶段的对应与教师的工作经历和年限有大致相关性，但也并不是完全对等的。这种阶段的变更依据教师在个人专业发展上所投入的时间精力成本的不同，存在着快、慢甚至停滞的不同情况。教师需要明确自身所处阶段需要面对的核心问题，针对这些问题逐一攻破，跨越不同阶段发展中存在的台阶，并定期对自身当前的发展情况进行评估与反思。须知这种阶段的提升的现象需要教师主动投入，而并不是随着教龄的增长自然发生的。

【学以致用】

　　1. 尝试说出职前教师、新任教师、成熟教师、专家教师的职业特点，他们分别具有的优势和可能存在的问题是什么？

2. 依据你的理解，说出目前自己所处的职业阶段。你是如何判断的？尝试依据阶段特征，规划自己的专业发展路径。

第3节 教师应关注影响专业发展培训效果的不同要素

【聚焦问题】

1. 影响教师专业发展培训效果的有效因素有哪些？
2. 不同要素是如何影响教师专业发展的？

【案例研讨】

研究生小赵正在准备开始一项有关教师专业发展的培训。通过前期的文献阅读，小赵顺利选定了自己的培训主题，并设计建立起了研究的理论框架。基于这些内容，他开始进入具体的规划培训活动的过程中，在这个过程里，他又一次遇到了新的问题。

鉴于第一次参与设计实施教师专业发展培训活动，小赵对这一次的准备工作投入很多。他希望通过这一次的培训，能让老师们真的学有所成，得到更加丰富有效的信息。最重要的是，小赵希望这些知识能够真的被用于他们的日常课堂中去，帮助教师切实地提升教学质量。因此在设计培训活动时，小赵考虑了很多因素，也在一些问题上产生了犹豫：培训的时间是短期集中好，还是分散延长好？整个培训的总时间周期定到多久能够起到更好的培训效果？整个过程中需不需要为教师们提供跟进支持与帮助？有什么办法能够促进教师主动地参与到专业发展培训中来？这些细节化的问题不断困扰着小赵，同时也在帮助他将整个培训活动思考得更为具体全面。

在小赵的研究当中，包含了教师专业发展研究当中另一个需要考虑的重要话题——教师专业发展培训的有效影响因素。了解影响培训效果的潜在影响因素，明确不同影响因素是如何作用于培训活动的，并将这些影响因素在培训设计时纳入考量范围，将大大提高培训的整体效果。

在教师专业发展的众多内外部环境条件中，存在着很多能够促进抑或是阻碍培训效果的因素。这些因素中有些被研究者认为是起到了关键性的作用，也有些已经得到了众多实证研究的数据证实。本节内容将重点放在得到科学研究普遍认可的时间因素、专家跟进、主动学习、国家与学校政策四个大的方面展开，帮助读者了解不同的影响因素是如何作用于教师专业发展研究的，为后续相关研究的设计与实施提供依据。

2.3.1 确保活动完整持续性的时间因素

提到对教师专业发展效果的影响，第一个应当考量的要素便是时间因素。在专业发展相关研究中大量文献都曾提及，有效的教师专业发展必须具备一定时间长度的持续性（Duration），绝大多数的教师专业发展模型和框架中，都将时间持续性作为了其中重要的一部分。可以说，能够影响教师专业发展的全部因素当中，时间因素是最直观、最重要的一个。

从定义上来看，这种时间长度的持续性包含了三个方面：一是单次活动的持续时长；二是由各种活动构成的总活动时长；三是整个培训项目从开始到结束的延续性时长（表 2-10）。

表 2-10 影响教师专业发展效果的时间因素分类

	分类	含义	意义
时间持续性	单次活动时长	专业发展培训项目中"某一个活动"的持续时间	确保培训项目中每一个单次活动的有效性
	总活动时长	专业发展培训项目中"全部活动"的总体持续时间	确保培训项目中整体培训内容的完整有效
	延续性时长	专业发展培训项目从开始到结束期间的总持续时间	确保整个培训项目的影响效果及持续性

在一个教师专业发展培训项目中，可能同时包含了若干培训活动。其中，每一个活动所持续的时长被称为单次活动时长。例如，培训活动中设计了专家工作坊的环节，那么这一次工作坊培训的 4 小时即该项目中的一个单次活动时长。总活动时长是指整个培训项目中几个培训活动的时间长度和，也即全部活动所占用的总体培训时间。而延续性时长则为整个专业发展培训项目总计持续的时间长短，即从项目中第一个活动启动开始到参训教师完成整个项目的最后一个活动环节期间所跨越的时间段长度。例如，某教师专业发展培训活动自当年 3 月 1 日起，每月月初开展一次主题专家培训工作坊活动。工作坊活动一次持续 3 小时，总共举办 4 次，于当年 6 月 1 日完成全部的培训任务。在这一案例中，4 次活动的"单次活动时长"均为 3 小时，"总活动时长"为 4 次 3 小时，共计 12 小时，而"延续性时长"为 3 月至 6 月，共计 3 个月。

在时间持续性这一影响因素中，单次活动时长的影响效果主要为确保任意一次培训活动的有效性。在参与培训活动的教师当中，大多数都是对培训主题感到陌生或了解很少的新学习者。一次活动的充足时长能够保证专家有足够的时间来完成授课内容，除传递必要的理论知识外，可以利用余下的时间组织小组讨论、探究活动、课堂任务训练等，让教师能够有时间加深对理论知识的理解，更好地掌握该次培训活动的内容。

　　总活动时长的影响效果除确保培训内容传递的有效性外，还起到影响培训内容完整性的作用。除去一些非常简单的、仅组织单次培训活动的教师专业发展培训项目外，大部分的培训过程所传递的主题或内容都是知识与知识或知识与实践复合性的复杂观点。在这种情况下，就需要将培训划分为多次活动，分别用以讲授不同的知识，或将部分活动用以组织教师实践，促进理论知识向课堂应用进行转化。因此总活动时长的增多有利于培训者将培训主题细化分解，给参训教师更多全面理解培训内容的机会，确保整体培训内容的连贯性和有效传递。

　　而对于延续性时长来说，主要起到的作用是从宏观上确保整个培训项目的影响效果，以及增强这种效果的持续性。教师学习与学生学习是相似的，对于知识的理解和记忆存在着遗忘曲线。通过增加延续性时长，能够使教师在一段时间内稳定接收新知识的刺激，在大脑中形成对新知识更深刻的记忆。另外，通过间隔性地组织培训活动，教师能够有机会在每次活动结束后回到自己的日常课堂中进行实践教学。这种将理论知识和日常实践相结合的方法，可以使教师有更多的机会来动手尝试将培训内容进行实际应用。一方面它能够确保知识在使用的过程中得到进一步的强化和理解，另一方面可以保证教师能够将实践中遇到的问题再一次带回培训中与专家进行交流，有效地解决问题。但需要注意的是，这种延续性时长应当尽量确保期间内有稳定间隔的活动组织。单纯通过拉大某两次活动之间的间隔时间来提高延续性时长，对于教师专业发展培训则没有太大的意义。

　　时间因素的影响效果在诸多国内外文献书籍中都得到了实证证据的支持。教师专业发展研究者主张，很多研究组织者缺乏充足的项目培训时间，这直接成为导致培训效果较差的一个非常令人惋惜的原因。有研究者通过对大量的从5小时到100小时面授时长不等的教师专业发展培训项目进行效果排列分析后发现，其中超过30小时的专业发展项目最容易对参与教师产生积极的影响效果。因此他指出时间因素是会直接影响专业发展效果好坏的一个关键性因素。由此，对于有效教师专业发展的组织和实施必须具备充足的持续时长，而这些时间应当被有效地组织起来，有目的性地关注于知识和教学法。

时间因素对于教师专业发展培训的影响方式是非常外显化的。无论是从单次活动时长还是到延续性时长，这种时间跨度上的增加其本质意义都是为了增加教师与新知识间的接触机会。这种影响作用可以划分到培训者、参训教师以及研究工作者三个方面来看。

对于培训者来说，专家需要足够的时间来表达想要传递的知识内容。除此以外，更长的持续时间能够确保专家有更多深化表达自己的理解的机会，提供更多促进教师理解的活动模式和形式，并且留有足够的空间来分析参与者所提交的成果并依此给予参与者必要的信息反馈，进而调整、开发新的方法与策略手段来帮助参与者理解培训的内容。对于参训教师来说，相对充足的持续时长是教师理解消化新知识的必要前提。在此基础上，随着时间的推移，教师能够不断加深对知识的印象，增进理解，产生更多的个人思考，进而提供更多机会来促进知识向理论转化，避免在短时间内接受大量理论知识后无法有效加以转化，丧失专业发展培训本来的目的。而对于研究工作者来说，时间的延长可以为研究者提供形式更为丰富的数据。在持续期内，研究者不仅可以获取教师在培训中的课堂行为和参训数据，还能够在间隔期内得到教师在个人课堂实践中的各种资源，在培训过程中增进与培训教师之间的理解，使得深入性的数据挖掘与分析成为可能。然而与此同时必须注意的是，这种时间上的延长必须是有意义的，而不是单纯地为了拖延时间而强行拉长培训周期。

研究者许某在一次有关于概念转变教学理论的培训中邀请了高校专家为初中生物学教师讲解如何在生物学课堂中关注学生的前概念与错误概念，进而帮助学生完成概念转变。许某为这次培训安排了一次时长 3 小时的专家工作坊。在这段时间内，专家就概念转变的不同理论观点和学生学习理论进行了讲解，时间很快便过去了。教师们在当堂的后测中表示认为这一理论对生物学教学十分有必要，许老师对这一后测数据感到比较满意。一周后，许老师通过与几位参训教师闲聊，意外发现很多教师竟然忘记了培训中讲解的内容。老师们坦言理论知识很深刻，然而在教学过程中没有太多时间去反复思考。基于这一反馈，许老师在该培训的第三周又设计加入了一次教师研讨会活动。这一次的研讨会上，许老师邀请专家当场与教师们展开了讨论交流，并带领教师们一同修改自己的教学设计。一个月后，许老师再次与之前教师们进行了沟通，几位老师表示，第二次的讨论的确有效促进了自己对知识的理解。现在已经有老师开始在课堂中收集学生的前概念，并针对其中的错误概念展开有针对性的教学活动。

　　初中生物教师李老师报名参与了一期关于 STEM 与生物学教学融合的专业发展培训，活动在每个月的第一个周末安排一次培训工作坊，总共持续四次。在第一次的培训中，李老师收获了大量关于 STEM 的研究成果知识，了解它对于学生科学素养提升的重要价值。然而，理论化的知识让李老师感到困惑，培训的时间飞逝，能让李老师记到脑海中的知识却寥寥无几。这让李老师感到十分沮丧。第二次培训时，李老师仍然坚持参加了活动，这次活动却给了她不一样的体验。在这一次的培训中，专家带领教师们亲自动手参与了一些 STEM 小探究活动。通过这些实践活动设计，李老师对于如何在课堂中融入 STEM 产生了自己的一些感悟。在第三次活动到来之前，李老师利用一个月的时间，尝试在自己课堂中实践了这些想法，收获了学生的好评，同时也在操作中遇到了很多问题。她将这些问题带到了第三次培训研讨会中，准备与专家进行更深入的讨论……

　　通过上述案例可以看出，对于一些仅由一次活动构成的专业发展培训来说，教师能够在有限的时间内接纳和理解的知识都是十分有限的，教师在一段时间后很容易遗忘培训内容，更无法将其有效实践融入课堂。这也是为什么近年来很多研究认为单一次数、没有跟进随访或持续支持的短期工作坊饱受差评的重要原因。然而，随着培训总时长的增加，教师逐渐能够加深对知识的印象，通过增长的培训时长来弥补遗忘的弊端。另外，伴随延续性时长的增加，教师也有机会和意愿逐渐尝试将培训知识转化为课堂实践操作，这对于教师专业发展培训来说是十分必要的。

　　无论是教师选择参与培训，还是研究者设计策划培训，时间因素都是其中非常外显化、容易操作和辨识的要素。在选择参与专业发展培训时，教师应当首先明确自身对培训内容的熟悉程度如何。对于完全陌生的、时新的理论知识，教师应当关注选择活动次数多、单一活动时间长且培训总时长有保障的项目。而对于自己迫切想要进行理论转化的培训内容，可以着重关注项目的延续性时长，确保自己有足够的时间进行课堂实践尝试，并且有机会将实践中的问题反馈回培训当中进行解决。而在设计策划培训活动时，研究者应当在资金和时间条件允许的情况下，确保整个项目具有充足的持续时长。尽管依据培训的内容不同，组织活动的形式可以千差万别，但培训时长是整个培训最终效果的必要保证。研究者切忌为了加快培训进程、缩短研究周期快速获取研究产出而随意缩减培训时长，这种行为对于研究效果是得不偿失的。

2.3.2　后续跟进的活动与专家支持

教师专业发展中的跟进活动与专家支持，在某种程度上可以看作由培训活动类型延伸出来的影响因素。数十年来，众多的研究学者和专家都在强调后续跟进（Follow-up）活动对于专业发展培训的重要意义。他们指出，专家跟进活动能够确保培训内容更有效的达成，提高教师在培训中的学习效果。这些后续的支持与跟进活动可以帮助项目实施者随时发现教师在培训中或者参与到实际实践后可能出现的一些问题，给这些问题提供可以讨论和解决的机会。相比于此，一些时间周期短、仅仅一次性培训结束的专业发展活动之所以在效果上饱受争议，其中一个主要的原因正是因为其没有跟进的随访或者持续性的支持。

跟进活动与专家支持泛指在专业发展培训之后所采取的一切支撑活动，即提供机会让参训学员能够就所学习到的知识与技能获取持续性的反馈，建立起与研究者或专家之间的后续联系，其在形式表现上是多种多样的。从大方面上看，与之前培训活动相关联的其他培训活动可以被看作前者的跟进，如在某次专家培训工作坊之后，就所培训的内容开展一次教师研讨会，来交流之前培训的知识内容，提出实践中遇到的问题等；从小的方面上看，由培训专家或研究者在活动之后给出的其他学习交流机会也可以看作该要素的一部分，如在某次培训后，选择一天作为专家答疑日，允许教师们前来与专家进行问题探讨与交流，或者研究者主动回访到教师所在学校了解教师对知识的应用情况，向教师提供更多的信息支持，等等。

当然，跟进活动与专家支持作为一种影响因素，有时候也并不拘泥于固定的形式。如参训的教师能够通过电话、邮件或者网络信息的形式建立起与培训专家之间的联系，研究者能够就培训内容获取教师更多的信息反馈，都可以看作跟进活动与专家支持要素表现的一部分。

对于教师专业发展来说，跟进活动与专家支持的作用方面是多样化的。如图 2-7 所示，它可以表现为持续支持、问题解决、深入交流、经验分享、寻求合作等。研究将这种因素的影响划分为三个主要层级：第一层级表现为知识传递，即面向参训教师提供必要的概念及信息，解决培训中遇到的理论问题。第二层级表现为实践引导，即当教师在课堂教学中应用知识，具备了实践经验后进行的进一步交流分享与指导。第三层级表现为合作延伸，即通过与培训研究者的持续交流，教师可以深入参与到整个项目的实施当中，将培训效果辐射至周围的教师或学校，甚至由教师主导实施研究设计（表 2-11）。

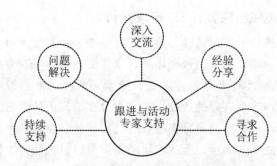

图 2-7　跟进活动与专家支持作用情况示意图

表 2-11　跟进活动与专家支持的三个影响层级

层级	表现
第一层级 知识传递	概念及信息提供、知识扩展延伸、问题提出与解决
第二层级 实践引导	深入交流与研讨、教学应用指引、经验分享交流
第三层级 合作延伸	项目合作参与、培训扩展辐射、自主研究设计

在知识传递层面上，跟进活动与专家支持的最基本功能即概念信息提供。通过持续的跟进，专家与研究者可以将培训中没有理解、没有消化完全的知识信息再次提供给教师，或就其中的重点与难点进行再讲解。在此基础上，跟进活动还可以进一步了解教师的关注点与实际需求，给出教师可能需要或感兴趣的培训之外的其他信息，也即知识扩展与延伸。例如，教师在培训中就光合作用的某一新理论产生了兴趣，跟进活动可以向教师提供相关的阅读资料与参考文献。最后，知识传递的另一个重要作用是问题提出与解决。通过教师提出的问题，研究者能够更好地掌握教师的理解水平与培训的知识转化效率。而有针对性地解决教师在培训中遇到的问题，是他们充分理解培训内容，进而将知识转入下一步实践的有效保障。

在实践引导层面上，主要指教师在参与专业发展培训后经历了一段时间的反思期与课堂教学后所进行的更深层次的跟进活动。经过自我反思后，教师可能会对培训内容产生自己的理解，这些理解有些是正向的，而有些则有可能偏离原有的知识路线。通过与教师进行深入交流与研讨，研究者可以帮助教师建立正确的理解思路，点明关键节点。此外，实践引导可以非常具体化地帮助专家明确如何将已经理解、在理论上熟练掌握的知识应用于教学，特别是当教师们已经尝试在课堂中进行实践后，研究者与专家可以更加清晰地明确教学中遇到的具体困难与问题，进而帮助教师克服问题提高实践效率。此外，教师与教师之间或教师与专家之间能够借助跟进活动的机会来进行交流，这种交流一方面可以促进教师对课堂实践进行进一步的思考，另一方面通过聆听、了解其他教师的思考与课堂信息，教师们能够发现原本没有注意过的关键信息或可能遇到的问题，这种经验的获取对于教学是极其具有实践意义的。

在合作延伸层面上，则是指当教师已经能够将培训内容较为熟练地应用于课堂教学后的进一步支持与跟进活动。这一部分通常会涉及较多的专家型教师。通过与培训研究者的长期交流，教师们能够更深层次地参与到整个培训项目当中，获取研究者给出的更多观察反馈与第三方评估。而研究者也可以借由这一部分教师开展深入的信息挖掘开展个案研究。这些教师在后续的培训效果辐射上，可以通过专家的持续支持，由知识的接收者转化为传递者，将系统完善化的培训信息面向身边的教师、学校甚至学区内的其他教师扩展，进而让培训效果惠及更多的教师。此外，部分教师在专家的引导和跟进帮助下，还能够展开自主性的研究设计，进一步转化为研究型教师。

跟进活动与专家支持这一要素对于教师专业发展培训活动的重要价值与意义得到了诸多研究文献的证实。研究者们认为，教学是一个复杂且无法固定化、模式化的过程。正是由于教学的发生通常会处于不确定且快速变化的情况之下，这就意味着单一的、固定化的培训活动无法满足每一位教师对课堂的需求，同时也无法统一解决每一位教师在教学中遇到的问题，因此它需要随时有与之相适应的专业知识和专家意见的引导，对教师们进行有目的的发展和提升。研究者们相信，如果能够与教育专家经常会面，探索一些常见的问题，并且通过分享经历、建立合作来寻求解决问题的方案，将是促进教师发展提升最为有效的途径。而部分研究者甚至提出，教师专业发展若想要更为有效的开展，应当在学校内部提供专家的支持，让学校中的教师能够经常性地与专家见面。基于专家的知识储备与经验来一同探索教学中随时可能出现的问题、寻找解决策略。

相比于时间因素来看，跟进活动与专家支持的作用效果相对内隐，并且会随着时间的推移而逐渐加强。在模式上，这种帮助效果会呈现出从知识传递到自我思考、从理论学习到实践尝试的转变。对于培训专家来说，面向教师提供更多的跟进活动和持续支持诚然需要耗费专家更多的时间与精力，然而通过与教师的沟通和交流，专家能够获取到大量的教师对于培训的反馈与思考信息。

这些信息能够非常明确地帮助专家了解每一次培训中教师的整体水平、对于知识的理解程度、对于培训内容所产生的问题、培训在讲授过程中产生的难点，从而有针对性地帮助专家了解如何修正或增减后续培训的内容，进而更好地开展后续培训活动。

对于教师来说，这种跟进活动与专家支持的作用效果则更为具体。通过与专家的不断交流，教师能够及时解决学习过程中遇到的问题，有效减少在思考和实践过程中的出错机会，随时调整修正自己对知识和教学策略的理解方向，大幅提升培训效率。然而需要注意的是，尽管专家跟进支持活动多数情况下需要由研究者方面主动提供，但本质上仍需要教师的配合。因此教师应当抓住机会主动与专家建立联系，获取持续性的帮助。对于研究者来说，在专业发展项目设计时增加跟进活动与专家支持的环节，首先能够在形式上丰富培训设计，弥补某些活动模式、特别是单一培训工作坊形式所带来的弊端。而通过这些额外的活动环节与跟进活动的融入，研究者可以获取到更多深入性的信息，通过追踪教师的思维与行为变化，探索教师的学习机制，进而发现更多的研究方向与创新点，强化已有的研究数据。

在某次关于概念转变教学的教师专业发展研究活动中，研究者设计了为期2天的专家培训工作坊，面向中学生物学教师普及概念转变教学的定义，以及如何将其应用于日常教学。在培训结束后的后测试题中，研究者发现超过九成的教师均能够有效阐述概念转变的定义，并说出如何采取有效的手段将这些教学策略应用于自己的课堂当中。基于这些后测数据，研究者认为培训已经起到了良好的效果，然而对于课堂实践的真实效果如何，研究者还希望获取更多的数据。于是培训专家与研究者在培训结束后一周内前往某参训教师的学校进行课堂观摩，期望通过跟进活动了解更多的信息。

在这堂有关叶绿素提取实验的课上，研究者发现教师对培训内容的实际应用情况并没有出现预想中的效果。通过课后与授课教师进行深入交流，教师表示"这一堂实验课上没有太多概念，因此无法进行概念转变教学"。专家很快意识到教师们从培训伊始对于"概念"的定义即出现了误读，认为只有标注在教材中的"定义"才能够看作"概念"。通过这次的跟进回访，研究者与专家迅速达成了共识，在一周后组织添加了一次专家与教师的研讨会，希望能够会上了解更多教师在学习中的问题，帮助教师有效理解培训的内容。

上述案例向我们展示了一个通过跟进活动与专家支持而发现的培训中遇到的"重大问题"。而教师在知识理解上所产生的这一偏差与错误,是教师与研究者在培训工作坊后都无法有效意识到的。通过跟进活动,专家能够更为直接地发现教师在参与培训过程中遇到的问题,而这些问题有可能是教师无法主动提出的。同时,通过这一次的专家课堂观摩,授课教师获取了如何进行正确的概念转变教学设计的关键指导信息,在纠正了已有认识上的错误后,教师能够快速回到正确的实践道路上,为后续教学设计提供极具价值的帮助。而对于研究者来说,通过这一次的跟进活动,专业发展项目的设计者明确了教师与专家之间进行深入交流的重要价值,通过设计额外的培训环节来面向全体参训教师提供更多接受跟进活动的机会,可以有效提升培训活动的整体效果,而研究者也能够在更多的跟进活动中获取不同的数据,完善已有的研究设计。

诚然,跟进活动与专家支持具有其必要的存在价值,然而这些活动的融入对于参与教师专业发展的各方人员来说都更加耗费精力和时间。培训专家需要拿出更多的时间来支撑教师的持续发展,为他们提供更多的信息与帮助;教师需要增加与专家的见面与交谈次数来获取更多有价值的信息,而这种往返于培训场所与任课学校的行为很可能会耗费掉教师半天甚至一天的时间;而对于研究者来说,更多跟进活动的加入无疑会拉长培训的周期,消耗更多的培训资源,而跟进活动所能收集到的谈话记录、反馈信息等也多为不易处理的数据。尽管这种更多跟进活动与专家支持的设计会增加太多的人力资源与时间成本,然而研究认为它所存在的价值也是非常巨大的。无论是培训专家、项目研究人员还是参训教师,都应当更为主动的参与到对这一要素的支持中来。正如前述案例所展示的那样,这些后续的支持活动很可能帮助研究发现更多极具价值的关键问题与重要研究点,促进专业发展培训目标更为有效地达成。

2.3.3 发挥主观能动性的主动学习

在所有形式的教师专业发展培训中,教师的主动参与和学习是培训效果保障的内在条件。教师的主动学习、相互合作与共同参与,也被认为是能够影响教师专业发展有效性的一个重要因素。一般来说,我们认为教师主动学习可以有两个方面的理解方式,一是指代教师个体主观参与培训活动的意愿与愿望,它更多地指代一种教师的内心情感状态;二是主动学习可以指代一些更为具体的活动内容,指在教师专业发展培训中,能够激励教师主动参与、促进教师思考讨论的一些具体的表现与培训形式。

从教师个体主观参与性的角度来看,主动学习的意愿主要表现为自主学习的动力,这种动力可以来自教师对于培训内容的求知欲、对自我提升的主观需求以及对完成预定目标的希望。在之前内容中曾多次提到，无论是何种形式的教师专业发展活动形式，都需要教师具备想要学习的意愿，这是保证教师能够在培训中有效获取知识的主观保障，也是造成参与培训后不同教师的提高效果不同的主要原因。

而从更为具体的活动内容上来看，主动学习也可以指在教师专业发展培训中，由培训研究者或专家给出的一些能够促进教师参与、思考的活动，这些活动的主要特点是改变传统的由专家进行讲授，将更多的时间交还给教师，让教师可以在这种需要主动思考、主动交流或主动设计产出的过程当中感受自我提升的过程。这类机会获取的方法是多样的，其中可以包括给教师提供机会观摩有经验教师的课堂、自己成为被观摩教师、设计新课程教材或教学方法如何在课堂中实施、回顾学生作业以及引导讨论和参与写作任务等，而本节对主动学习这一要素的描述将主要集中在这一部分更为具体化的活动内容上。对于这些主动学习的具体行为表现，大致可以划分为四个方面，具体内容如表 2-12所示。

表 2-12 教师专业发展中主动学习的行为表现方式

类型	描述
观摩与被观摩	观摩有经验教师的课堂，或者邀请其他教师、培训中的组织者或导师来观察自己的课堂，参与课后反思讨论
规划课堂实施	将在专业发展中获得的知识、经验、想法与实际教学相联系。根据不同学校的真实环境、学情及教学资源，对自身的想法进行不同程度和方面的改变
回顾学生作业	回顾与检查学生以往的作业或其他成果，帮助教师更好地理解学生所持有的想法、假设、推理、问题和解决策略等
展示与写作	在教师培训过程中让教师进行成果或作品展示、引导小组讨论、进行书面形式的写作任务，促进深层次的理解挖掘

观摩与被观摩是教师日常专业发展当中常见的形式，同时也是在组织上相对复杂的形式。一般来说，传统的课堂观摩需要培训组织者引导教师实地进入授课教师的课堂完成观摩活动，但其实这种观摩的主动学习模式在形式上也可以是多样的。除了参观有经验教师的实际课堂外，研究者还可以选择组织教师观看课程的录像资料、远程进行在线观摩，而教师自己也可以主动邀请培训专家及其他教师走进自己的课堂进行听课。课堂观摩作为一种融入了日常教学情

境的活动形式，能够更为直观地让教师感受到培训内容在教学中的应用，因此教师能够更具代入感，将理论化的内容呈现得更为具象。而观摩与被观摩的过程也可以让教师吸取有效经验，规避可能产生的问题。另外，无论是观摩还是被观摩，更为重要的一个环节是要参与课后的反思与讨论活动。通过集体讨论与思考交流，聆听专家点评与指导，教师能够跳出自己的视野，获取更多的信息。

规划课堂实施是在培训活动中引导教师将培训中获取的理论知识融入课程设计，结合自身已有的经验以及在培训中产生的想法来设计课堂。活动可以是让教师描述或写出自己预期在课堂中的教学行动，也可以是引导教师在培训中进行真实授课教案的修改与撰写。一般来说理论知识的学习具有脱情境性，而不同教师所处的教学环境和学生情况都各不相同，统一的专家讲授很难让全部教师产生教学上的共鸣。而通过面向教师提供规划课堂的机会，教师可以进行有效的自主思考，结合自己任课学校和班级的环境信息，自己班级学生的学习能力水平等情况，以及自己学校应用的教材和已有的教学资源来设计自己的课堂，将已有的知识进行情景化的融合。这在一方面能够促进理论知识的实践转化，另一方面这些行为反过来能够对教师原本的经验和想法造成不同程度的影响，进而促进教师对知识产生更深入的理解。

回顾学生作业是在一般教师专业发展培训中相对少见的一种活动设计。在参与到专业发展培训之前，学生的作业及其他学习成果是数量众多且易于获取的一种主要资料。这些资料中存在着一些可能被教师忽略的学生知识与行为表现，能够帮助教师理解其背后可能存在的问题解决思路和习惯。在参与培训后，教师可以带着培训中获取的信息知识对学生作业进行回顾。例如，在参与过概念转变相关培训后，通过回看以往学生的错误答案，教师可能会发现一些新的学生潜在的错误概念，通过这些错误概念来明确学生存在的一些顽固性学习困难产生的根本原因，进而更好地帮助学生掌握教学内容。

相比于前三种主动学习活动，展示与写作则是在教师专业发展培训当堂完成的活动当中最常见的类别。它的组织模式简单但表现形式却最为多样，其中包括但不仅限于引导教师分小组讨论、布置小组任务让教师进行探究、海报设计等绘图任务、书面形式的撰写任务、小组成果进行全班展示等。这些任务的本质都是需要教师进行独立思考，通过思考对自身进行深入挖掘，进而产生一些自己独有的或者具有新意的观点。而随后与其他教师交流、在小组内讨论、在班级内展示活动，也是一个思维分享与感受交流的过程。通过这种主动参与式的思维深化过程，教师能进一步让自己的观点完善化，对培训内容产生更为深刻的印象。另外值得一提的是，这些小组的展示与写作成果虽然外在看起来并不像是传统意义上的"数字"，但事实上却是非常具有研究价值的质性化数据。在这些语言、文字甚至图片和行为当中，存在着很多教师的思考与对培训内容的理解。能够敏锐地捕捉这些细节，进而有效地利用这些数据，对于研究者开展专业发展研究来说具有极高的价值。

由此有学者指出，在教师专业发展中，研究者应当为教师提供更多的活动机会，鼓励教师主动地参与到有意义的讨论、规划以及实践当中去。作为被动接受者与聆听者的教师，在获取到主动有效的思考和实际操作的机会后，会大大减低对培训知识的遗忘过程，进而提高对培训中其他环节的参与积极性，提升知识传递与转化的效率。因此激发教师的主动思考，以各种形式将具体的培训内容知识嵌入教师的工作内部，通过主动学习、合作和共同参与的形式来提升教师对于知识的理解，被认为是能够有效影响教师专业发展效果的重要因素。

主动学习这一因素对教师专业发展的作用相比于其他因素来说，更加受到教师主观能动性的影响。无论是从教师情感意愿上看，还是从具体的活动设计上看，它都融入了更多的不确定因素。正如前文所述，站在参训教师的角度上来看，主动学习这一要素的主要意义在于促使教师进行自主思考与反思，切实融合自身的经验与教学条件，将理论化的知识带入具体的情境中，在交流与分享的过程中深化理解，生成自己独特的观点，从而提高自身的学习效率和知识的转化效率，进而使课堂实践成为可能。从培训专家的角度上来看，促进教师主动学习能够使培训目标更快更有效地达成。一方面借助主动学习的要素，教师的学习效率提升，培训者可以在有限的培训时间内向教师传递更多的信息，通过深化理论阐述或者提供更多具体的案例来帮助教师取得更好的理解；另一方面通过一些具体化的活动，培训者能够接收到来自教师的思考反馈。借助教师的成果展示和思维表达，专家能够明确教师的学习动态，及时对讲授的内容和方向作出合适的调整。而对于项目研究者来说，主动学习除能够让整个培训取得更好的效果外，来自教师的课堂展示、写作任务、海报、课堂讨论录音、观摩课录像、教案设计与修改稿、个人思考感悟等一系列不同形式的文件能够大大扩充整个研究的数据类型，为研究增添更多质性化的细节，丰富整个研究数据。而这些不同类型的数据在后续分析上还能够成为三角论证的有效构成要素，辅助证实整个研究的最终效果。

教师ZC：我们刚刚对前半节课程的内容讨论之后产生了一些疑问，

就是我们认为能够探查到学生的课堂前概念是好的，但是我们的课时安排是非常紧凑的，(通过刚才的讨论)我们没有达成一个好的共识，就是有什么能探查学生前概念的方法，或者不同生物学主题中是不是存在着什么在这个年龄段学生普遍存在的前概念？这样我们在设计课堂的时候也可以进行一下参考。

　　教师 ZL：我们学校的一般教学情况是授课之前就会让学生先回家预习下一堂课的知识，我们刚才小组讨论了一下，这样一般学生在课堂上自己就能把这堂课在教材上的概念说出来了，我们就很难发现他们是不是其实有错误概念，因为他们完全在复述课本上的定义……我把以往的教案修改了一下，(我)会尝试一下让孩子们上课之前不要去预习，我来提出一些他们对于生活中现象理解的问题，看能否探查出一些学生已有的错误概念……

上述案例来自某次教师培训，专家组织关于概念转变的培训后，中途融合了 15 分钟的小组讨论环节，并在环节后邀请每组的一位教师对讨论内容进行汇总与分享。通过两个不同的发言我们可以看出通过主动学习的思考之后，教师所给出的不同反馈。前者提出了小组在应用知识中预想到的困难和障碍，通过这个问题，专家后续调整了培训方案，在培训环节中增加了一个案例，面向教师提供了国外研究机构就学生在不同学龄段上所存在的前概念进行梳理的网站，并引导教师尝试在网站中寻找自己的教学主题进行检索。而后者的教师则提出了自己对于尝试修改自己教学设计的一些想法，这些想法落实在后续的教案和课堂观摩上，均可以作为研究者关注的数据点。

主动学习这一要素在教师专业发展中的有效达成，对教师和研究者都提出了更高的要求。对于教师来说，确保自己在参与过程中保持良好的求知欲和自我发展的主观意愿与动力，是顺利有效完成培训的自我要求，这在心态上需要教师不断地对自己进行调整，努力发现并积极解决在培训中遇到的问题，并在培训后将其主动落实于课堂；而对于研究者来说，需要为帮助教师进行主动学习设计更多的活动环节，通过不同具体形式的内容设计，确保教师有足够的时间与机会进行课堂反思和交流，进而确保培训目标的顺利达成。

2.3.4　宏观层面的国家与学校政策

在关于影响教师专业发展效果要素的诸多文献当中，国家与学校政策的影响研究并没有如前面章节所述的其他要素那样，得到较多的实证研究支持。然而通过对我国国内开展的各类教师专业发展培训活动进行总结后发现，国家与学校政策这一要素在我国目前的国情下具有十分重要的影响意义。来自升学和竞争的压力使得各类政策标准文件成为教学的重要参照，而这也就要求各类教师专业发展活动必须要将这些国家、学校的政策作为培训设计中的一个极其重要的考量因素。

有关教师专业发展提升的相关国家文件与政策种类繁杂，其中既包含关于当代教师队伍建设改革的文件，也包含与课程和考试相关的标准文件，甚至也涵盖一些地方学区、学校自身对教师和课程的要求。这些政策文件与标准要求切实影响着教师的日常授课和教学工作，由此也影响着专业发展培训的效果。虽然各类标准政策很多，然而根据国内专业发展研究开展的一系列实证分析结果发现，表 2-13 中的三类因素起到了最明显的效果。

表 2-13　影响教师专业发展的国家与学校政策因素

类型	描述
教学大纲与国家政策	自上而下的各类国家政策文件，如教师发展、培训或改革相关的政策以及最为重要的生物学课程标准与教学大纲等
考试标准与教材要求	各类考试考核如中考、高考对教学的要求，各类试题的表现和考察倾向，以及教师教学所使用的教材中对于教学的要求等
地方与学校规章政策	教师所在地方、学区以及学校对教师教学所提出的具体要求，对于教师授课所规定的一般准则与考核要求等

在我国，教师专业发展的方向会受到自上而下的各类政策性文件的引导。例如，在当下"四有"好教师与对教师师德师风的强调下，各类专业发展培训和考核都会将德育相关的内容纳入重点考量的范围内。而在这一部分中，还有一个极其重要的组成部分，即生物学课程标准与教学大纲的影响作用。研究者通过对生物学教师专业发展培训实践项目进行深入的挖掘分析后发现，教师普遍会对课程标准中所要求的内容给予更多的关注。例如，在进行概念转变教师专业发展培训项目时，教师对于中学生物学课程标准中"对重要概念传递"产生了高度的重视，因此与之相关的课堂教学策略在教师实际教学中具有更高的应用率。而与之关联不太密切的其他教学策略，则在培训后没有获得太好的实践转化效果。由此可以看出，当教师专业发展培训的内容能够与国家政策及课程标准紧密联系时，通常能够更好地激发教师的学习动机，提高培训内容在教师课堂教学中的实际使用效果。

在政策与标准的引领下，我国目前的各类考试标准和教材的要求则是另一个能够影响教师专业发展培训效果的现实因素。这其中包括了不同版本教材的内容及教学建议，同时也包含了更为具体的考试(如中考、高考)的要求，考试范围，题目类型及对于学生能力考核的倾向性等。同样以上述概念转变教师专业发展培训实施为例，很多生物学教师在培训当中能够很好地理解不同评价方法的使用，也表现出了对概念图等评价方式的兴趣与积极态度。然而在实际课堂教学当中，却较少有教师能够真正应用这些评价策略。绝大多数的生物学教师仍旧延续了以往考查概念关键词记忆背诵，或以课后题与中高考题来评价学生的方法。可见升学考试与学生的应试成绩仍旧是教师重点关注的问题。绝大多数情况下，教师更愿意去尝试开展一些在重要考试中有所要求的内容。由此在培训设计时，研究者可以尝试向教师展示一些如何将培训内容与考核内容相联系的实例。这种因素对于教师专业发展培训的实践转化来说是一个非常现实的难点，同时也是需要培训者在进行项目设计时着重考虑的关键点。

最后，地方与学校本身的规章政策则是影响教师专业发展最下位的，也是最为具体的影响因素。教师自己的职业及其任课班级和学生直接受到学校和地方的管理，因此这些规章政策的要求是教师进行课堂改革创新之前必须遵守的前提条件。这其中包括如教师课堂的表现状态、学校领导对课堂创新的接受程度等。例如，某些学校要求教师将时间更多地交给学生，而教师不能采取纯讲授式教学来完成日常的课堂任务；而有的学校则要求教师在非常有限的课时内完成一学期的授课内容，因此无法给出太多的时间让学生进行自主探究和活动。这两种相反的学校规定则会直接影响教师面对相同培训内容后所做出的教学表现。在这种学校或地方对于课堂甚至课时的具体要求和安排下，教师常常只愿意去尝试对课程时长和架构影响较小的新的教学策略。如设计一个小的演示实验、导入一个新的情境来引出新概念，或让学生限时小组合作来讨论一个问题等，而对于整节课的话语权主导、大型的课堂学生自主探究，以及分配更多的时间进行检测评价等这类情况则基本很少出现变化。由此，提前了解参训教师所在学校和地方的具体要求，对于教师专业发展培训的内容设计及预期目标设定来说是很有必要的。

国家与学校政策对教师专业发展的影响在一些相关文献中也有提及。如有效教师专业发展模型中提到，有效的培训模式应当与教师具备较高的一致性，而其中与改革的文件、学校及国家政策以及教师实践相一致是一个重要的方面。这种要求可以被看作培训的外部一致性，它要求整个教师专业发展项目应当与这个学校、所在学区或是省市国家的教育改革方向相一致，与教育政策文件相对应，与各类规章制度相吻合。情境认知学家同时指出，学习的过程是一种概念化的"对社会活动参与性的变化"，个体会将知识的使用作为他们参与社会实践的一部分，对于教师的学习也是如此。因此教师专业发展的设计与实施是无法脱离其所处的大环境的，而在这个大环境当中，学校、学区乃至国家的政策环境是一个重要的组成部分。

国家与学校政策对教师专业发展培训的引导和限制作用，主要集中体现在培训知识转化为课堂实践的过程中。当培训内容与这些政策文件相统一时，参训教师能够产生更强烈的意愿来应用培训中获取的信息；而当培训内容与政策文件相关性较低，甚至与某些要求相矛盾时，教师通常会选择优先满足国家与学校的政策要求，进而严重影响培训内容的实践化程度。由此可见在一些情况下，尽管参训教师自身可能认可培训内容的有效性与重要意义，也具备想要应用培训内容的意愿，也依旧会由于政策要求下对课程安排的矛盾而被迫放弃尝试新知识的想法。

事实上，当下很多教育理念与教学策略的使用是能够辅助达成我国当下对学生的培养要求的，然而由于很多一线教师缺乏参与科学教育研究的经验，因此很难主动意识到这其中的关系，进而较难将这些信息与日常教学的要求相结合。这就要求培训者或专家在进行专业发展相关活动时，能够尽可能地将这种关系外显化，通过在培训活动中融入一些政策解读与实践引导的环节——如说明该教学策略是如何与高中生物学课程标准相结合，帮助学生提高科学探究能力的；或者带领教师对概念图进行评分，让这一评价手段能够定量化来满足对学生考核的要求；甚至在培训中添加几道考试题目的讲解，说明这些题目与培训内容间的相关性——都将更好地帮助教师进行学习。而对于培训组织者与研究工作者来说，将教师专业发展活动与政策要求紧密结合，不但如上述所说能够提升整体的培训效果，还能够更好地支撑培训活动的后续开展及影响的持续扩散。

　　教师 MM："其实对我来说应用的机会不是很大……我个人是很认可我们培训的理念的，我认为这种让学生进行高层次探究的方法对学生是很有帮助的，我也相信我的学生应该能在多次训练之后做得很好……(但是)我们学校对教师上课有要求的，那种让学生自己主导课堂的话，是会有领导巡视课堂，发现教师没有在讲课，(他们)会觉得不太好……所以其实我现在也是不太会在课堂中用……"

　　教师 LN："……我们学校还是非常支持我的，这次培训不但允许我请假去听别的培训教师的课，上个月还让我把培训内容做一个总结，然后在教师总结会上给其他教师做汇报……我们主任对这个培训还是非常感兴趣的，我们都觉得现在高中生物学课程标准不是一直在强调重要概念传递吗，（这个培训）就非常对应课标呀，然后我们觉得应该能够帮助学生更好地理解生物学重要概念，对学生的未来学习和升学应该都有好处。然后我们主任也希望更多的老师能够学习应用这种方法来进行授课。"

上述案例为某次教师专业发展培训 2 个月后研究者进行的教师跟进访谈摘录。可以看出虽然参与了相同的培训项目，但是不同学校的不同教师对于培训的反馈是截然不同的。当教师面临学校对授课教师的课堂要求和管理规定时，尽管教师认可培训内容的重要性，他们依然会优先选择遵照学校的管理要求，从而无法很好地将所学到的知识进行实践应用。与之相反，当学校的领导层能够认可新理念与新方法的重要性，进而对教师课堂改进进行鼓励，并且当教师能够意识到这种知识与国家政策、课程标准之间的重要联系时，那么这些培训内容不但能够在参训教师的课堂中得到较好的应用，甚至还能够快速地向外辐射，惠及更多的教师与学生。

由此在进行教师专业发展培训时，无论是参训教师还是培训者，都可以在此基础上有针对性地结合国家与学校政策实施。教师在参与相关培训时，要多进行思考和反思，主动将培训内容与自己所处的教学环境进行结合，尝试在政策要求与课堂革新之间寻找切入点，对理论知识和教学策略进行本土化的改良，提高这些内容在自身课堂中的应用价值，而不是遇到抵触与矛盾时不加思考地选择放弃。对于培训专家来说，在专业发展活动当中适当融入一点政策相关性解读与考试题目的分析，能够对教师的理论实践转化提供重要的点拨作用，使教师明确培训对于日常教学目标和绩效任务达成所能起到的重要价值，这对于提升教师的实践意愿与积极性将起到更为直接的作用。而对于培训研究者来说，在设计教师专业发展项目时，首先应当将教师的实际情况和国家标准政策纳入考虑范围，在进行活动规划时有意识地贴近现有各类文件的要求，避免研究设计过于理想化而削弱实践效果。另外，研究者在有条件的情况下，可以通过调研活动了解参训教师所在学校、学区、省市的不同要求与政策，通过这些信息在培训前对活动内容和形式进行适应性的调整与修改，减少教师后期个人尝试和调整的时间，提高实践转化的效率。

当然，除上述因素外，学者也指出在教师专业发展培训过程中存在着很多不同的影响要素。例如，教师自身的职业认同感（Peressini et al.，2004）、学生的作业（Borko，2004）、校长的角色（Banilower et al.，2005）、课程教材与实施（Banilower et al.，2005）、专业发展项目辅助者的高期望值（Jeanpierre et al.，2005)以及教师反思的作用(Fishman et al.，2003)等，在此不再展开更多赘述。教师在参与或研究者在设计教师专业发展培训时，可以依据自己的不同情况和已有资源来酌情考量。

【学以致用】

1. 能够影响教师专业发展培训效果的影响因素主要有哪些？与身边的教师讨论，除了本章内提到的因素外，你还能说出哪些有效的影响因素？依据是什么？

2. 依据自己设计过或参与过教师专业发展培训项目的经验，你认为就自身而言，对培训效果影响最大的因素是哪一个？为什么？

参考文献

[1]Borko H. Professional development and teacher learning：Mapping the terrain[J]. Educational researcher，2004，33(8)：3-15.

[2]Bransford J，Darling-Hammond L，Lepage P. Introduction[M]//Darling-Hammond L，Bransford J. Preparing teachers for a changing world：what teachers should learn and be able to do. San Fransisco：Jossey-Bass，2005.

[3]Carey N L，Frechtling J A. Best practice in action：followup survey on teacher enhancement programs[M]. National Science Foundation，Directorate for Education and Human Resources，Division of Research，Evaluation，and Communication，1997.

[4]Desimone L M. Improving impact studies of teachers' professional development：Toward better conceptualizations and measures Improving impact studies of teachers' professional development[J]. Educational Researcher，2009，38(3)：181-199.

[5]Garet M S，Porter A C，Desimone L，et al. What makes professional development effective? Results from a national sample of teachers[J]. American educational research journal，2001，38(4)：915-945.

[6]Guskey T R. Apply time with wisdom[J]. Journal of staff development，1999，20：10-15.

[7]Guskey T R，Yoon K S. What works in professional development? [J]. Phi delta kappan，2009，90(7)：495-500.

［8］Holloway J H. The promise and pitfalls of site-based management［J］. Educational Leadership，2000，57(7)：81-82.

［9］Kennedy，Mary M. Form and substance in inservice teachers education［J］. Research Monograph，1998(13)：1-30.

［10］Loucks-Horsley S，Stiles K E，Mundry S，et al. Designing professional development for teachers of science and mathematics［M］. Thousand Oaks，C A：Corwin Press. 1998.

［11］李诺，刘恩山. 录像分析技术在教学研究中的应用与发展［J］. 现代教育技术，2017，27(9)：33-39.

［12］李诺，周丐晓，黄瑄，等. 聚焦我国科学教育的实证研究现状及发展趋势——以概念转变主题为例［J］. 科普研究，2018，13(6)：5-12＋75＋108.

［13］唐玉光. 基于教师专业发展的教师教育制度［J］. 高等师范教育研究，2002(5)：35-40.

［14］阎光才. 关于教育中的实证与经验研究［J］. 中国高教研究，2016(1)：74-76.

［15］杨晓. 教师专业发展［M］. 北京：北京师范大学出版社，2013.

［16］袁维新. 学科教学知识：一个教师专业发展的新视角［J］. 外国教育研究，2005(3)：10-14.

第3章 生物学教师日常
自我提升的有效手段

学校与课堂是教师工作开展的主要场所。尽管参与各类校外专业发展活动对于教师专业水平提升具有重要意义，如何利用日常的工作环境进行自我提升则是教师持续发展的有效手段。科学地在工作当中开展专业发展活动，能够有效促进理论向实践转化，帮助教师建立持续发展的自我意识与能力。

【学习目标】

通过本章的学习，学习者应当能够：

1. 明确课堂观摩对教师发展的重要意义，知道如何进行有效的课堂观摩活动，了解各类观摩工具的使用及其中存在的注意事项；

2. 了解说课和评课的内涵，掌握其中存在的主要形式和一般策略，能够在实际教学交流中熟练开展说课和评课的工作；

3. 知道什么是教学反思，能够概述教学反思的主要内容和特征，明确开展反思活动的方式和方法；

4. 知道什么是教学行动研究，初步掌握开展行动研究的一般方法，并明确其中存在的注意事项与开展建议；

5. 能够综合掌握各种教师日常自我提升的手段和方法，做到有意识地参与各类发展活动，在教学当中持续进行自我提升。

【内容概要】

教师的专业发展活动现如今已经融入了教师日常教学工作的方方面面。无论是教师熟悉的课堂观摩、听课、评课，还是很多教师有所耳闻但还未尝试过的行动研究，都已经是课堂教学当中不再陌生的话题。然而，不同教师在开展这些教学活动时的方法各不相同，所能达到的个人发展效率也各有高低。在这些熟悉的内容中，也存在着相对科学的原则与策略。本章内容将以贴近教师日常教学研究的各种专业发展活动为出发点，系统地介绍这些活动的内容与方法，并为教师提供有效的优化策略与操作建议，帮助教师更好地在日常教学中进行持续的个人专业化发展与提升。

【学法指引】

本章内容的大多数主题对于教师而言并不陌生。由于教师在日常学习和教学过程中对这些内容都有了大致的理解和体验的经历，因此在本章的学习中可以采取理论学习和实践反思相结合的方式。依照各节所聚焦的问题，读者可以先对理论知识进行梳理和吸纳，并在这一过程中回顾自己日常教学中在这些内容上的表现，通过对比反思来寻找实践中的不足进行优化，进一步提升课堂实践效果，将个人专业发展融入日常教学当中。

第 1 节　课堂观摩是教师学习提升的易行方法

【聚焦问题】

1. 什么是课堂观摩？它有什么重要的意义？
2. 在进行课堂观摩时有哪些需要准备和注意的事项？
3. 如何基于不同角度进行有效的课堂观摩？
4. 如何设计和使用课堂观摩记录工具？

【案例研讨】

　　小杨是新入职的中学生物学教师。作为刚刚从高校毕业的新任教师，小杨对新工作充满着激情，同时也对课堂把控充满了疑惑。为了尽快适应中学教学的节奏，小杨决定每天去观摩一节其他老教师的生物课，以从中学习经验，实现更好地自我发展。

　　一个月后，小杨已经观摩了来自组内 4 位教师的 20 余节课，并积累起了一本个人反思记录。通过这些课程观摩，小杨快速适应了所在学校的工作环境，了解任课年级学生的基本学情，并学习到了很多的课堂教学技巧与教学策略。小杨觉得这种课堂观摩的方式对于自我提升具有非常好的效果，她决定将这一习惯坚持下去。通过对以往听课记录的反思，她开始思考，如何能让有限的一节课的观摩时间变得更有效率、更有价值呢？

　　通过回看自己的反思记录，小杨发现自己的课堂观摩学习过程还有很多需要进一步被完善的地方。她开始思考：除了自己同事和教师的身份，是不是还能够站在其他的立场上来反思所观摩的课程？能否设计一些有效的课堂观摩记录工具，让自己能够在短短几十分钟内记录更多的信息？在进行课堂观摩之前，是不是能够做一些准备工作来提高课堂观摩效率？对于不同的课程是不是能有不同的关注点？

对于中学教师而言，课堂观摩是教师们在日常教学当中进行自我提升最为方便易行、对课堂教学帮助最为直接的专业发展途径。在进行课堂观摩时，教师应当进行怎样的准备、注意哪些事项；在进行课堂观摩时，不同的教师应当扮演怎样的观察角色、关注哪些不同的课堂问题；这种课堂观摩又有哪些不同的形式分类；等等，这些都是值得教师们进行思考的问题。本节内容将按照上述所提到的问题方向，面向教师呈现课堂观摩的相关知识，帮助教师了解如何进行有效的课堂观摩，并向教师提供关于有效课堂观摩记录工具的建议。

3.1.1 课堂观摩的发展与重要意义

课堂观摩在教育学研究发展历史上来源已久。这种带着一定的目的进行课堂观察、数据记录，并依照所记录数据对课堂进行分析和评价的方式是在教师专业发展研究当中对教师课堂实践进行考察的有效方式。

自走入所观摩课堂开始，教室内所发生的每一件事、每一个细节都可能存在着值得观察者留心的重点。从整体上来看，这种观察大致可以划分为三个方向：教师、学生与其他(图 3-1)。从教师的角度上，观察者可以关注教师的语言行为(如提问、给学生的回答及反馈)、教师的动作行为(如组织课堂活动、课堂肢体语言)以及教师的授课策略与技巧、教师课堂态度与情感等。从学生的角度上，观察者可以关注学生的语言行为(如学生的提问、回答问题、表达观点)、学生的动作行为(如进行动手实验、课堂肢体反馈)以及学生的情感态度等。除此以外，观察者还应当关注一些课堂构成的其他方面，这其中包含了授课教室内环境陈设、授课课程的主题、教材、学生作业以及一些课堂中可能遇到的突发情况等。这些内容的出现与发生都有可能向观察者提供有效的信息。

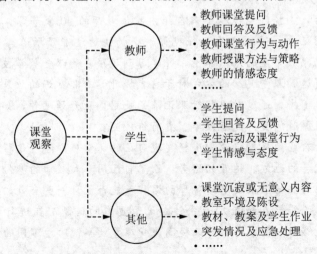

图 3-1　课堂观察不同方向内容示意图

在课堂观察中通常需要对观察数据进行记录与分析。对于一般的课堂观察而言，数据类型本身更倾向于质性化，因此对于绝大多数进行课堂观摩的教师来说，这种观察的数据记录通常体现为事件陈述与个人反思，较少能够以数字的形式呈现。然而出于科学教育研究对定量化数据分析的需求，课堂观察也逐渐开始出现了质性化数据定量化分析的发展趋势。这种课堂观摩与分析的相关研究向前可以追溯到 1970 年出现的"弗兰德斯交互分析分类系统(Fanders Interaction Analysis Categories System，FIAS)"。FIAS 的观察编码表是当时进行课堂观摩的模板，同时现今很多相对成熟的课堂观摩编码表在制定与修改上大多也都参照了 FIAS。在 FIAS 中，系统充分考虑了课堂中的不同对象，指出在观察过程中应当将课堂观察的关注点划分为教师行为、学生行为以及其他行为三个方面，并于每个不同的方向下划分出了不同的观察编码点(表 3-1)。

表 3-1　FIAS 课堂观察编码分类表

	观察方面	课堂表现
FIAS 编码表	教师	• 接受情感 • 赞扬或鼓励 • 接受学生观点 • 提问 • 讲授 • 给出说明 • 批评或证明自身权威
	学生	• 学生语言回应 • 学生语言发起
	其他	• 课堂沉寂或混乱

从表 3-1 中可以看出，FIAS 的课堂观察主要集中于对教师的观测，对学生和其他方面的表现关注较少。这一点从侧面也体现了课堂观察依据不同的观察目的所呈现出的视角多样性。在此之后，1999 年的国际数学与科学趋势研究项目(Trends in International Mathematics and Science Study，TIMSS)也对八年级课堂进行了观察分析，建立了对教师和学生观察相对平均的观察编码表，并将观察系统建立地更为细致完善，在很多重要的一级观察指标下设立了二级、三级指标。2009 年，奥斯陆大学本着理解国际学生评估项目(Program for International Student Assessment，PISA)中学生表现情况的目的，开展了"PISA＋"的教学观察项目，在项目当中使用了条目更为具体化的课堂观察系

统。2011年，美国生物学课程研究所（Biological Science Curriculum Study，BSCS）策划了"基于课堂分析的科学教师学习项目（The Science Teachers Learning from Lesson Analysis，STeLLA）"，在该项目中设计了仅针对教师课堂表现的观察系统。这些关注于不同维度的编码系统，给课堂观摩提供了不同的研究思路（表3-2）。

表3-2　不同课堂观察体系的维度与内容

项目	内容
TIMSS	• 【教师】启发；信息；指导；领会；教师回应；提供答案 • 【学生】学生启发；学生信息；学生导学；学生领会 • 【其他】其他信息
PISA+	• 【教师】回顾；推动；验收学生成果；教师总结；检查家庭作业；发展新内容知识；发展新技能 • 【学生】听课、参与、笔记；安静阅读；实践、实验活动；课堂作业；使用信息技术 • 【其他】学生主动响应；教师发言；教师提问
STeLLA	• 【教师】抽取学生观点并预测；提出探寻或挑战问题；鼓励学生对数据做出解释；鼓励学生使用或应用新观点；鼓励学生在概念之间建立联系；识别主要学习目标；使用目标陈述与重点问题；选择符合学习目标的活动；给学生提供内容表述的机会；连接课程观点与其他观点；对重要观点活动合理排序；总结、合成重要观点

　　然而不可否认的是，这种强烈结构化、定量化的特点也使得编码量表在课堂分析中的应用上存在着很多局限性。因此，不同的教师或研究者在进行课堂观察时，应能够依据自身不同的目标，改良或建立起适用于自己的课堂观察系统。如为了解真实课堂中的学生学习行为，并将信息技术作为课堂教学中的一个要素、体现交互作用而设计出ITIAS课堂观察编码，为了解课堂白板的使用情况而设计的"基于白板课堂的互动分析系统"，从课堂行为出发，建立起关于"有效教学"的课堂观察系统等，都是研究者设计的、具有特定针对性的观察系统。

　　诚然，对于日常将课堂观摩作为自我提升与学习方法的中学教师来说，这种系统化、定量化的课堂分析模式并不适用于每一个人。对教师而言，大多时候更倾向于从整体、宏观的角度来审视一堂观摩课，通过记录课上发生的值得自己思考和学习的事件来进行不断反思，进而改善自己的课堂教学。然而，如何在观察一堂课的时候，将这短短的不到 1 小时时间的利用效率最大化，如何让课堂观摩的关注点更为集中、获取更多的信息，上述的课堂观察研究将能够给教师们提供更多的思路。关于这些内容，我们将在后续内容中进一步展开。

对于教师专业发展来说，课堂观摩具有其自身独特的优势与意义。无论是观察其他教师的课堂，还是通过录像等方式观察自己的课堂，都能让教师获得自我提升的重要信息，为今后的授课提供更多参考。在教师专业发展研究中，课堂观摩的形式能够有效促进教师的行为实践转化，而它的优势和意义主要可以体现在情境性、反思性以及合作与交流几个方面。

情境性。情境学习理论认为知识的获取与应用是不应当分离的。知识的应用不是独立于学习之外的内容，也不是从属于知识的附件，它们都是学习过程中的重要组成部分。在学习中，情境作用于知识，因此学习和认知在本质上都具有情境性。概念与知识只有通过使用和实践后才能被完全的理解，而知识在情境下的使用能够有效作用于学习者的世界观，帮助他们更好地适应文化信念体系。

在传统的学习理论观点中，人们曾将学习看作一种"特定陈述性知识的获取过程"。如在教师专业发展中，很多的概念理论大多都是抽象的、去情景化的，这直接导致了学习与环境之间相互脱离。教师无法有效地将这些知识与自己日常教学情境之间相联系，也无法意识到"学习"与"学习发生时所处的特定情境"之间的关系。情境认知学家指出，知识的获取必须通过实际的操作，知识的获取是存在于"实践共同体（Community of Practice）"的实践当中的。而"学习"本身可以被概念化为将"个体对知识的使用"作为参与社会实践的一部分。因此在教师专业发展过程中，教师需要机会获取必要支撑，来尝试处理复杂的真实环境。

基于此，课堂观摩所能容纳的信息，正是情境学习理论中提到的最为真实的课堂实践构成。教师可以在实际发生的课堂教学活动中，寻找真实出现的问题和对问题的处理办法，甚至通过与教师的对话和讨论来进行有意义的思考。这种实地的观察作为真实情境，能够有效解决学习情境转变为实际工作环境的困难，由此无论是观摩其他教师的课堂或是自己的课堂，都可以看作教师学习最强有力的环境组成。

反思性。对于教师专业发展而言，给教师留有足够的时间进行教学反思，可以更好地发现实践中可能出现的问题。由此，观摩有经验的教师进行授课，或让自己成为被观摩的教师，都是能够促进教师进行反思，提高自身专业发展效果的有效手段。在学习研究中，认知结论是冰冷而孤立的，很多时候它与实际课堂当中发生的情况并不一致。教师在这种情况下常常会缺乏代入感与学习兴趣，因此导致学习目标无法有效地达成。而对课堂进行反思则是教师进行主动学习的过程与表现。

通过课堂观摩，教师能够获得最真实的课堂信息。他们能够了解课堂上应该发生什么，别人的课堂中发生了什么，而自己的课堂中又发生了什么。通过观察同一学科教师的课堂，教师能够产生强烈的代入感，回顾自己的教学活动，并主动将二者进行对比分析，而这就是教师进行自我反思的开始。如果说接受培训所给予的理论信息，并将这些知识应用于自己的课堂是一种新的尝试，那么通过课堂观摩来进行反思，则是在教师自己已经熟悉的领域中发现问题、解决问题的过程。这对于教师而言在实践操作层面上更加易行，也更容易激发教师的情感共鸣。相比于其他的专业发展活动来说，课堂观摩可以提供最细致化的信息与最全面的课堂体验。教师能够依据自身不同的经历，通过反思获取各不相同的、适用于自身发展的有效内容。特别是观摩其他教师如何将理论知识与课堂实践相结合，能够给教师提供最为直观的案例与思考方向，进而做到在自己的课堂中将知识与具体实践有效统一。

合作与交流。课堂观摩的过程本身并不是由观摩教师一个人完成的，它至少还应当包含了被观摩的授课教师，以及可能还包含了共同进行观摩的其他教师和专家研究者。因此课堂观摩活动本身也涉及了合作与交流的特征。

对于教师专业发展而言，合作交流可以帮助教师发现实践中可能出现的问题，并通过与其他教师或听课专家协商来寻求有效解决问题的方法。而在培训中提供观摩或者被观摩的机会对于提高这种自我发展主动性具有很大的帮助。社会建构主义理论指出，合作交流在认知建构中具有重要的地位。如若教师能够通过与他人探索问题、分享经历，进而运用合作的方法来寻求解决问题的方案，那这将是促进教师专业发展提升的有效途径。

课堂观摩的过程正是一个观摩教师与被观摩教师，以及与其他观摩教师之间信息交流的过程。无论是观摩教师接受授课教师在课堂中提供的信息，还是授课教师获取观摩教师给出的反馈意见，或是教师之间进行交流反思的分享活动，都可以看作有效合作交流的过程。这种合作交流除了有利于问题发现与问题解决外，由于不同的教师对课堂的关注点各不相同，因此每个人能够提供的反馈和反思信息也千差万别。这也有利于教师们跳脱出自己固有的逻辑思维体系，来获取更多视角的有效信息，给教师们提供更广阔的思考空间。另外，这种合作性也使得教师群体发展成为可能。不仅仅是观摩课程的教师，被观摩教师及参与讨论的教师都能够在过程中获得成长。

3.1.2　课堂观摩的准备与注意事项

课堂观摩可以是一种细致化的、定量化的过程，同时也可以是一种意识化的、质性化的过程。在一般的中学课堂中，教师的课堂观摩过程大多是随性的，即不会预先进行太多的准备工作，在观摩过程中也没有带着太多的预期目的。然而研究者认为，适当融入一些前期准备工作，可以让课堂观摩更具效率。

如图 3-2 所示，在进行课堂观摩前，教师可以在思想、知识与工具三个方面进行准备。思想准备方面主要对教师的课堂观摩起到导向和引领作用，让教师能够有效面对课堂，促进自我反思；知识储备方面主要为观摩过程打下基础，避免教师在听课过程中将有限的注意力分散到了解具体的课程知识点上；而工具准备能够让教师在有限的观摩时间中存储更多的信息，进行更多的事后反思。接下来的内容将就上述三点展开具体说明。

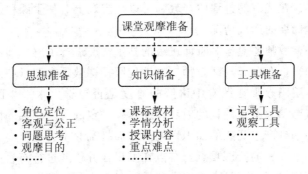

图 3-2　课堂观摩的准备工作

在思想准备方面，教师首先要明确自身在观摩过程中的角色定位。站在不同角度对课堂进行观察，将会产生不一样的理解与体验。例如，当教师站在学生的视角上进行听课时，能更多地分析课堂所传递的信息是否符合学生的认知水平；而站在专业发展学习同伴的角度上，则能够更多地感受任课教师在课堂中是否较好地使用了某些教学策略与手段，这一部分内容在后续内容中也将详细展开。此外，教师在进行听课前，还应当怀着客观公正的心态，摒除主观意识里因为个人喜恶所判定的好与不好的教学模式，站在中立的角度上去审视所观摩的课堂。

另外，在正式走入听课教室前，教师必须明确进入观摩课堂的目的，并带着问题走进教室，尝试通过观摩来回答自己所提出的问题。例如，当观摩者想要学习探究教学在生物学课堂中的应用时，他将会在课堂中集中关注教师所使用的引导策略以及学生是如何在课堂中完成探究活动的，他可以在课前询问自己：课堂上教师的哪些问题能够引导学生提出有意义的探究问题？教师是如何回应学生在探究过程中所出现的困难的？教师用了哪些评价手段来对学生的探究成果进行考核？而当观摩者想要重点学习课堂提问技巧时，他可以将观察记录的要点锁定在教师课堂中所提出的每一个问题上：教师提出的问题多是"是非"判断型的，还是"观点表达"型的？哪一类问题更容易得到学生的回应？这些提问对于学生的概念理解是否有所帮助？等。这些观摩目的与问题将帮助教师在课堂中集中注意力，避免漫无目的的低效率观测。

而知识储备方面的最重要意义是帮助教师在课前充分了解与授课内容相关的基础信息。通过明确课程所使用的教材版本以及本堂授课内容与课程标准要求的对应情况，初步判断教师所要达成的课程目标和讲授范围。例如，分析课程标准中对这堂课的授课内容有哪些要求，学生需要在课程中理解哪些生物学的重要概念等。在观摩的过程中，教师可以从宏观上对整堂课程进行把握，了解教师对课程标准的达成情况。

除此之外，教师还应当对听课班级的学生情况进行了解，知道学生的学习情况和认知水平，有助于观摩教师更好地理解授课教师在课堂中采用的教学手段是否恰当，明确教师在课堂中讲解的难度是否与学生水平相匹配；在听课前，教师还应当熟悉本堂课程的内容，并具备一定的与之相关的课外知识，避免因在课堂中遇到产生疑惑的知识性的问题而打乱原本听课节奏；最后，教师还应当明确本堂课程的授课重点与难点在哪里，并依此进行有目的的观摩，看授课教师是否完成了课程重点内容的传递，是否有效地帮助学生克服了学习难点。一般来说，新任教师在听课之前所要进行的知识准备较多，而对于已经具备教学经验的成熟型教师来说，这些知识储备已经较为丰富，只需在正式听课前进行整体梳理即可。

教师在进入观摩教室前所需要做的最后一项工作即观摩工具的准备。这其中包括记录工具及观察工具。记录工具在这里更偏向于客观性，即如何更好地记录课堂，还原课程情况。在征得授课教师同意的前提下，观摩教师可以携带录音笔对课堂进行录音；在有条件且不影响学生正常听课的情况下，还可以使用录像设备对课堂进行记录。课堂记录的主要目的在于事后能够对课堂进行回放。由于观摩教师个体对课堂的记忆能力有限，因此这些课堂记录工具能够使教师对课堂进行再次观察：一是解决教师在课堂中错过的关键点，解答疑惑；二是通过再次观察，教师可以转换不同的视角，对同一堂课程产生不同的理解与新的感悟。

　　而观察工具在这里则更加偏向于主观性，它指代一些类似于课堂反思记录、课堂观察记录表等由教师主观选取的、用于辅助课堂观察的工具。在形式上，教师可以采用听课记录本这种较为开放性的观察工具，来记录任何在课堂中产生的感悟与思考，同时也可以采用更有计划性的各种观察表格来对课堂进行分析。在后续内容将会给出部分观察表格的设计和使用建议。

　　在进行课堂观摩之前与过程中，观摩教师也有一些应当注意的事项与需要遵守的原则。这些事项可能与具体的听课知识内容无关，但却是保证课堂观摩正常进行的必要前提。这些事项和原则包含了不打扰课堂秩序、融入课堂环境、记录最大化、隐私与肖像权以及研讨反思参与等。

　　不打扰课堂秩序。研究认为，一般课堂观摩的最基本考量，是想要看到在"真实"环境中发生的"最真实"的课堂。也即不存在外在干扰时，教师原本想要进行授课的状态，以及学生在课堂中应有的表现。然而，课堂中发生的一些特殊情况将会打破这种状态，导致课堂的呈现并非原本预期的样子。在这其中，听课教师的到来就有可能成为其中的一个影响因子。这种影响可能体现在让授课教师改变课程原本的设计安排，也可能体现在学生因为感到紧张而表现得很拘束。虽然这种影响在客观上是无法避免的，但听课教师可以将这种影响降到最低。如在课程开始前的课间就提前进入教室，让学生在课间活动的时候能够熟悉听课教师在课堂中的存在；听课时，尽量坐在教室的最后或者角落中，不过多地引起学生的注意；在学生进行讨论或者小组探究活动时，尽量不要在教室中多次走动，也不要干涉学生原本的活动进程；不要在听课过程中打断授课教师的讲授或者随意发言，影响课程连贯性；等等。

　　融入课堂环境。在听课前融入课堂环境有助于帮助教师获取更多的信息。在教室中观察班级的陈设和布置：课堂中的标语、班级中种的植物或者养的小动物、成绩排名榜以及英语角、图书角等，这些信息能够帮助听课教师判断班级氛围，了解学生与教师之间的关系，预测学生在课堂中是否能够具有较活跃的表现等。此外，通过在课间与周围的学生交流，可以获得学生的学情信息、教材信息，通过学生的作业或者描述来对教师授课形成提前预判，了解授课教师在日常教学中的习惯等。此外，由于在进入教室听课时，授课教师是属于提前知情的状态，而教室中的学生一般则是课前不知情的状态。在课间与学生进行的有效交流能也在一定程度上降低周围学生的紧张感，辅助上述第一条原则的达成。当然，这种交流要求听课教师要采用适宜的态度与自我定位。

　　记录最大化。教师在听课的过程中会对课程内容进行记录，而通过不同教师所记录的内容可能会获得完全不同的数据。在课堂观摩中，一般建议教师在确保听课效果的前提下，尽可能多地记录课程中的细节。因为很多教师在观摩过程中感觉可有可无的信息，在课后思考回顾时，都有可能成为重要的判断数据。例如，听课教师在课程刚开始时听到授课教师提出的某个并不重要的问题，在课堂结束时首尾呼应，有效帮助学生理解了重要的生物学概念。而若教师在课程开始时并没有留心记录这个问题，就很有可能遗漏掉这个细节，进而也无法发现教师在课堂开始与结束时的整体安排。由此，尽量多地记录课堂内容和细节，是教师进行课后思考与再分析的有效保障。

隐私与肖像权。 在国外的很多相关研究中，被观摩者的隐私权与肖像权是一个非常重要的话题，但这个话题在国内目前的情况下鲜有具体的规定说明，因此得到的关注较少。事实上，这个问题是值得教师们给予更多关注的。一般来说，教师在课堂观摩中记录并使用的教师和学生的姓名、身份信息、照片、录像，都会涉及这一部分的内容。这就要求教师在课堂观摩中想要拍摄课堂照片或是进行课堂录像时——特别是会出现明显人物面部图像的时候应提前进行告知，获取对方的同意。而若教师希望在后期进行文章撰写或者与他人交流，需要用到这些图像或文字资料时，也应特别告知被观摩者获取许可，并且尽可能地对画面中的人像进行遮挡处理。另外，在需要使用课堂中教师或者某个学生对话作为数据时，教师可以采用化名的形式，避免泄露被观摩教师、学生的个人信息。

研讨反思参与。 课堂观摩直至下课并不是整个观摩活动的结束。可以说，观摩课后设置的教师说课、集体研讨交流等活动，是课堂观摩整体中存在的一个非常重要的环节。首先，一般课堂观摩后，授课教师会先就自己的课程设计思路、理念以及原本预期目标和课程达成情况进行说明。这些信息有利于教师获取仅通过观察无法得知或尚未来得及展示出的内容，更为宏观地了解整堂观摩课程的情况，明确在课堂中自己可能忽视掉的思路和架构。其次，通过与授课教师、其他观摩教师或专家学者进行交流讨论，观摩教师能够跳脱出自己固有的思维范式，接收来自不同视角的观点，在交流中获取其他人提供的学科教学知识或教学法知识，发现课程中存在的问题，并通过交流来解答和解决上述问题。这些信息是促使观摩教师进行有效思考的重要资源，是教师将课堂中获取的某些碎片化信息进行整合归纳的有效途径。因此，在条件允许的情况下确保自己能参与课后的研讨反思，是课堂观摩的又一重要原则。

通过上面的内容教师可以发现，虽然课堂观摩是教师工作中非常熟悉而常见的活动，但有效的准备工作和注意事项则能够帮助教师更为高效地完成观摩活动，实现个人专业提升。

3.1.3 课堂观摩的关注点、观察角色与分类

正如前文所提及的，对于相同的一节观摩课程，不同教师会形成各自不同的观摩体验。这种区别除取决于观摩教师的个体特征外，还主要取决于两个方面——观察者的关注点与其在进行观察时的角色。

从课程构成的角度上看，一堂观摩课中可以有很多不同的关注点。这些关注点主要可以划分为课程架构、授课技能、教学策略与学科教学知识四个方面(表 3-3)。课程架构主要指宏观上对课程在结构和时间上的安排；授课技能指教师在课堂中表现出的基本技能(如提问、信息提供、学生回应等)；教学策略指教师所使用的教学方法与理念，也即我们常说的教学知识；而学科教学知识则指在特定的生物学教学知识和课堂中，教师针对特定教学内容所使用的教学方法，而这些内容是较强依附于当堂课程的生物学授课主题的。

表 3-3 课堂观摩的不同关注点

关注点	内容
课程架构	课程整体感觉，对每个课堂环节的安排，不同课堂活动的时间分配，讲授与探究比例等
授课技能	教师在课堂中的表现状态，板书、教具、课件的制作与使用，课堂提问模式、学生信息回馈表现，突发情况反应等
教学策略	教学方法与手段的使用，如探究、概念转变、基于项目式学习、翻转课堂等，以及使用的效果达成度等
学科教学知识	对生物学知识重点和难点的把握与处理方法，对具体知识点与内容所采用的教学方式，对具体内容的评价方式等

关注课堂整体架构的教师，能够在课堂观摩中更多地获取"如何完整呈现一堂课"的信息。这一类的课堂观摩更多地适用于新任教师。对于刚刚接触教学的教师来说，如何很好地把握课堂节奏，适宜地安排课堂活动来完成教学目标是需要花费大量精力的。通过在观摩课中关注课程架构，教师能够从宏观上了解课程导入、概念传递、评价等环节所占的比重，各个部分应当在课程中如何安排，在课堂中进行小组讨论、探究活动时的时间如何把控等，甚至可以了解当遇到预期时间与实际课堂时间出现偏差时，教师应当如何进行处理，以完成余下的授课内容或弥补剩余的课堂时间。而这一类知识具有非常高的普适性，即通过观摩几堂课程后，教师可以较好地进行举一反三，了解在其他课程中应当如何对课堂架构进行处理。

　　关注授课技能的教师，在课堂观摩当中能够更多地获取某种可以贯穿课堂始终的、通用性的技能。这种技能大多是所有教师在任何课堂中都能够用到的通用技巧，如进行课堂提问、板书书写、教具课件制作、学生对教师的信息回馈等。对这类内容进行关注，观摩教师可以着重提升自己的某一大类课堂教学能力。与课堂架构相似，这种观摩也具有一定的普适性，但它一般只适用于一类固定的教学风格。因此观摩教师在选择课程时应当着重挑选与自己目标教学风格相类似的课程，如更多地让学生总结概念而教师讲授较少，或者板书设计融入概念图的使用等。然而，这种课堂观摩的过程常常也需要教师对所关注内容高度集中，因此通过一堂课的观察，只能深入性地获取一个知识点，无法全面的了解每一个方面。如当观摩教师关注于授课教师对课堂提问技巧的使用时，观摩者就需要集中注意教师的每一个问题，并在问题后进行适当的思考与归类，因此便无法同时效兼顾学生的课堂表现。

　　关注教学策略的教师，可以在观摩课中以更加实践化的视角了解一种教学理论、策略、方法的使用，并加深对这一策略的理解。如在一堂基于模型与建模知识的生物学课堂当中，观摩教师可以在掌握关于模型和建模的相关知识基础上，更为具体地了解在这堂生物课中模型的具体体现是什么、教师如何应用模型与建模的知识来进行授课等信息。这种观摩策略非常有利于参与过相关理论培训后、具备了相关教学策略知识的教师使用，一方面这些背景知识能够更好地帮助观摩教师理解授课教师的用意、识别课堂中出现的与之相关的教学行为；另一方面通过课堂观摩，教师能够明确这些理论化的知识究竟应当如何应用于具体的教学当中，这一观摩方式也是帮助教师专业发展培训内容实践化的有效策略。

　　而关注学科教学知识，则是在观摩课堂中更为综合性的策略。生物学学科教学知识自身具有很强的生物学科内容针对性，因此着重关注这一方面的教师，主要收获的是针对该主题或者该堂课内容所产生的教学知识和教学策略方法。这些内容相比其他模块扩展性较差，一部分内容是无法脱离开本堂授课主题应用于其他主题的。如在一堂关于光合作用的观摩课中，授课教师改良了课本实验中的方法，使用了自己研发的一种新的探究形式和实验设计。这些方法和实验创新很可能只适用于光合作用这一堂课的主题，而无法延展到其他内容的教学中。但与之相对的，学科教学知识的关注要比其他方面知识都更具深度。它能够在具体主题上给予教师更具实用性的建议，而这些内容是教师稍经消化后，就可以快速应用于自己课堂中的，从而在短时间内提高教师在该主题的教学效果。

除不同的关注点外，教师在课堂观摩中还应当首先明确自己进行观摩的角色和定位。这种角色可以是实际的（如同事、学校领导），也可以是虚拟的（如假设自己是班级中的学生）。进行观摩时将自身带入不同的角色，将会让教师观察到不同的细节，从而产生不同的理解和思考（表 3-4）。

表 3-4　课堂观摩的不同角色带入

带入角色	关注点
学生	学生知识水平上的课程理解、内容难度、目标达成
教师/同伴	教学安排，整体架构处理，授课的优缺点与同伴反思
领导者/决策者	政策要求与教育资源，教学策略达成度，创新点与宏观建议

站在学生的视角上进行课堂观摩，需要教师具备一定的教学经验，在能够了解和把握学生整体水平和学情信息的基础上，将自身假设为班级中的一名学生进行思考。由于学生的认知水平和知识储备量与教师之间存在非常大的差异，因此学生和教师在面对相同的教学内容时其理解速度与表现情况是有天壤之别的。当观摩教师能够将自己定位在学生的角色上，才能够更好地明确授课内容是否能够被学生理解、是否符合学生的已有水平，这对于判断授课内容是否明确、授课目标能否达成、重点与难点把握是否到位是很有帮助的。此外，站在学生的视角上还能够促使教师进行换位思考，假想自己作为学生，在课堂中会有怎样的表现、会如何应对教师设计的问题与活动，进而更好地反思教师的课堂教学策略，做到以学生的学习需求为导向。

当观摩教师站在对等的教师角色，或者说站在授课教师的同事、同伴的角度上进行观察时，则更多地使用了双方平等的观察视角。这也是一般进行课堂观摩时，绝大多数教师会采用的观察角色。在这一定位下，观摩者能够更好地作为一名同样需要进行生物学教学的教师进行观察，了解一系列自己想要明确的关于教学的知识，如教学的整体安排和整体架构、课堂的全局处理情况、某种教学理念、某一具体的教学策略与方法的使用、某一具体知识点的讲授效果等。一方面，观摩者可以作为授课教师的同伴，通过观摩向对方提出课程中可以优化提升的建议；另一方面，观摩者能够通过对比自己的课堂与对方的课堂之间的差异，思考对方是如何处理课堂的、为什么要这样处理，以及如此处理的优点和缺点是什么，进而明确其中值得自身学习和借鉴的点，反思并优化自己的课堂教学。这种观摩形式在课后通过教师之间的相互交流与讨论，能够很好地促进授课与观摩两方教师的共同进步。

而当观摩者站在领导者或者评价者的角度进行观摩时，则需要更多地从宏观的角度进行课堂观察。这种情况可见于一般学校领导或备课组长进行实际观摩时，同时也可见于在某些教师专业发展活动中，由培训者要求听课教师们扮演这样的角色来对所观摩课堂提出自己的建议。在这一视角的课堂观摩中，从大方向上可以从现有的教学政策、课程标准入手，分析课堂设计是否能够达成教学标准的要求；也可以从教学资源、教学手段与策略的角度入手，分析所观察课堂是否很好地完成了某种预定策略的设计和实施，其达成度有多少；而更具经验的观摩者，还能够从一些细小的环节诸如教师的一个问题、对学生的一个回馈中，敏锐地发现其背后存在的教育学或心理学依据，明确整堂课程中存在的可能连授课教师自身都没有明确意识到的创新点、优点与不足，进而依据这些潜在的信息向授课教师及观摩教师们提出更具建设性的建议。

3.1.4　课堂观摩的记录与工具使用

在前面的内容中提到，教师在进行课堂观摩时，大多会采用听课记录本的形式，对观摩过程中发现的关键点与反思进行简单的记录。然而，由于课堂教学的发生是不间断进行的，短短不到一小时的时间中，教师能够在观摩过程中记录的内容十分有限，而由于文字记录和思考都需要花费时间，这也会让教师错过接下来教学环节中的内容。因此，如何高效地完成课堂内容的记录，在有限的时间内尽可能多地获取有价值的信息，是值得观摩者进行反思的重要问题。而在这里，使用提前设计和准备好的观摩记录工具是非常有效的手段。

课堂观摩记录的工具在形式上是千差万别的。依据教师不同的关注点与关注内容，工具可以有若干种不同的呈现方式。虽然目前研究中存在着一些成型的观摩记录工具，但这些工具普遍设计简单，更注重通用性，无法很好地满足每一位教师的个性化观摩需求。因此，熟悉一般记录工具的基本形式，通过这些内容来设计适合于自己的课堂观摩记录工具，对于提升教师的观课效率是很有帮助的。

一般来说，依据工具所记录的内容和形式不同，可以大致将这类课堂观摩工具划分为文字记录工具、程度记录工具和频次记录工具三类。文字记录工具顾名思义，多以教师的描述性文字为主，体现为可以直接阅读的词语或句子；程度记录工具常用以描述课堂中是否发生了某件事情、某件事情发生的程度如何，这类工具在使用时一般表现为教师仅需勾选对号或叉号，或是在几个表示不同程度的数字中选择填写；而频次记录工具则用以统计某个事件在整堂课程中出现的次数，或者以次数结合时间进行处理后的课堂百分比占比。三种不同分类的代表工具如图 3-3 所示。本节将就这几种代表性工具进行说明与举例。

课堂发生事件记录是教师进行课堂整体观察时比较常见的一种记录表。在

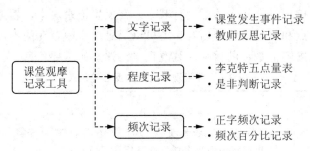

图 3-3　课堂观摩记录工具的分类

事件记录表中，课堂可以划分成如引入、概念传递、评价等几个不同的阶段，并对不同阶段进行时间轴的大致划分。在每个阶段的每一个时间轴节点中，观摩者可以分别记录当时课堂中所发生的事件。如在课堂引入阶段的前 5 分钟，教师通过调查问卷了解了学生的前概念等。发生事件记录表能够在宏观上对课堂的事实情况进行客观而全面的记录，便于教师在观摩课后回顾课堂，了解整堂课程的架构。一般来说，这种记录表格更加适用于着重关注课程整体架构的新任教师，它能够帮助教师从多角度了解课堂的构成和时间安排，而不必着重深入观察某一个具体的问题（表 3-5）。

表 3-5　课堂观摩的发生事件记录表

课堂阶段	时间	事件
课堂引入	1~10 min	• 用课前调查问卷了解了学生在知识点上存在的前概念 • 播放了一段小视频来引入内容，吸引学生的注意力
学生探究	10~15 min	• 没有给学生明确的行为指标，而是让学生自己提出假设并动手验证自己的假设 • 教师在学生小组间走动，解答学生产生的疑惑
概念讲授	15~20 min	……
……		

教师反思记录与发生事件记录相似，都属于教师需要以文字进行记录的工具。不同的是，教师反思记录所描述的内容并非具体的课堂事件，而是教师通过课堂观摩所产生的自己的理解和感悟。一般来说，这两种表格构成了绝大多数教师进行课堂观摩的常用工具。虽然不使用工具表格，教师也可以在观摩过程中以随笔的形式记录一些个人反思，但通过这类记录表，教师能够让反思过程更加条理化。如在表格中可以将课堂划分为架构、策略、技能等不同方面，

在记录过程中提示教师从多角度进行观察。在反思记录表中，教师不仅可以记录课堂中的优点和值得借鉴的内容，还可以反思课堂中存在的不足和能够改进的空间，这些内容都是帮助教师后续改良自己课堂的重要信息(表 3-6)。

表 3-6　课堂观摩的教师反思记录表

内容方面	个人反思
课堂整体架构	1. 时间安排比较合理，但最后没有留出足够点评学生课堂作用的时间，可以将前面小组讨论的时长压缩一下 2. 教师讲授与学生活动的时间配比较好，以后自己的课堂也可以适当减少讲授的时间
教学策略的使用	1. 运用了探究式教学的方法，但是层级水平较低。由教师给出探究方法和步骤，学生自主思考的空间较少 2. 教学策略的使用应当考虑学生的整体能力水平，选取适合的探究层级
授课技能	教师在课上的提问多以开放式问题为主，较少有是否型的问题，学生能够有更多的机会来进行思考，总结概念
教具及教学资源	……
其他	……

　　李克特五点量表与是非判断记录构成了程度记录类的工具。从这一部分工具开始，教师无须进行大量的文字书写，仅需在已有的表格工具上进行简单的符号及数字勾选即可。李克特五点量表常见于教育学研究中，填表人可以根据问题是否符合自己的观点，以及符合的程度如何来进行 1~5 范围内的选择。在课堂观摩中，李克特五点量表的使用可以大大节省课堂记录所花费的时间，教师无须进行繁杂的文字书写，就可以在观摩过程中记录自己对课堂中发生事件的态度和事件的达成度。而通过事后分析对比不同事件的评分表现，教师还能够了解课堂整体的优势和提升空间。李克特五点量表在使用上具有便捷性，但同时也需要教师在前期设计上花费更多的时间和精力。教师要在进行课堂观摩前就非常明确自己想要观察的重点与需求，并将这些需求具体化为能够进行程度描述的语句或问题。而在进行观摩的过程中，教师也需要不断地思考，对这些预设的语句或问题给出合理的评价，由此更加适用于具备一定课堂观摩经验的教师进行设计和使用(表 3-7)。

表 3-7　课堂观摩的李克特五点量表

教师课堂行为	评分表现 （5：最符合……1：最不符合）					备注
1. 教师给学生提供充足的机会来表达自己的观点	1	2	3	4	5	
2. 教师能够就学生提出的问题给出有效的回应	1	2	3	4	5	
3. 教师给学生提供动手探究的机会来验证自己的观点	1	2	3	4	5	
4. 教师在课堂中能够有效运用板书、教具、文献等教学资源	1	2	3	4	5	
5. 教师能够采用恰当的评价方式来评估学生的学习效果	1	2	3	4	5	
……	1	2	3	4	5	

　　是非判断记录相比于李克特五点量表而言，在记录上具有更强的便捷性。教师仅需要在达成情况中客观勾选事件是否发生即可，无须对事件发生的程度进行判断。这为教师在课堂观摩中节约了大量的思考时间。是非判断记录表所具有的一大优势，是它可以将仅有是否的判断转化为 0/1 的二分编码，而这种从质性数据到数字转化的方式可以为后续的数据统计、整理和分析提供量化上的便捷性。然而与之相对的，这种量表所能记录下的信息内容也会减少，相比于李克特五点量表，它也更加倾向于表征课堂中的客观事件，无法融入太多观摩者的主观反思与感悟。是非判断记录表在前期设计上也需要观摩者投入较多的精力。教师需要非常明确自己在观摩过程中想了解哪些信息，以及这些客观记录下的事件发生情况是否对于后续自己的分析和思考有帮助。依据这些思考，教师可以在是非判断记录中设置更多的内容项目，扩充在观摩中可能记录下的有效信息（表 3-8）。

表 3-8　课堂观摩的是非判断记录表

课堂事件	达成情况		备注
1. 探查或了解学生的前概念	Y	N	

续表

课堂事件	达成情况		备注
2. 设计引入活动或创设情境来激发学生学习新概念的兴趣	Y	N	
3. 鼓励学生进行合作互动或进行讨论，教师不直接给出指令	Y	N	
4. 不直接由教师给出概念定义，而是引导学生自己归纳概念	Y	N	
5. 不直接否定学生的错误答案/概念	Y	N	
6. 创设新的情境让学生来应用在课堂中学习到的新概念或技能	Y	N	
……	Y	N	

正字频次记录是一系列用以记录事件发生频次的工具之一。一般教师在记录时可以以画"正"字进行计数，便于最终计数统计，但其实在实际操作中并非必须采用这一方式，任何能够准确记录事件发生次数的方式都可以构成频次记录工具。由于频次记录工具能够获取数字型的数据，因此它可以非常便捷地应用于后期的定量化统计与分析。如教师想要知道在观摩课堂中，授课教师的提问特征表现如何，那么就可以采用频次记录表格，分别统计出其中存在的是否判断型问题（学生回答对或不对即可）、名词陈述型问题（学生回答一个名词或术语）以及描述解释型问题（学生需要对事件进行描述、解释或者自己归纳生成概念）的数量多少，依此与其他教师或自己的课堂进行对比，了解其中是否存在显著的差异，分析不同教师在课堂提问风格上的不同，以及由此可能带来的不同教学效果。一般来说，采用频次记录的事件类型应当比较简单，易于当堂进行判断和记录。而这种工具所获取的数据也倾向于描述课堂整体架构及客观事实，无法融入更多教师的主观思考与感悟（表3-9）。

表3-9　课堂观摩的正字频次记录表

问题类型	频次记录	次数总计
• 是否判断型问题	正　正　正　正　正　正	29
• 名词陈述型问题	正　正　正　一	16
• 描述解释型问题	正　丁	7

问题类型	频次记录	次数总计
• 学生主动提问	丅	2
……		

频次百分比记录是在频次记录的基础上，添加了所记录事件所占百分比的比例情况。这种百分比占比可以分为两种：一是记录内容占全部发生内容的次数百分比，如将教师的一次提问记录为 1，统计其中是否判断型问题的出现次数占全部教师提问次数的比例；二是记录内容的发生时长占课堂总时长的百分比，如统计教师每次提问所花费的时间，统计教师提问所用时间占整堂课程总时长的百分比。对于后者来说，这种时间长度的百分比统计一般可以用来分析课堂话语权的比重问题，如课堂时间被更多地交由教师讲授还是由学生自主学习。频次百分比记录也是一种可以被用以定量化分析的数据，但是与之前不同，这类记录工具大多数情况下无法当堂完成，需要在观摩后对数据进行再加工，计算得到所需要的内容。特别是对于时间占比的百分比统计更为复杂，需要借助课堂音频或视频资料进行处理(表 3-10)。

表 3-10　课堂观摩的频次百分比记录表

课堂行为	频次记录	百分比占比
• 教师发起提问	35	32%
• 学生主动提问	10	……
• 学生个体回答问题	……	……
• 学生集体回答问题	……	……
• 无视学生的回答，或给出消极评价	……	……
• 对学生回答给予积极的肯定和赞扬	……	……
……		

上述不同类型的表格工具分别代表了不同的数据记录形式，而不同的形式之间可以互相穿插，组合成为教师最终的观摩记录表。教师应当结合自己的观摩需求灵活处理，在不同的观测问题上采用不同的记录方式，最终混合设计最适用于自己的观摩工具，有效提高课堂观摩的效率。

随着现代数码技术的不断革新，图片、语音、视频形式的资源也开始成为课堂观摩中重要的数据资料。通过图像与音频的形式，能够使得课堂观摩具备复现性，数字化的信息存储方式使同一节课或是某一个具体的事件可以被反复地回看、观察、分析，进而有效避免关键信息的遗忘。而一些软件的革新，还可以识别音频与视频中的语言，将其进行文字性的转化，进而帮助教师更有效地记录观摩课堂中发生的事件。这些新科技的融合正在大大扩充着教育研究的潜在范围，生物学教师们在专业提升过程中应当多加关注，并在专业发展时尝试接受与使用这些新的科学技术。

【学以致用】

1. 简要说明自己对课堂观摩程序的理解。（可以从前期准备工作、观察注意事项，观摩的内容和方向，观察的角色定位等展开）

2. 根据自己对观摩课堂的需求，设计一份课堂观摩记录工具，用以日后观课使用。

第2节　说课与评课帮助教师进行相互交流与提升

【聚焦问题】

1. 为什么要进行说课？说课时应当着重关注哪些内容？

2. 说课有哪些表现形式？如何能够优化说课的效果？

3. 为什么要进行评课？评课的过程中要注意哪些基本原则？

4. 评课有哪些基本形式和主要策略？

【案例研讨】

入职一年以来经过不断的观摩听课，许老师已经逐渐适应了教学的工作，并从这些观摩课中学习到了更多的授课技巧，受益良多。新学期开始后，许老师的导师杨老师建议她在今后的备课和观摩课活动中参与更多的环节，这其中包括在观摩课后参与评课发表自己的建议，并尝试在教研活动中代表小组进行说课。面对从幕后观察转到台前的说课与评课，许老师感到了更多的压力。她十分担心自己无法很好地完成这项活动，也不知道说课应该从何说起，而评课又应该点评些什么内容。

而导师杨老师则给予了她非常积极的鼓励与肯定。杨老师告诉她，参与说课与评课，也是能够促进她快速提升与自我发展的有效途径。通过参与这些环节，她能够有机会反思自己的观点，了解更多其他教师在不同角度上的考量，获取新的知识，最终与其他教师一起进步共同发展。杨老师相信许老师一定能够很好地完成说课的任务，并且能够在评课环节中给予授课教师一些有效的建议和帮助。

回到家后，许老师开始认真准备下周的说课活动，并开始思考如何能够更好地完成评课的任务。着手思考后，她发现说课似乎有很多的内容和方面需要考虑，怎样能把一堂课说清楚、说明白，还需要花费很多的工夫来尝试。与此同时她也在思考，评课的过程中是否也存在着一些基本的原则和策略，能够让评价更有效，为对方提供更多有价值的信息。

除课堂观摩外，说课与评课也是教师在日常教学中经常会遇到的自我提升的有效形式，对教师的专业发展具有重要的价值。在进行说课与评课时应当关注哪些内容？又有哪些基本的原则和表现形式？如何能对说课这类交流活动的效果进行优化？而进行课程评价时又存在着什么主要的策略？本节内容将按照上述的思考问题，向教师分别呈现说课和评课两类活动的内涵、意义、价值与原则，并向教师展示说课与评课的内容、形式和基本策略，以及如何对实施效果进行进一步的优化，帮助教师更好地理解与实践。

3.2.1　说课的内涵及主要内容

说课，是指教师以语言为主要表述工具，在备课或授课的基础上，由授课教师向同行、专家领导或者前来观摩听课的人员说明自己对教学的理解、教学理念与设计思路、教学实施情况、理论依据等信息，并由此与教师们开展交流的活动。说课是教师的理性思考，它有利于提高教师的理论素养，使教师的教学实践上升到一定的理性层面，而这一活动可以发生在正式授课之前，也可以发生在课后。前者会更多地关注于课程的设计思路和方法，而后者则更多地关注于教学后的效果并进行反思。

如果说课堂实践的授课过程是一个理论向实践转化的过程，那么说课和评课的过程，则更像是一个从实践凝练到理论的过程。通过课堂实践，教师能够将在专业发展中获取的各种理论和知识进行尝试性地应用。通过真实的教学操作，来将文字性的信息转化为能够落在实处的实践行为。而说课评课的过程则与之相反。通过授课前的规划或授课后的反思，教师能够将实践中的具体行为归纳到教学理论与教学策略上，来明确知识的落实情况和完成度。由此，说课与评课的过程同课堂实践分别占据着理论和实践相互转化的双边，同样具有非常重要的作用(图 3-4)。

图 3-4　理论与实践在课堂实践及说课评课间的转化

依据说课的定义，可以看出这种活动的内涵主要体现在外显交流与深入分析两个方面。外显交流体现在语言的表达与传递及理念的外显；而深入分析则体现在对授课内容的诠释与剖析上。

外显交流。顾名思义，对于说课而言，语言的表达是活动进行的主要方式。无论是说课教师的自我分析，还是同其他教师进行的交流互动，都是借助语言来深化理解的过程。相对于说课，很多教师认为能够落实到纸面上的教案以及能够实践化的授课过程才是更为重要的，说课只是这两部分的附属品，其实事实并非如此。脱离了与同伴或专家间的交流，教案的设计是固定化的、模式化的，在有限的篇幅中，教师并不能深入描写自己想要在课堂中实施的各种细节和内心考量。就算通过教案设计后教师完成了课堂授课，也并不一定能完整呈现自己在设计之初的意图。更何况课堂处于随时变化的动态环境中，任何的课堂细节都会影响课程设计的走向，导致实际实施情况与预期不符。而说课的价值正体现于此。

首先，通过语言阐述，授课教师能够向同伴专家更为细致地描述自己的课程预期，解释在课堂中发生的事件背景，以及进行特定课堂处理的原因。这些信息是作为听课者无法单纯通过观摩获取到的。其次，语言的交流能够让理论和知识外显化。一些教育学原理或者策略，表现在课堂实践当中会有转化效率的高低，也会有完成度的不同。只有当授课教师结合课堂情况进行理论分析时，教师们才有可能明确课堂中存在的内在原理，了解授课教师在课堂设计上的意图，进而依照这些信息来展开交流，共同提升。

深入分析。能够进行更为深入的分析，是说课活动的另一个重要内涵。说课的过程并不是一个课堂复述的过程，不是将设计好的课程或者刚刚讲授过的课程再重复一次。诚然，介绍教学整体设计和教学实施过程是一个重要的环节，但它并不是说课的全部。说课更大的意义，还在于说清在课程背后存在的意图、目的以及依据。也就是"为什么要上这样一堂课""这堂课想要让学生收获什么""如何达成这些目的""达成目的所采用的方法为何是有效的"。通过对这些观点立场及问题的深入剖析，说课的整个过程才会更具价值，达成其原本的从实践到理论升华的意义。

　　有时候一些教师特别是课堂经验较少的新任教师，在授课过程中对自己的教学行为感知并不深刻。在课堂中的表现有时并不完全符合预期设计，而教师也无法准确了解这些行为发生的意义。说课的过程，事实上也是一个教师对自己进行再反思的过程。依靠交流来尝试说明自己的意图，也是帮助教师深入了解自己课堂的方法。而在随后的交流研讨中，教师们也可以就某个或某几个重点问题深入挖掘，获得专业发展的更大价值。

　　具体到说课的内容上来看，说课的一般思路是从"教什么"到"怎么教"，最后再到"为什么这么教"。"教什么"说的是授课的主题、内容以及教材的分析；"怎么教"说的是教学方法、教学手段和教学步骤安排；"为什么这么教"则是说明课程所依据的教学理论、学生情况和水平等。在进行说课时，这几者应当有所兼顾，同时也应依照实际情况进行详略取舍（表 3-11）。

表 3-11　说课的内容分类

说课思路	主要内容
教什么（What）	授课主题，授课内容，授课定位，教材信息等
怎么教（How）	教学方法，教学手段，教学步骤，课程设计等
为什么这么教（Why）	教学理论，教学策略，学生情况，学校环境等

　　教材信息。授课的主题、内容和教材信息是需要在说课环节中首先说明的。说课教师要让其他教师明确本节课的授课年级和课题，内容来自哪一版本教材，定位在哪一课时等。对于教材的深入理解和把握，一方面能够帮助教师明确课程的授课难点与重点，进而有针对性地组织活动；另一方面教师可以根据教材或参考书前后内容的衔接，明确授课内容是在哪些前述知识的基础之上展开的，学生在当下的授课内容上应当掌握什么知识，而这些内容又会影响后续哪些知识的学习。新修订的《高中生物学课程标准》中强调，要求教师应当能够在生物学课堂中注重培养学生的生命观念与社会责任感。而这二者的达成无法通过单一的某一节课实现，而是需要一个连续性的、持续的过程逐渐培养。由此，教材对于教师的作用，有时也不是简单按照顺序依次讲授的。教师应当能够熟练、灵活地处理教材，运用创造思维和宏观视角来对教材的前后关联进行重组和使用。教师在说课过程中可以对这一类的教材组织、补充、拓展进行

说明，而这一过程事实上也是对课程资源的开发。

课程设计。说课中对课程整体设计的描述，包括了课程目标、教学重难点、总体设计思路以及活动设计各个环节等一系列的内容。作为教学的起点与终点，教学目标决定了教师将采用怎样的授课方式、教学策略以及评价策略，来达成预期目的。因此在说课中，教学目的的阐明具有非常重要的地位，它将影响教师对后续一切环节达成情况的判断。在说明教学目标时，应当紧扣生物学课程标准中的要求，并将其尽量外显化为可以达成的、能够衡量的条目。依照课程标准与教材的要求，教师可以说明在本次教学中存在的重点与难点，并结合课程内容，说明对重点如何进行细化拆解、深化分析，而不仅仅是花费更多的时间来讲授；对于难点又应该怎样结合学生的具体学情，采取怎样的方法和手段进行化解。教学程序贯穿了整堂课程，是教学展开的基本形式，也是能够体现出每一位不同教师特点与风格的部分，因此也是说课过程中的重点。虽不比像上课一样讲述全过程，但说课中应当说明整个课程涉及哪些环节，每个环节是如何安排的、为什么要这样安排，针对不同环节穿插了什么课堂活动、为何要采用这种活动安排，等等。需要特别注意的是，由于课堂是在不断动态变化着的，因此预期的教学程序和实际的教学程序之间必然存在着或多或少的差异。如果出现这类情况，也是应当着重说明和解释的。

学生情况。学生是教学活动中的主体。一切教学行为的最终指向都是为了让学生理解概念知识和掌握必要技能，进而促进学生更好地发展。因此了解并说明学生的基本情况，对于课程后续评价是很有帮助的。而任课教师作为最了解授课班级学生的人，应当面向其他教师对班级学生情况进行说明。对于学情的分析一般是多样的，这取决于教师在课堂中想要使用的教学手段，想要考查学生的哪些知识或能力，以及课程实施需要学生具备怎样的水平。其中可能包含了学生的生活经验、知识基础以及前科学概念，学生所具备的探究能力、批判性思维能力、论证能力、建模能力等各类能力水平，所处学龄段学生的心理状态、对待生物学学科知识的热情和积极性、学习的兴趣和动机、价值观，学生的学习风格如倾向于活泼主动善于提问还是安静内敛更愿意聆听，除此以外还包含了学生所处的教室、学校的环境对学生造成的影响等。

教学策略。教学策略与方法作为辅助的手段，应当以课程目标为指引，服务于授课内容，并致力于帮助学生更好地理解概念知识。课堂中能够使用的教学策略和方法有很多，其中包括但不仅限于已经被大众普遍接受了的探究式教学、概念转变教学，以及近年来在国内课堂中开始兴起的模型与建模教学、论证式教学等。教师首先应当明确哪一种策略和方法最适用于完成本节课的教学目标，呈现本节课的授课能容，并且符合班级学生的认知和能力水平。对于说课而言，说出自己采用的是何种教学策略并不是重点，重要的是要着重说明为何要采用这种策略，具体到本节课中又是如何具体实施的，实际操作过程中是否达到了预期的效果，哪些方面因为哪些原因产生了不足。在进行授课和说课时，一定要将教学手段与策略落到实处，实事求是地说明具体的实施情况。无论是在前期策略选择上，还是在后期说课评价上，都要将学生的需求放在第一位，而不是将教学手段作为一种表演性质的工具。

除上述几个主要的说课内容外，教师在说课的过程中还可以依照自己的风格和需求，对其他一些内容进行说明。这其中可能包括板书的设计和书写，在授课过程中发生了哪些突发情况、面对这些情况采取了什么应对和处理措施，针对课程内容延伸拓展的各类材料、文献、媒体资源以及为何要使用这些信息，学生课后的评价和反馈情况，教师在教学之后产生的一些反思、感悟或者体会，可能存在的想与其他教师进行探讨的问题，等等。

3.2.2　说课的一般形式及优化提升

在说课的过程中，除进行说课的教师外，主体还应包括听评课的教师、专家与研究人员。这一过程中，信息可以从说课教师向外部单向传递，也可以在教师之间双向传递。依照信息传递的不同方式，我们将说课划分为传统型说课与改良型说课两大类型(表 3-12)。

表 3-12　说课的一般形式

说课形式	信息传递	主要分类
传统型说课	说课教师阐述，听评课教师倾听，信息的单向传递	示范性说课，检查性说课，评价性说课
改良型说课	说课教师与听评课教师共同交流，信息的双向传递	研究型说课，小组互动型说课，专业发展培训型说课

传统型说课是以往说课活动中较为常见的形式，其中以典型示范性说课为主，一直活跃于目前的教师专业发展培训中。在这种模式下，说课教师成为信息传递的主导者，听评课的教师及专家多是单方面接受信息，说课教师通常面临着较重的责任，需要独自完成前期的准备工作。而改良型说课活动是近年来开始被学校、教研组内采纳的新的说课形式，这类说课形式一般需要一个组织者或主持人对整个说课活动进行全程的把控，在说课中，每一位教师都有阐述自己对课程设计观点的机会。特别是专业发展培训型说课，将培训活动与说课

活动有效结合，起到了很好的教师提升作用。下面将就几种典型的说课形式进行简要说明。

示范性说课。示范性说课是目前各类教研活动、专业发展当中经常采用的方式。在这种形式中，通常会选择一位教学水平突出的骨干教师作为典型，进行授课及说课，起到树立榜样、为其他教师提供借鉴的目的。进行示范性说课的教师一般具有较强的专业知识和技能水平，而进行展示的课程内容一般也是经过选择的、适合于进行创新改良或具有较好课堂效果的。在示范型说课中，教师能够有机会阐明自己在课堂革新中的设计思路与理念，通常会较好地融入一些新的教学策略与教学方法，因此对于听评课教师们学习如何将理论知识向实践转化具有不错的效果。这种模式对于一个学校、学区甚至于全市范围内推广某一种新的教学理念或教学思路、深化教学研究活动具有重要意义。

然而，作为信息单向传递的传统型说课模式，它也存在着一些问题。首先说课教师要面对大量的听评课教师及专家领导，说课过程需要进行很长时间的准备，这种前期工作对具有日常授课任务的说课教师来说需要耗费较多的精力。此外，由于受众面较广，不同的听课教师可能来自于不同水平的学校、不同的年级甚至于不同的学科，能够从中学习到具体生物学学科教学知识的效率无法得到很好的保证。另外，由于听评课教师多数只进行听课，或进行比较短的发言和点评，因此在说课中获取到的有效信息转化率不高，且主要依赖于听课教师主动学习的积极性。由此这类说课的受益类型以广度上覆盖多数教师为主，无法达到很好的深度。

研究型说课。研究型说课作为改良说课中的一种主要形式，常见于一个学校内某年级，或者全部生物学教研组教师们共同参与。它可以是针对某一主题的一个完整课堂的说课，但更多的是针对某一问题或专题展开。在研究型说课中，通常会由教研组长或教师们共同讨论选择某一个说课主题，如"如何改进教师课堂提问方式"或"如何根据新版生物学课程标准来设计教学目标"，依据主题由每位教师分别进行准备，最终在研讨会上轮流进行自己的说课活动，并参与集体的讨论和交流。

研究型说课能够将准备工作分配到每一位教师身上。在研讨会中，每位教师都有进行说课的机会，因此教师压力较小，组织也相对容易，教师们可以有机会经常参与此类活动而不消耗太多的精力。因其聚焦的内容相对具体，故而研究型说课更容易深入到日常教学中，发现具有针对性的问题并逐一解决。相比于广度，研究型说课更注重对某一个话题和问题的研究深度，通过小的切入点完成讨论，使每一位教师都有机会说明自己的想法，并接受其他教师的不同观念，相互学习共同进步。这也体现了改良型说课的一大特征，即相对于传统型说课，放弃广度上的多数教师，而集中在一定小范围内的部分教师，达成较好的发展深度。

专业发展培训型说课。虽然同属于改良型说课的范围，专业发展培训说课与其他说课类型的显著不同，在于全程由专家或培训辅助者进行引导完成。这种类似于小组说课与培训相结合的说课形式，近年来在众多专业发展活动中得到了较广泛的应用。在专业发展培训说课中，遵循"学习—讨论—说课"的循环，先由专家介绍相关的知识及理论内容，随后由教师组成小组，对学习知识进行讨论交流，探讨如何将其应用于自己的教学，并结合进行教案的撰写或修订。随后，教师在小组或整个培训班内进行说课，说明自己的教学设计及思考，并由其他教师专家进行点评，随后进入第二轮的其他知识学习过程，如此循环往复进行。

在这一模式下，专家能够将所传递的知识点进行拆解，教师可以针对某一具体的问题进行教学思考，并将其落实到课堂设计当中。而教师在说课的过程中，也可以就具体的某一部分内容进行深入阐明，更有效地与其他教师展开分析。这种理论与实践穿插结合的方式，一方面解决了理论培训知识灌输的不足，让教师有机会进行设计说课，随时解决教师在知识应用过程中遇到的问题；另一方面也解决了一般说课时缺乏专家指引，实践内容缺少理论支撑的困难，大大提升了教师专业发展培训的效果。

有了最基本的说课形式和内容，教师随后需要考虑的是如何优化说课的效果，让说课成为一个能够吸引听评课教师兴趣的、高效的过程。在这其中，"说"作为主要的形式，教师的语言内容和表达风格起到了主要的作用。而除此之外，一些其他的要素如表征方式、手段工具、情感态度等内容，也能起到辅助提升说课效果的作用(表 3-13)。

表 3-13　说课优化提升的途径

优化分类	主要内容
语言与情感	听众水平，语言科学性，语速及表达，情感态度等
手段与工具	教具，视频、音频资源，文献资料，多媒体课件，动作及板书等
创新与个性	逻辑特征，个人风格等

语言与情感。作为教师最重要的"工具"，语言是在教师进行说课过程中无可替代的最重要的手段。在说课时，教师的语言应当具备以下特征：准确规

范、具有科学性，能够准确表达和传递生物学及教育学中的专业术语；简明扼要、详略得当，在有限的时间内利用简洁的语言，将所需表达的观点说清楚、说明白；生动形象、富有感染力，注意语言具有抑扬顿挫，能够吸引听者的注意力，对晦涩难懂的话题适当融入比喻与类比的方式；最后，说课用语还应注意符合听者的认知水平。由于教师在授课中面对的是年龄段较低的学生，而说课面对的则是认知水平更高的教师。因此教师需要转换在授课和说课过程中的语言习惯，而不是简单地以在说课环节中用授课的表达方式再讲一次。此外，教师还应注意在说课过程中的情感态度，应体现出个人的自信，同时也要体现出足够的谦虚，表达希望能够与听者进行真诚交流的意愿。语言和情感上的优化能够让听者具有更高的代入感，从而使听评教师们更好地理解说课教师所处的教学环境、学生的学情，了解教师进行课堂设计的意图和理念，通过情感上的共鸣使讨论和评价环节更具情境性，达到更好的效果。

手段与工具。 当语言作为主要的表达工具时，对于听者而言，大量的信息传递途径是以听觉的形式完成的。在此基础上，运用其他的手段及工具帮助听者获取视觉甚至触觉上的体验，则是说课过程中可以融合的辅助途径。这些手段和工具中包括了使用数字化的 PPT 及图片演示、展示一小段视频录像文件、呈现与课题相关的文献资料和研究成果、使用一些简单道具教具让听评教师可以动手进行体验和尝试、进行板书的演示，甚至是借助一些肢体动作等。这些视觉与触觉的介入，可以弥补一些不善于运用语言艺术的教师在进行说课时平铺直叙、枯燥冗长的问题，同时能够非常好地吸引听者的兴趣，促进听者进行全方位的反思，进而更好地理解说课教师的意图和观点，增强说课的效果。当然，这些手段与工具的使用应当穿插于教师语言当中，且以简洁明快的形式为主，不应以大段视频资料或复杂道具体验来占用大量说课时间，导致语言表达欠缺，喧宾夺主。

创新与个性。 说课的基本内容、基本形式等一经确定，整个说课环节的框架就已搭建完成。针对相同形式和授课内容下的说课，教师如何体现出各自不同的个性，则需要教师自己思考创新来完成。这一部分没有固定的模式和内容，教师要在不断实践和摸索的过程中逐步形成个人的风格。例如，教师可以对说课的内容进行有逻辑的取舍，而不是记录一篇面面俱到、枯燥直白的流水账。对于说课各个环节中存在的基本情况相同、没有特别之处的地方，教师可以选择略过，而将时间集中在有特色有新意的模块上，通过具体的"切入点"来引导整个说课环节，突出自己课程的个性。另外，教师还可以根据自身的优势和性格特点，像授课一样，在说课过程中形成自己特有的风格。例如，有的教师词汇量大，语言生动优雅，可以通过声情并茂的表征、比喻隐喻的使用，形成优美艺术的说课风格；而有的教师谈吐潇洒，从容自若，在日常当中表现得风趣幽默，就可以在说课环节中延续这种有趣的风格，让听评教师们能够在轻松愉悦的状态下完成对说课内容的体验。这些内容就要依靠教师们在长期实践中进行自我摸索与探究了。

3.2.3　评课的意义与原则

评课是对教学情况进行评价的过程。它以现代的教育教学理念、课堂教学观为依据，运用可操作的科学手段，评价主体按照一定的价值标准，对课堂教学的各个要素及其发展变化进行价值判断。评课本身是一种教育评价行为，但它的目的已经不再是单纯的评价一节课的达成情况和教学效果，或者评价一位教师的教学行为能力和教学水平，而是为了帮助教师更好地改进课堂，促进教师的专业发展，最终帮助学生更好地学习。

除授课、听课与说课外，能够对自己或他人的课堂进行有效评价，是教师应当具备的能力之一。无论是新任教师还是专家型教师，都应当具备一定的评价知识，甚至很多不再进行一线授课的专家、退休教师、教研员等教育工作者，也依然需要具备进行有效课堂评价的能力。由此可以看出，评课活动所涉及的人群范围，要远远大于授课的范围。对于教师来说，评价能力可以体现为教师的评价素养。有研究者指出，教师的评价素养主要可以体现在四个方面：

（1）评价意识：教师具备"将评价作为自己日常教学活动一部分"的意识，是评价行为习惯养成和评价技能提升的前提；

（2）评价知识：教师具备评价目标确定、评价方法分类、评价结果呈现等一系列课堂评价的相关知识；

（3）评价技能：教师具备将评价知识应用于评价实践的能力，运用评价来反思改进自身教学行为，诊断学生学习效果；

（4）评价态度：教师对评价所持有的观点和看法，以及由此来进行行动选择的心理倾向性。

具备良好的评价素养，是教师能够进行自我评价改进的前提。评课的表征方式是教师将教育评价融入教学实践的最好机会。而评课对于教学的意义，也不仅仅体现在微观层面上教师的自我发展，同时还能体现在促进教育改革与发展的更为宏观的层面上（图 3-5）。

图 3-5　评课的意义表现层面

对于教育决策者与管理者而言，评课活动的开展是加强教学过程管理与监控的重要手段，有效的评课活动能够帮助管理者做出正确的教育决策。在听课和评课的过程中，区域管理者可以了解到一个学校、一个学区甚至全市范围内的教育教学水平与总体情况，考核教师的教学能力和学校的管理能力。第三方评价者的介入，能够从更客观、更全面的视角对课程进行评价，实现从反馈到修正的良性循环。而通过评课的过程，教育决策者与管理者也能够面向教师传递目前的教育决策以及教育发展方向等动态信息，以点带面产生辐射作用，引导学校或学区内的课堂实施朝着预期方向良好发展。

对于教师自身而言，有效的评课可以帮助教师进行自我发展与自我提升。这正是体现了教育评价的目的是为改进而生。无论是通过自我评价还是他人评价，教师都将有机会对自己的课堂进行深入分析，获取来自多方面的各类信息。通过自我反思，教师能够明确自身教学存在的优势与不足，在意识到自身具备的优势后，教师能够将其进一步强化并稳定发展成为自身教学风格的一部分；而对于其中发现的问题与不足，教师可以分析问题出现的原因，寻找方法进行改进。评课的整个过程能够帮助每一位在场教师对课堂教学产生新的理解和感悟，对教师专业发展水平提升起到积极的影响。

对于学生学习而言，正如前文所提到的，教学活动的一切最终目标指向都是为了学生的学习服务的。评课的过程可以对教师的教学方法、教学策略和教学理念起到优化作用，从具体的、可落实的分析入手，切实改善教师课堂实践的效果，在相同的环境条件下探索更加适合于所任教班级学生水平与情况的教学模式，最终促进课堂效率与学生学习效果的提升。

教师的个人发展是多样性的，因此不同的角色身份、不同的教师对于评课的标准也是千差万别的。尽管评课方式和类型因人而异，但一些基本原则则是相对固定的。这其中包括但不仅限于公平性原则、差异性原则以及正向引领原则(表 3-14)。

表 3-14　评课的基本原则

基本原则	主要表现
公平性原则	• 实事求是 • 长短兼顾
差异性原则	• 课型差异 • 内容差异 • 教师差异 • 学情差异
正向引领原则	• 肯定主导 • 前沿发展

公平性原则。公平性原则首先体现在评课应当实事求是。实事求是一方面指评价者个人的公正性,即在评课过程中应当不夹杂个人的主观情感态度,不融入自身对于某件事情或者某种方法的喜恶,剔除感情因素与偏见性,来对课程给予客观中肯的评价。而另一方面,实事求是体现在评课应当具有科学性和规范性。对于评价的内容,应当具有统一的标准和尺度,依据已有的规则来进行课程评价。同时,评课者所给出的观点和建议,应当具有充分的科学性,应当符合生物学和教育学的一般认知规律而不是想当然。公平性的原则同时还体现在长短兼顾上。在评课时,评价者应该既能看到课程存在的优势,也能看清课程存在的不足。对待优势要给予充分的肯定,让教师能够明确未来继续保持的方向,对待不足也要给予明确地指出,并且同时给出自己对解决问题的思考和一些建议,让教师能够清楚问题在哪,也能够反思如何解决,进而更好地进行课堂改进。总之,公平性原则要求评课者能够怀着诚恳坦率的心态,以科学与规范为基准,给予教师中立公正的评价。

差异性原则。课程评价顾名思义,是针对这一堂课程的评价,因此除了固定的框架外,评课活动的本身应当是具有个性的,即我们所说的差异性。首先,授课的构成千差万别,这也就注定了评课的方式是多种多样的。如课程的类型和内容不同,如实验课、复习课、新授课等不同课程分别具有不同的课堂操作模式,而授课内容的难度和知识量也各不相同,所采用的教学策略也就各有侧重,因此在评价时应当采用不同的标准。其次,教师的情况也是不同的。刚刚入职的新任教师和已经具有丰富教学经验的专家型教师,在进行评课时显然不能运用相同的评价标准。评课时要基于教师的授课水平、实践能力和教学经验，分别给予不同的评价。最后，评课还应考虑到不同学生的差异，每个学校、每个班级的学生都有其独特的特点，这些学生有可能生性活泼，也有可能安静内敛，他们所处的地理环境、具备的前概念和知识以及学习能力和学习水平也千差万别。在评课时，评价者也应当综合考虑不同堂课程中学生的接受能力，而不是想当然地全部带入自己学生水平和经验来处理。

正向引领原则。教学评价的目的是为了让教师有更好的发展，因此能够让教师在评课过程中学有所得并且愿意主动积极地改善自己的课堂，是评课活动应当追求的目标。基于此，就要保证评课过程具有正向引领的作用。关于正向引领，可以分解为情感层面与发展层面两个方向。从情感层面来看，评课者应当在长短兼顾的原则下，适当地给予教师更多鼓励和积极的反馈，要看得到课程中的闪光点和优点，鼓励授课教师将这种优势保持下去，同时也鼓励参与听课评课的其他教师学习这些优点，为其他教师树立直观的、可以学习的目标和榜样，将正向的反馈作用扩大化。从发展层面来看，教师的发展应该是一个稳步向前推进的过程。因此每一次评课应当能够具备引领作用。例如，评价的内容可以依据目前的教育理论前沿，面向教师传递新的生物学或教育学研究进展，推行已知有效的新的教学手段与教学策略，结合新版生物学课程标准和政策导向的需求，在评课的同时促进教育研究成果向实践转化。

3.2.4　评课的方式与策略

评课的过程一般是在说课或者授课之后，基于一定的内容基础之上进行的评价与交流活动。因此评课的主要内容和针对点与说课相对应，可以分别针对课程的主题、内容、教学策略手段、教学步骤设计、学生学情及教材信息环境信息等进行评价，在此不再进一步的展开。从方式分类上看，评课依据是否为人与人面对面进行划分为直面评课与远程评课两大类。直面评课时，需要指定固定的场所，让教师之间能够坐在一起进行交流。而远程评课常常借助文字或网络的形式开展活动。而在直面评课中，又可以依据人数的对应关系划分为一对一形式及一对多、多对多的形式。各种评课方式的分类如表 3-15 所示。

直面评课。直面评课依旧是目前教研活动中最常见的形式。由于直面评课需要召集教师，因此常常被安排在听课观摩或说课环节之后一同进行。在这其中，一对一评课的情况相对较少，但却具有无可比拟的优势。一对一评课一般会选择在授课教师的办公室或小会议室内进行，有时也可以短暂地发生在走廊等一些比较简易的场景下。在这种活动形式中，教师无须面对众多的听评者，仅以类似朋友交谈的形式与评课者进行交流，因此气氛相对融洽，教师不会产生太多的心理压力与紧张感。此外，信息的及时反馈和互动是一对一评课的优势特征。对于评课者来说，对于课堂中发生的各种事件细节，都可以面对授课教师进行逐一地咨询和了解，避免了因为信息接收不全导致评课的关键点偏差。与此同时，当评课者面对的是一对多评课时，在给出建议和反馈时需要顾及其他听课教师、更多地倾向于给出一些能够让更多人受益的、具有普适性的观点。而在一对一授课的情况下，评课者可以非常具有针对性地给出符合对方教师个人特征的、细致化的建议，在帮助教师反思改进上效率更高。

表 3-15　评课方式的分类

一级分类	二级分类	主要特点
直面评课	一对一评课	氛围活跃轻松，彼此互动较多，反馈及时
	一对多评课 多对多评课	思维活跃，观点全面，交流范围广，受益面大
远程评课	书面评课 网络评课	参与度广，组织方便，时间成本低

对于接受评价的教师来说也是如此：一方面，教师在没有压力困扰的情况下，可以更加诚恳地表达一些自己内心的真实想法，从而利于问题的暴露。而通过单独的交流，教师有时间能够为评课者提供更多的信息，如班级学生的情况，授课前发生的小故事等，这些内容都将有利于授课教师获取到更精准的、更全面的评价与建议。另一方面，能够与评课者一对一交流的机会，能够避免一人说一人听的情况，授课教师有机会在交流的过程中提出自己的疑惑，而这种疑惑可能并不是针对刚刚一堂课的，还可以是自己在教学的其他环节、课程，甚至是自己在职业生涯中产生的困惑。一对一评课给了教师通过小的切入口来进行职业生涯反思的机会，借评课的交流机会，为自己的未来专业发展提供可能。

而直面评课中的另一个分类一对多或多对多评课，是在教研活动中最常见的形式。这种评课活动一般会有组织者或主持人进行引导，划分清晰明确的授课、听课、说课、评课等环节，在授课教室内或大会议室中展开。一对多或多对多的评课活动最大的特点是能够容纳更多的教师参与交流，并且可以融入专家、领导者、教育研究工作者等不同的角色，在评课过程中获取各种不同视角下的信息，使思考更为发散、全面。另外，在这种活动中，由于评课的话语能够针对在场的全部人员，因此所给出的建议有时并不只对授课教师有效，所有参与听评课的教师，都能够从这些建议与评价中发现能够适用于自己的信息。

远程评课。远程评课是与直面评课完全不同的形式。在直面评课中，教师能够获得及时性的反馈，能够就评价随时交流。这种即时互动性是直面评课最大的优势，也是远程评课无法比拟的。然而，由于直面评课的组织操作难度高，时间有限，因此也存在着很多的弊端。这些问题则是远程评课可以解决的。远程评课主要有两大类，一是通过书面的形式，诸如评课文档、建议问卷等，在评课结束后进行收集；二是通过网络的形式，如电子文档、论坛、在线交流群等收集数字化的信息。这类评课形式虽然不及直面评课反馈及时，但却具有以下的优势特征：第一，组织方面操作简单，评课者可以独立撰写自己的反馈意见，不需要占用固定的时间和场所，也不需要前期很多的准备工作，节省大量的人力和物力资源。第二，参与度广覆盖面高。由于不受场地和时间的限制，因此有意愿参与评课的教师都可以随时进行，评课信息可以来自更大范围的教师，甚至于不同地域跨度的教师，增加了能够参与的人数，并且可以收获更具多样性的信息。第三，思考充分分析深入。由于直面评课具有即时性，评课者只能通过第一反应，借助脑海中现存的知识进行回应。而脱离了即时性后，教师们可以在远程评课时进行更多的思考，或者查阅相关的文献和书籍，完善评课的理论背景和依据，使评课更具深度。不同的评课方式具有各自的优势和不足，评课者应当结合具体的情境和教学要求进行选择。

与说课相似，评课的过程也不应是枯燥的、刻板的程序。只不过说课者会注意到如何吸引听评课者的兴趣，而评课者则更多去注意如何与被评价者之间产生共鸣。只有当评课的内容被被评价者认可并接受时，才能真正起到帮助教师提高教学效果，促进学生有效学习的作用，完成评课的最终目的。因此评课者应当具备较好的评课策略来完成这一活动。这其中包含了重点突出、师生兼顾和正向表述等几个不同的方面。

重点突出。由于评课的时间较短，特别是在一些一对多和多对多形式的评课中，每位评课者能够发表观点的时间非常有限。在这种情况下，想要使被评价者受益，就需要对评课内容有所取舍，重点突出。对于一堂完整的课程，点评空间从课程设计到课程实施，从教材选取到学生学情，各个方面能够着手的点有很多，但并非每一个方面都存在问题，也并非每一个方面都有值得挖掘的闪光点。点评者应当能够抓住课程中的主要问题，发现课程中存在的典型特征进行评价，无须面面俱到。对于不受时间限制的远程评课来说，重点突出也是需要注意的评课策略。在撰写文段时，更为聚焦、主题鲜明的评课反馈更方便被评价者阅读。而冗长平铺的流水账则很容易消磨被评价者的阅读兴趣，从而丧失评课的意义。

师生兼顾。怀着提升教师教学效果，促进学生有效学习的目的，评课者在进行课堂点评时不应仅仅关注教师。能够融入对学生的评价和思考，是提升评课价值的有效策略。在教师层面上，评课者可以评价教师的课堂教学效果，也可以评价教师的授课风格和授课思路，还可以给出课堂教学改进意见，以及教师未来发展方向的建议。在学生层面上，评课者可以站在学生的视角上来审视课堂，评价学生通过整堂课的学习之后能够获得怎样的知识和能力、形成怎样的观点和态度，以及对于本堂课的知识能够掌握到什么程度，是否能够完成教师在授课之前的预期效果。此外，站在第三方的立场上看，建构主义认为学习应当是一个主动活动，学生应当在课程当中主动建构自己的概念意义。因此评课者还可以帮助授课教师评价学生的参与度以及参与方式如何，是否通过主动参与达成了高质量的学习效果。值得一提的是，对于学生视角的评课来讲，通过让学生作为"评课者"来对教师课堂进行评价，也是一种值得借鉴的思路。

正向表述。正如前文所提到的正向引领原则，评课者应当在公正兼顾的立场下尽量多地基于教师更多的鼓励和积极的反馈。从操作的层面上看，这种正向表述可以有两方面不同的策略。一是要抓住教师课程中的闪光点进行鼓励，让教师将这些长处继续保持，并发现教师独有的特点和创新点，将这些内容加以推广，让更多的教师能够从中受益；二是面对教师在教学中遇到的问题和不足，要换以正向的态度来进行表达，而不是直接给予批评与否定。例如，评课者可以使用"我有一些个人的建议……仅供参考""如果变成……可能会更好""加入这样的内容之后……整堂课就更完美了"等语句，将这些问题转化为更容易让对方接受的表达。须知评课的过程本身就是"仁者见仁，智者见智"的，每个人对教学都会有不同的理解，自然会产生完全不同的评价。评课并不是将自己的观点强加给对方，而是给对方更多的观点和思路，帮助对方进行思考。只有被评价者真正愿意听这些建议，并且认为这些建议是对自己有帮助的，他们才会认真反思自己的课堂进行改进，达到评课的目的。

【学以致用】

1. 尝试进行一次实际/模拟说课(在说课过程中，请你注意覆盖不同的内容分类，说明教材信息、课程设计、学生情况及教学策略等内容)。

2. 如果对自己的说课过程进行优化，你有哪些思路？如何提高自己的说课效果？

3. 尝试观摩一节课程，并在课后进行一次评课/模拟评课。说明在评课过程中，自己遵守了哪些基本原则，使用了哪些有效策略。

第3节 教师反思帮助生物学教师不断前行

【聚焦问题】

1. 教师反思是什么？具备怎样的理论基础？
2. 反思活动的主要内容和特征如何？
3. 反思的一般过程和方式有哪些？

【案例研讨】

新学期开学的教师大会上，校领导提出了新学年的要求，希望教师们能够在完成教学任务的同时多多进行反思，促进教学水平和自身发展水平的不断提升。散会后，生物教研组的几位教师开始了讨论。大家就如何开展反思发表了自己的不同想法。

教师A说：我认为反思的意思就是让我们多思考，有空的时候多回顾回顾以往的教学情况，想想是不是合适。合适的话就继续保持，不合适的话就找出问题看看怎么解决。

教师B说：我认为反思应该不单单是指的教学，反思应该是让我们对自己和学生的发展进行规划，计划一下自己未来应该如何进行自我提升，以及面对班级中的学生如何因材施教，帮助他们获得更好的未来，必要的时候还要反思如何与学生家长之间进行有效和谐的交流。

教师C说：我认为反思虽然听起来是一个思维上的过程，但实际上它应该是一个实践行动。思考本身是发现问题的过程，但是它不能有效地解决问题。因此反思除了想一想有没有问题，还需要想一想问题出在哪里，能否解决，如何解决，更重要的是想好这些之后，还要把想法进行实践，落实到教学改良过程中去，才算是一个完整的反思体验。

……

经常进行反思活动是教师在近来的专业发展过程中经常听到的一个词。乍见之下，反思似乎和思考是一对同义词，很多教师觉得这其中应当存在着某些区别，却一时也说不出区别究竟在哪里。那么，教师的反思活动究竟是什么，它的提出是基于怎样的理论基础？教师能够在哪些方面、采取怎样的方法和手段进行反思活动？反思是否存在着一般的开展流程？又具备怎样的特征呢？本节内容将就这些问题进行详细的展开说明。

3.3.1　教师反思的内涵与基础

在教师专业发展研究的很长一段时间里，教师对于个人提升的理解是相对简单的。这种发展提升的主要内容指向对理论知识的获取，教师们希望通过一系列的培训活动学习新的教育理念与教育方法，来增长自身的学科知识与教学知识。然而，这种观念本质上来讲是存在着一定的误区的。很多教师（包括一些研究者在内）都会认为随着知识的获取与提升，教师的教学行为自然就可以发生变化，进而能够获得自身教学质量和教学效果的提升。然而，教师的知识并不完全等同于教学能力。在这些基本的知识体系下，潜藏着更为重要的实践知识——教师在面对当前情况下的课堂情境知识。而在这其中，实践反思是一种非常有效的手段与途径。

相比于更加具体化的教学策略与方法，反思更像是一种思想意识活动。它在形式和表现上是千差万别的，有时甚至作为一种心智模型进行表征而无法具有外显化的特征，因此对于教学反思比较难以下定一个明确的定义，很多学者对此也有着完全不同的看法与理解。

从宏观上来看，反思强调的是一种审视的过程。它要求教师能够跳脱出自己的经验世界，立足于自我的认知主体之外，以批判性的方式来考察自己的行为与能力。它所指向的不是一种单纯的内心独处模式，而是对问题的认真思索、对解决策略的探寻，甚至是通过合作来将心智模型外显化付诸实践的过程。

更具体的来看，它指向教师基于自己的教学活动过程，为提高自己的教学实践表现，对发生过的，或正在发生的事件背后的理论、假设进行积极深入的自我调节型思考，并在思考过程中准确地发现、表述问题，通过回顾、诊断、自我监控等方式，给予肯定、支持与强化，或否定、思索与修正，寻求方法来解决问题，提高教学效果。它是一种"通过提高参与者自我觉察水平"来促进能力发展的途径（表 3-16）。

在之前关于不同类型教师的专业发展模块中曾提到，对于很多成熟型教师来说，在职业生涯中会遇到成长放缓的瓶颈期——"高原现象"的出现。对于部分教师而言，会在成熟期一直维持原有的教学水平和现状，直至职业生涯结束，而并不会随着教龄的增长自动过渡为专家型教师。在这一时期内的教师可以从诸多方面为自己提出更高的要求，而经常进行反思是其中非常有效的方式之一。

表 3-16 教师反思的概述

模块	主要内容
反思的基础	基于自身的教学实践与教学活动过程
反思的目的	解决已经发现的问题，提高教学效果，实现有效教学，促进自身专业发展提升
反思的方式	从单纯思考到行为变更，表现方式多样化，包括思考回顾、自我诊断、自我监控、同行讨论、行动研究等
反思的内容	内容涵盖教师实践的方方面面，其中包括但不仅限于教学环境、教学目的、教学设计、教学过程、教学效果、个人职业发展等

有学者指出，教师的成长应当是一个"经验"与"反思"共同作用的过程。诚然，教学经验的累积对于教师职业发展是必不可少的前提，然而一旦缺少了教学反思的存在，教师的这种教学经验就会变成逐年累加的重复性工作。同样是 10 年的教龄，"10 年的教学经验"与"10 个 1 年的教学经验"之间就存在着巨大的区别。而后者这种经验的累积更像是机械性的停滞，对于教师的提升和进阶意义并不太大，甚至于会使教师长期停留在职业瓶颈期，阻碍教师的个人成长发展。

如果说这种重复性的工作像是在平地上一年一步的前行，那么融入了教学反思的个人发展则更像是一年一级台阶的攀登过程。通过对以往发生过的教学活动进行总结归纳，思考其中存在的问题以及可能进一步提升的发展方向，教师可以制订或更正下一年度的教学设计及个人发展规划，通过自我监控或行动研究的过程来解决这些问题促进个体发展，以此构成一个循环，在不同的教学年限内往复循环，以螺旋形的方式不断推进。教师只有对过往及当下的经验不断进行反思改进，才能真正推动自我成长与价值实现。

与教师反思相关的背景理论构成有很多，其中最为相关的主要是经验学习理论和情境认知理论两部分。经验学习理论（Experiential Learning Theory）由库伯（Kolb）基于皮亚杰和杜威的教学思想提出，理论认为知识创造的过程是通过经验的转化获取的，经验通过获取及转化最终形成知识。在库伯的经验学习理论中由 4 个阶段构成环形结构，因此又被称为学习圈理论。

经验学习理论的四个阶段分别为具体化经验、反思性观察、主动性实践以及抽象化概念(图 3-6)。环形从学习者获取的经验开始,给学习者提供经验反思机会,使其抽象化形成概念理论,并引导后续的行动来实践所学习到的知识。如果行动中再次发现新的问题,则开始新循环的起点,进行新一轮的学习圈。而学习者的知识会随着这种学习循环的过程不断增长。

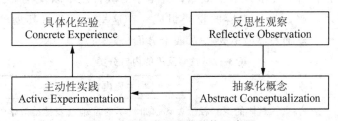

图 3-6　经验学习理论结构示意图

以教师专业发展为例,经验学习理论的环形结构开始于教师所获得的经验。基于在发生的教学活动中吸取经验,教师能够进入对这些经验的反思阶段,对这些已经经历过的体验和事件进行思考与回顾。此后,教师需要将这些观察到的现象或者亲身经验进行总结概括,归纳成为具有逻辑性的教学概念,最后进入实践阶段,将这些概念运用到解决问题改善实践的过程中去,而这些新的经验和体验又可以再次构成下一个循环的起始。可见经验学习理论着重强调了反思的重要作用,它能够帮助教师将经验中的碎片化内容进行梳理,形成具有逻辑性的知识。

经验学习理论的另一个特征即强调不同的学习者存在着不同的"学习风格",它反对将学习看作孤立封闭的活动,强调学习应当在交流与沟通中进行,发展不同学习风格的不同价值,从不同的视角上来审视及解决问题。教师反思亦是如此。相比于自己独立思考闭门造车,反思的过程会更加希望教师能够通过合作的方式推进,与同行之间的交流讨论来共同进步。而这一点也可以体现在情境学习理论(Situated Learning)当中。

情境学习理论认为积极的、社会性的、真实性的过程是促进学习发生的优良条件。学习在本质上是为了获得社会文化实践,学习者应当努力成为"实践共同体(Community of Practice)"的一部分参与学习,应当进行合作而不是孤立地学习。教师反思的过程基于自身在实践当中发现的问题,这一过程本身是基于学习发生的社会情境的。这种情境能够与活动共同作用于知识,使其成为教师教育持续发生作用的产物。这些特征使得教师反思有别于特定陈述性知识的获取过程,而成为教师成长的更有效方式。

3.3.2　反思的内容与特征

对于教师而言，反思的发生不仅单纯体现在对具体的教学情节上，还能够体现在教师职业生涯的方方面面。从小到课堂中的一个提问、一个动作，到对于学生的培养、自身专业发展的规划，甚至于对教育改革以及与家长、同行之间的关系处理，都是反思内容的重要组成。在这里，研究将其划分为课堂教学、学生发展、教师发展及人际关系四个方面（表 3-17）。

表 3-17　教师反思的内容分类

分类	主要内容
课堂教学	具体的课堂教学表现，如教学的重难点安排、教学方法与教学策略、课堂授课技巧等
学生发展	学生知识的获取、学生的学习态度及人格养成、学生能力及素养的培养、学生发展方向的规划等
教师发展	教师自身提升的思考、对于知识技能教学风格发展的规划、教师自我形象的设计等
人际关系	教师与学生、学生家长、相关研究人员、同行同事以及学校领导等之间的相处关系

课堂教学。对课堂教学的反思是最容易发生，也是教师最熟悉的部分。大多数教师在日常工作过程中都会自发地对课堂教学进行思考，而这也是最基本的反思方式之一。例如，授课结束后，教师通常会去反思这节课的教学效果如何，是不是达成了预期的教学目标？这节课的教学重点是不是顺利达成了，预估的教学难点与学生的实际情况是否相符，学生在学习过程中能否攻克这些难点？这节课尝试了探究式的教学策略，整体实施效果如何，是不是比传统的授课方式收效更大，这节课的内容是不是适合于采用探究教学策略？等等。课堂教学反思一般具有即时性，即课程结束后教师就能够第一时间进行思考反馈，找寻可能存在的问题，它构成了教师反思的大部分内容。然而需要注意的是，在课堂教学中通过反思发现问题固然比较容易，但这只是反思的第一步。如何针对这些问题提出解决策略，并将其付诸实践真正解决问题，是教师面对课堂教学反思需要着重关注的部分。

学生发展。对于学生发展的反思可以划分为当前与长远两个方向。对学生当前发展的反思多集中于生物学教学上，如关注学生对于具体的生物学知识的理解及掌握情况是否达到了教师的预期目标，学生的学习态度及学习习惯的养成表现如何等。除此以外，学生发展反思还更加强调教师对更长远的方向进行思考，这其中包含了教师的教学能否帮助学生形成终生良好的科学素养，在学习的过程中能否形成健全的人格、思想意识形态以及处世态度，并针对不同学生的不同特征，为他们多样化的未来发展与职业选择进行思索，给予学生必要的建议与支持。相比于前者，这种长远的反思会更加复杂，其所寻求的解决策略有时并不能在短时间内就能解决问题。它更加需要教师以发展的眼光来进行审视，在课堂教学之外投入更多的精力和耐心。

教师发展。教师发展的反思相比于前两者来说更加宏观，它通常会脱离具体的教学情境，不针对某一节或某几节课程，而更多地集中在教师职业生涯整体规划上。如教师可以定期对自己的教学知识技能掌握情况进行反思，明确自身的教学风格及其是否适合于所处的教学大环境，个人的形象塑造与完善存在着哪些问题，判断自己目前所处的教师职业发展阶段（如新任教师还是成熟型教师），以及进阶下一阶段所欠缺的方面等。这种反思是不太容易发生于无意识的情况下的，它需要教师专门投入一定的时间进行历史总结和未来展望。而这一类反思问题的解决对于教师个体成长来说帮助是最大的，因此建议教师以学期或者学年为单位，养成定期进行教师发展反思的习惯。

人际关系。对人际关系的反思会更加侧重于社会层面。它更多的是在影响教师的情感态度与社交情况，但这些信息有时也会间接影响到教师的课堂授课或者教学效果。例如，教师通过反思与学生之间的关系，可以明确学生对老师的信任程度，判断彼此的关系是敬仰主导还是亦师亦友，是否存在着潜在的师生矛盾，进而导致学生因为与任课教师之间的关系变化而影响自身对于知识学习的态度；反思建立与学生家长之间的关系，可以帮助教师更好地了解学生家庭环境，建立良好的家校学习情境等。此外人际关系的反思还可以体现在与自己具有合作或者指导关系的研究人员、同校的其他教师及领导之间。而这些群体对于教师的成长与发展都具有重要的价值。

对反思内容进行解读，可以发现无论是从定义还是表现上，教师的反思都是一个覆盖面广而多样化的行为。对其特征进行概括，可以体现为思考与行动性、个体与合作性以及时效与发展性三个方面（图 3-7）。

思考与行动性。思考是教师反思活动的必要组成。通过回顾以往的教学实践情况，教师能够在思考的过程中总结经验，寻找并锚定问题，进而思索解决问题的策略与途径。然而不能忽略的是，教师反思还应当具备极其浓厚的行动特征。教师反思应是一种思考与行动紧密结合的过程，它最终指向教学效能的提高应当以实践操作为引导，并且不单单是将科学理论和思想应用于实践，还

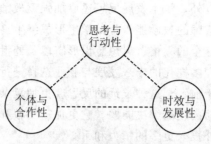

图 3-7　反思的特征示意图

应当包括在这一过程中构建与重构所面临的复杂的、模糊的问题情境，对各种解释加以验证，并以此调整自己行为的过程。因此教师反思有时会具有强烈的"行动研究色彩"，通过行动研究来解决反思过程中发现的问题是常见的有效手段。关于什么是行动研究以及如何开展行动研究，将在下面的内容中详细展开。

个体与合作性。教师反思的出发点是个体性的，它首先应当是基于教师的日常教学，针对"自我"教学行为和观念的剖析。其次教师反思在很多情况下可以表现为个体的活动。通过内部自省、自我分析及自我对话等途径进行反思，且在自我摸索与探究的过程中发现解决问题的策略和方法，并将其付诸实践。而更多的学者认为，反思的发生最好借助于学习共同体，即通过与同伴之间进行交流讨论共同探索或者通过与教育研究工作者们合作设计应对问题的方案，可能更为有效。这也是前面所提到的教师反思所具有的情境学习理论基础的特征。将反思活动融入社会行为当中，成为多个学习者共同参与的实践，有利于反思者从不同的视角和方向上审视问题，提出更加完善的解决方案。因此教师反思可以是个人活动，更可以是一种公共性的活动。

时效与发展性。从反思发生的时间上看，教师反思同时具备时效性与发展性。这种时效性与发展性在这里有两层含义。第一，它指代教师反思的一般属性。时效性体现在多数教师反思的起始，都是由于一些"当下"所发生的事件与突然产生的想法。发展性体现在反思是一个过程，它需要经历问题意识、思考策略、行动解决的逻辑过程后才能够达成。第二，它指代两种不同的反思模式。更倾向于时效性的反思模式表现为针对瞬时产生的想法，教师可以给出短暂迅速而集中的行动反馈，及时察觉其中存在的问题，并随着思考的过程产生行为，即时修正纠偏，完成整个反思过程。这种时效性的反思能够大大缩短活动周期，但需要教师将思考与行动并行推进，难度也较高。而更多时候教师会采用发展性的反思过程，即通过前期对问题的发现思考后，留出足够的时间进行问题处理与方案规划，一步一步地将计划投入实践，形成一种持续连贯的系统行为，并依据实践过程中发现的新问题形成下一个反思循环。

3.3.3　反思的过程和方式

依据经验学习理论的基础，反思的大致过程可以被分为五个模块：经验感知、问题提出、观察分析、策略探寻与实践检验(图 3-8)。这五个模块构成一个循环，在实践结束后可以发生新的经验感知，进入第二次循环。几个模块借由教师思考的不断深入与逻辑顺序串联在一起，彼此之间不一定存在着非常清晰的界限。

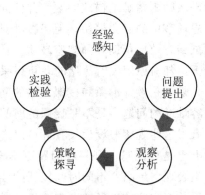

图 3-8　教师反思过程示意图

与学习环理论相同，教师的反思可以始于从教学过程中所获得的经验。在日常生物学教学工作开展时，教师会不断地从周围的教学环境、课堂效果表现及学生的回应当中获得信息反馈。这些反馈有时并不一定表现为非常巨大的问题，有可能只是一些微小的一闪而过的细节。例如，课堂中的某一个知识点学生总是理解不了，某一堂课的教学难点无法攻克，总有几名学生上课心不在焉，课本上的某个示意图在讲解和使用的过程中总觉得不是很顺手……经验感知在反思进行的过程中有时是悄无声息、潜移默化地发生的，它逐渐地在教师心中进行累积，并依照逻辑关系进行归类和联系。一旦某一类别下的经验不断扩增并获取了相应的逻辑线时，教师就可以将它们提取出来加以归纳，进入到问题提出的环节。

问题提出一般是反思中不可或缺的重要部分。反思问题的提出与研究问题不同，它不必非要按照固定的格式进行精准的概括归纳。更多时候，反思问题更像是阐述一种对于现状的不满，是教师对于自我和教学不断思考和经验总结后的成果。这些问题的指出有时不够清晰，不是以设计完整的行动研究流程来按部就班地解决，它也可以是教师在思路梳理过程中提出的一种假设情况，问题是不是真实存在的，以及如何解决这些问题，可以通过后续的步骤进一步强化。例如，当教师发现班级中的学生在课堂表现上活跃度很低，教师的提问总是无人回应。对于部分教师来说，有时可以直接将问题锚定到自身提问质量上，跳过后续的观察环节直接进行策略探寻，设计改变提问方式的教学策略，通过行动研究解决这一问题。而更多教师在初次发现这一问题时，问题更多地会表现为"为什么学生总是不爱回答问题？"这一类反思问题就属于需要进一步加以确认和细化的，它们会被转入到下一个反思环节，也即观察分析的部分。

观察分析是一个帮助教师更精确地锚定问题，并使问题变得更加可操作可解决的过程。它不是反思环节中的必要模块，但当教师对自己提出的问题不是很清晰时，它能够通过试错有效地帮助教师规避歧途。在上述的情境当中，当教师发现课堂活跃度低下但却对原因没有头绪时，可以采取广泛观察逐一分析的方式来确认问题源。如是不是教师形象和授课风格的问题？是不是提问质量的问题？是不是授课内容难度的问题？是不是授课的时间太早或太晚学生注意力不容易集中？等等。有了这些观察假设后，教师可以进行一对一的分析。如学生在其他教师的课堂上也是如此吗？哪一些问题更不容易得到学生的回应？不同难度的课程内容学生表现一致吗？不同时间授课的效果有区别吗？⋯⋯通过观察分析，教师可以不断缩小问题出现的范围，最终锚定想要重点解决的部分，进入策略探寻的环节。

相比于之前的部分，策略探寻是更加贴近于理论，从实践中上升出来的环节。它需要教师依据合理的教学理论、心理学基础以及学科教学知识设计行动研究框架，形成完整的实施策略。它不再是仅依靠教师的观察与个人思考就能够完成的，因此在反思过程中难度颇高。这种知识的获取途径是多样化的，教师可以通过搜索相关的理论文献及书籍、观察分析教学视频及案例、与同行及具有相关经验的教师讨论，或者向教育研究工作者请教来得到必要的信息。反思策略的制定是问题解决的脚手架，它将决定后续实践环节的开展形式与内容，进而影响反思问题是不是能够得到有效解决。这种策略具备行动研究的特点，即教师可以在实践实施的过程中依据效果不断地对其进行修正与完善。

实践检验与问题提出一样，都是教师反思中不可缺少且重要的部分。教师需要依照制定好的反思策略进行落实，通过课堂教学的修正来完成整个反思的循环。实践检验的意义直接指向两个环节，首先它要对反思策略负责。实践是检验真理的唯一标准。反思的方向对不对，制定的策略有没有效，最终都需要实践落实的效果来回答。依照实践结果的不同作为依据，教师可以对反思策略进行认可、修改甚至推翻，得到最终的反思成果、调整研究方向或是在证伪后开始新的尝试。其次它要对反思问题负责。教师反思的各个环节的设定最终都是为了解决反思问题。教师的一切课堂行为和表现都不能脱离使学生受益的根本出发点。因此发现问题不是目的，解决问题才是反思的最终意义。教师的思考需要落实到教学实践中，解决教师对于教学的困惑和不满。而这一切都离不开反思实践的开展。教师在实践过程中还会获取到新的经验，发现新的问题，这些再次构成了反思循环的下一个开端。

另外需要说明的是，由于反思的发生是一个相对开放而灵活的过程，因而上述几个部分的发生并不完全依照固定的顺序。例如，有的教师会通过与别的教师进行交流先发现了一个大家普遍都会面临的问题，再去依照这个普适性的问题对自己的实践经验进行感知，思索解决的策略；也有的教师会习惯无目的性地回顾和观察自己的课堂，分析自己的日常教学行为，期间就有可能会偶然发现一些可能存在的问题，进而对问题进行实践检验，等等。因此在进行反思的过程中，也无须过分拘泥于上述的流程。

最后再来看教学反思的一般方式。事实上教师进行日常反思的途径和方式在上面的内容中已经或多或少地涉及了，在这里将其归纳为个体思考、同伴讨论以及行动研究三个主要大类。由前至后所牵涉的人员更多，实施难度更大，同时效果也更好（表 3-18）。

表 3-18　反思的一般方式分类

分类	主要内容
个体思考	由教师自己开展，单纯地进行个体独立思考，或者记录教学日记及反思日志等
同伴讨论	由教师和其他教师之间共同开展，以讨论交流的形式分享自己的观念，发现问题并互相提出建议和意见
行动研究	由教师和其他教师、学生、甚至教育研究工作者们一起开展。以实际的研究设计实施来进行教育反思实践

个体思考是教师反思最简便易行的途径。从人员上看，它的展开只需要教师个体独立开展，无须涉及其他人员的参与；从时间上看，它可以依据教师的需要随时随地发生，可以是下班后坐在家里的一整段时间，也可以是下课后从教室走向办公室路途中的短暂过程。教师的个体思考有很多种表现方式，如教师可以寻找安静独立的空间开展自我诘问，总结过往经验，寻找身上存在的问题和不良行为，找寻解决的方法和途径；可以开展典型剖析，回顾值得借鉴的

范例，为自身的发展提供样本，寻找解决问题的必要要素和信息；可以养成记录教学日记和反思日志的习惯，定期回顾以往的教学情况，不断进行归纳总结，并将反思的过程和内容随时进行记录。教师的个体思考是所有反思方式中最灵活的。但它的发生没有融合学习共同体，因此在效果上存在着局限性。在此基础上，教师还可以与其他教师一起开展同伴讨论。

同伴讨论强调交流和分享在反思过程中的重要性。由于个体的认知是具有局限性的，通过与不同学习类型的教师进行交流，教师可以从不同的角度上更客观地审视问题，提升反思的效果。例如：教师可以将自己在思考过程中发现的问题与关系相熟的同伴进行分享，听取他们对于问题的态度和建议；可以以小组为单位，定期在校内开展研讨会，不同的生物学教师们可以聚集在一起，回顾自己的教学效果，发现问题，彼此交换自己的教学经验和对待问题的态度，给出自己解决问题的思考与方案，甚至是在讨论的过程中发现新的反思点与问题；此外，教师还可以在参与一些诸如校外研讨会、听评课、专业发展培训的过程中与不同的教师开展交流活动，促进自身反思效果的提升。

最后来看行动研究。反思活动本身具有行动研究的属性，而行动研究的开展也是将反思落实到问题解决的必要途径。它的发生需要牵涉更多的群体，有时不单单是教师个体，还可能要与其他教师或者教育研究者们进行讨论，以及在实践过程中以学生为对象开展干预等。而从时长上看，除问题反思外，还要包括解决方案的规划设计、修改实施，以及对实施效果的反思和问题解决情况的分析等，甚至会涉及从分析中反思新的问题开展第二轮循环的过程，因此周期远远长于前两种途径。在教师专业发展过程中，反思活动的进行和行动研究的开展具有相互交叉的成分。

回顾教师反思的知识，可以发现它从整体上看是一个灵活多样化的内容。它没有绝对简洁的定义，不拘泥于固定的形式，牵涉到教师教学活动的方方面面。与更加书面化的表述相比，反思是一个更加注重教师心理表现的过程，而无论如何，这些努力最终都会落到提高教学效果的目的上。

【学以致用】

1. 依照反思的相关知识，回顾自己在以往的学习/实习/授课经历中，有没有过相似的行为，哪一些属于反思的范畴？

2. 以这些知识为基础尝试开展一次反思，看从以往的经验中能够发现什么问题？这些问题能够如何解决？

第 4 节 教学行动研究是生物学教师专业提升的进阶

【聚焦问题】

1. 什么是教师行动研究？它与一般的研究有何区别？
2. 教师开展行动研究的步骤是怎样的？
3. 在开展行动研究时有哪些需要注意的事项？

【案例研讨】

具有十年工作经验的高中生物教师杜老师正处于成熟型教师向专家型教师转型的过渡期。杜老师感到目前的课堂教学任务已经相对得心应手，自己也不再为课堂管理与授课过程感到困惑。与此同时，他也逐渐发现了学生在学习过程中遇到的一些小问题。于是他开始思考，能否借助自己的课堂进行一些教学研究，开辟自己职业发展的新途径？

通过与大学教授的交流，杜老师认识到了教育科学研究的复杂性，也意识到自己作为一线教师无法花费大量的时间来高质量地完成这些科研工作。了解了杜老师的意图后，教授建议杜老师可以通过开展行动研究来完成自己的发展意愿。而行动研究既不会像一般教学科学研究一样费时费力，同时还能更好地贴近杜老师自己的课堂，解决他实践中遇到的问题。

遵循着教授给出的建议，并了解行动研究的一般方法后，杜老师在自己的课堂中选择了感兴趣的研究主题，开始了自己的行动研究尝试。一个月后杜老师收获了自己满意的研究结果，并通过这些结果反馈进行了教学改良尝试，效果良好。现在，杜老师正在着手准备第二轮的研究……

提及教师专业发展的进阶部分，尝试进行教学研究是一个容易让一线教师们望而生畏的话题。很多教师认为教学研究是一个复杂的过程，需要牵涉大量的时间与精力，因此不愿意展开相关的研究尝试。在这里，行动研究则是针对教师群体的一种有效研究方法。那么什么是行动研究？它与一般的研究又有怎样的区别？教师想要从事行动研究应当遵循怎样的步骤？又有哪些基本的策略与建议呢？本节内容将面向教师展示关于行动研究的基本信息，希望教师能够理解行动研究的相关知识，并能依据这些知识在课堂实践中尝试开展行动研究，向着研究型教师的发展方向不断前行。

3.4.1　什么是教学中的行动研究

　　对于教师而言，除了完成日常授课等教学任务外，尝试开展研究是教师成长成为一名专家型教师的发展之路。教师应当具备在教学中发现问题并解决问题的能力，探索教学的过程与本质。这种教学研究一方面可以帮助教师将教学经验转化为教学理念，推动教师的个人发展；另一方面教师所处的教学环境、所进行的教学过程、所获取的学生反馈为开展教学研究提供了充分便利的条件。

　　而面对每日繁杂的本职工作，无论是从基础理论知识上看还是从能够投入到研究当中的有效时间上看，一线教师通常很难像专业的教育研究工作者一样，设计实施一项完整的、高质量的传统教育科学研究。对于一线教师来说，研究应当是为了自身的专业发展而展开的，这些研究应当能够在不占用教师正常工作时间的基础上，更有效地贴近教师的日常实践，帮助教师切实提高自己的教学能力与教学效果。基于此，行动研究成为教师开展教学研究的有效方式。

　　行动研究是一种从研究者的日常工作中发展而来的研究方法，其目的是为了提高研究者的专业性实践，因此比一般的研究更具实践意义。教师在进行行动研究时，以教学过程中的具体问题为研究起始，通过简单易行的研究方法与设计开展研究，结果能够对自己的教学产生影响，进而通过行动来改善实际实践的效果。因此对于行动研究来说，其质量的好坏取决于它能够在多大程度上更好地支持研究者当前的需求，因此相比与其他的研究来说，在设计和实施难度上更小，也更适用于教师的专业发展。

　　区别于传统教育科学研究，行动研究不需要生成具有宏观理论价值的结果，也不需要采用极其严格的样本选择、数据收集与分析过程。通过表 3-19 的对比，教师能够大致体会行动研究与一般教育科学研究的主要区别。

表 3-19　行动研究与一般教育科学研究的区别

表现方面	行动研究	一般教育科学研究
研究目的	解决一个具体、实践中的问题	生成具有概括性的新知识
研究关注点	指向研究者自己的实践问题或目标	教育研究者们普遍关注的问题
研究者群体	一个或多个学校中的教师，或者可以与专家合作	高校或机构中的研究者
研究者特质	对问题有足够的实践经验，具备基本的研究知识和经验	大量充足的文献背景、研究知识，经过正规研究方法的训练

续表

表现方面	行动研究	一般教育科学研究
研究样本	来自研究者自己方便获取的被试学生	从界定清晰的人群中选择随机的或者典型的样本
研究方法	简单易于实施的程序，短时间的过程	严格的研究设计和控制，长时间的过程
研究应用的价值	对研究者个人的教学实践产生影响	增加研究领域的理论知识

　　将研究的过程划分为前期准备与资质、研究预期与规划、研究设计与实施以及研究结果与应用四个部分，可以比较清晰地看到二者之间存在的异同。

　　前期准备与资质。开展一项教育科学研究的前期工作是要经过复杂而慎重的思考的。它需要研究者通过大量的书籍及文献阅读，对领域内的知识、研究背景和发展走向有非常清晰的认识，并提前明确所要研究的主题对该领域的发展是否具有意义。在正式开始研究前，研究者需要进行文献梳理，架构完整的研究框架，并对后续步骤的开展思虑周全，因此研究者常常是来自大学或研究所，接受过关于科学研究系统培训的专业学者。而对于行动研究来说，教师常常作为研究者的主要群体。虽然同样需要具备足够的基础相关知识，但是无须通过大量的文献书籍阅读来获取理论深度。相反的，它更需要的是教师具备支持研究开展的足够的实践经验。教师只要在自身实践中发现能够对教学产生帮助的研究主题，就可以尝试着手进入规划的阶段。因为行动研究在往复循环的过程中可以通过研究数据与结果对原定目标和研究方向进行修正，因此教师无须在开始前过分担心研究过程中的每一步是否都能够得到详尽的设计。

　　研究预期与规划。教育科学研究在着手设计实施前的价值考量与目标确立时需要花费大量的时间。研究者需要明确的是，他们将要着手进行的研究，应当尽可能多地向教育研究领域内大多数人普遍关注的话题靠拢。这个研究的工作应当具有创新性，能够填补已有研究领域的空白或解决目前研究亟待解决的问题，即需要具有清晰的研究立场、研究创新点与研究意义。对于研究主题的选择，需要基于非常大量的研究文献阅读，并且强调这些信息应当来自于一手资源。而这一研究的预期指向，应当能够最终生成具有高度概括性的新知识，扩展教育科学研究范围内的知识储备量，并且大多数研究会具有普适性，能够惠及更多的研究团体。相比而言，教师行动研究在此方面则相对简单。教师无须格外关注大多数人在关注什么，或者自己的研究能够具备非常高的理论研究深度。基于此，教师不需要阅读过多的文献资料，所需资料可以来自于二手资源。在行动研究中，教师应当将目标关注放在自己身上，集中探讨自己在实践中遇到的问题，或者自己想要达成的目标。它的存在应当致力于解决一个非常具体的、细致化的实践中的问题，其最终目的是能够有效改善自己的实践效果。

研究设计与实施。 从研究样本、研究方法、测量工具的选取，到数据收集和分析上，行动研究与教育科学研究都存在着较大的区别。依据研究目的不同，教育科学研究中的样本需要在界定清晰的人群中进行随机的或者典型的样本选择，在方法上遵循非常严格的设计思路，实施过程中做到控制变量，并且经历长时间的实施过程。对于需要使用测量工具的研究来说，工具的选择要具备充足的信度与效度，在数据收集上或强调具有深度的质性研究编码与解释，或强调具有统计显著性的量化分析。行动研究在样本的选取上首先遵循便捷性的原则，一般将教师自己的学生、同伴或自己作为研究的样本。在研究设计上，行动研究通常采用简单的、便于实施的设计思路与操作过程，追求在实施上简洁快速，尽量不花费太长的时间周期。对于研究的测量工具来说，最好采用一些简单的或方便获取的已有研究工具，数据收集则更多倾向于使用描述性的统计结果，或者追求数据分析结果具有实践上的显著性。

研究结果与应用。 正如研究预期与规划过程中所提到的，教育科学研究关注的是领域内大多数人普遍关注的话题，致力于解决领域内急需解决的问题或填补理论与知识上的空白，因此这类研究最终的结果产出形式大多为通过撰写文章进行正式地公开发表，或者通过在一些国内外会议上进行大会的报告与展示，以期能够将研究结果更可能多地扩散出去，服务于更广阔的研究群体。由此，这些结果的应用是为解决大众关注的一个或多个问题，在研究领域中增加新的知识储备。而行动研究由于关注群体范围小，因此整体上更加倾向于非正式的形式。例如，教师可以将研究结果与自己的同伴或其他教师分享，或通过网络媒体等形式进行非正式的发表。当然，在有能力的情况下，研究也非常鼓励教师能够将相关成果进行梳理与深化，形成可供正式发表的文章。在结果的应用上来看，如果这些研究结论切实有效，且能够适用于教师自身的发展，则其价值会更多地表现在改善教师自己的教学实践上。

简言之，相比于教育科学研究来说，行动研究具有完全不同的研究方向，在注重实践的基础上，整体各个方面上来说都更加简单便捷。掌握行动研究的一般方法后，教师可以在日常教学中加以应用，无须担心耗费过多的时间与精力。

通过上述对比可以明显感受到，行动研究关注的是研究者——教师"自身"，研究关心教师自己的行动、基于自己的实践过程，其目的是为了提升他们自己未来的教学和行为。因此，这种研究模式对于教师专业发展提升而言是易于实施同时也很有价值的。当今教育研究认为，教师的角色不仅仅是为了向学生传授知识而存在的。作为教育工作者的一个重要组成部分，教师应被鼓励成为能够批判地、系统地考察自己教育教学实践的研究者，更好地理解自己的课堂、改善自己的教育实践。这种研究是教师职业自主性的表现，同时也能不断促进教师职业能力发展，兼任"职业者"与"研究者"的双重角色。

与此同时，行动研究对于教育科学研究也具有非常重要的价值。长期以来，教育研究中也面临着理论与实践之间发生断裂的隔离状态。不断快速发展前行的教育研究理论与跟进缓慢的实践应用之间逐渐拉开差距，使得理论和实践之间的"鸿沟"越拉越大。尽管教育研究已经开始强调"理论性中介"的重要作用，但"实践性中介"的价值长期以来却一直没有得到足够多的重视。而这种"实践性中介"的形式和类型多种多样，其中以教师为主体的行动研究则是教育实践主动联结教育理论的最重要的形式。由此，推进教师开展行动研究，对促进教育科学研究中的实践应用同样意义非凡。

3.4.2　教师如何开展行动研究

同任何研究一样，行动研究在开展时也具有一定的程序步骤。通常研究者将行动研究划分为问题提出、行动实施、证据收集、数据分析、反思、实践修正六个步骤。这些步骤构成一个行动研究的循环，教师可以往复进行数轮，直到得到满意的实践改进效果。整个研究循环模式如图 3-9 所示。在后续的步骤分析中将以本节开篇案例研讨部分中杜老师所开展的研究为例，进行案例拆解说明。

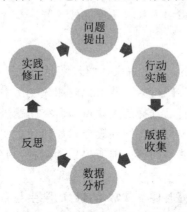

图 3-9　行动研究步骤循环示意图

步骤1：**选择一个研究的关注点或研究问题。**确定研究想要解决的问题，是任何研究开展的首要环节。教师需要明确自己感兴趣的、想要关注的主题是什么，或者自己想要通过研究解决的实践问题是什么。通常来说，一个教师行动研究的开始往往起源于对课堂实践的深入思考。这种思考的来源是很广泛的，有时也可能出现在一些非常细微的环境当中。它可能来自于一位教师观察另一位教师的课堂、与其他同伴的交谈、观看了一节课程的录像、发现某些学生所提出的问题或学生产生的行为甚至于来自一些学生家长的观点。

除了针对自己的实践外，在关注点和问题选择上，教师应当遵循的另外一个原则就是自主性。其一，教师是最了解自己课堂的人。其余外部人员，无论是专家还是领导，都无法告诉教师对于他们"自己的"课堂来说什么才是一个好的行动研究话题，因此这种存在于课堂中的研究必须是由教师自己主动发起，才能更好地起到行动研究开展的意义。其二，尽管相比于教育科学研究来说，行动研究的步骤已经非常简洁，但教师在授课任务外完成研究工作仍旧需要投入时间与精力。选择自己感兴趣的内容、具备开展研究的主观意愿，能够支撑教师更好地完成整个研究。

在了解了一些关于教师课堂提问的知识后，杜老师认为教师的提问质量越高，越能够更好地促进学生思考，理解生物学概念。通过培训，他知道了教师在课堂提问时可以采用是否判断型、概念术语型以及描述解释型等不同的类型。回看了自己的课堂教学录像后，杜老师发现过往自己的课堂总是喜欢采用是否判断型的问题来提问，学生集体回答很简单，自己好像也并不知道他们是不是真的掌握了课堂中学到的科学概念。于是杜老师想要改变自己的课堂提问模式。他想通过行动研究明确：通过更多地采用描述解释型的课堂提问方式，是否能够更好地帮助学生理解并掌握生物学概念？

步骤2：**行动的实施。**顾名思义，"行动"是行动研究的核心步骤。行动研究必须包含改变教师的实践行为，并由此观测改变所引发的结果的步骤。在该环节中，教师应当依照自己选择的关注点和研究问题进行大致的规划，明确在未来的行动环节中自己要做出怎样的改变，如何通过实际具体的行为来达成这些改变，这些改变是否能够回答之前所提出的问题，并最终将这些计划真实落实到课堂教学中去。

教师在进行行动研究时样本常常是自己的学生与自己的课堂，在被试选取上并非随机取样，范围也有所限制；另外，教师在整个研究过程中无法做到严格地控制每一个变量，这些都是行动研究区别于教育科学研究的重要方面。然而教师在进行行动的过程中应当紧守研究主线，将关注点集中在自己所研究的问题上。如在行动中能够解决遇到的突发情况固然最好，但对于一些受到研究本身限制、确实无法解决的问题也无须过于执着。

　　受限于自身的时间与精力，杜老师决定将这个研究限制在自己目前所授课的班级内，通过改变自己的课堂提问模式，观察变化前后课堂中学生的反应以及他们对这种变化的感受。制订好计划后，杜老师修改了自己往后的课堂教案，将原本采用是否型提问的问题尽量修改为了描述与解释型的问题。在实际授课过程中，杜老师也一直谨记自己的研究目标，在课堂提问中尽量鼓励学生自己给出概念，或者对实验现象给出解释，而不再是由自己给出概念，学生只是判断对或不对。两周里，杜老师成功地将这种行动改变贯穿在了每一节生物课中，最终完成了预期的行动研究设计。

　　步骤 3：数据的收集。数据的收集及后续分析解释，是开展一个研究的重要步骤。进行系统化的信息及数据收集可以帮助研究者们更好地理解事件表面的状态以及潜藏在其后的原理与依据。收集怎样的数据，是决定数据后期分析与解释的基础，这二者直接决定了整个研究能够得出怎样的结论。

　　对于教师行动研究来说，数据收集应当遵循以下几个主要的原则：第一，提前规划。由于教学是在不断进行发展中的，因此很多数据转瞬即逝，如果当时没有得到有效的收集与记录，后期很难加以弥补。例如，教师想要观察自己某一次实施研究后的课堂，但若前期没有通过录像等手段进行记录，那么在后期数据分析中将丢失重要的数据源。第二，广泛覆盖。教师在行动研究设计的第一轮中可能对自己的研究走向并不十分的清晰，由此研究建议教师应当尽可能广泛地地收集各类数据，覆盖整个过程的方方面面，以确保后期处理时可能会用到那些前期没有意识到的数据。当然，进行广泛收集的更大目的是为了以防万一，在教师行动研究中大多数时候并不会用到全部的数据，教师也无须担心数据量过多造成分析上的困难。第三，方便处理。由于教师投入行动研究的时间与精力有限，因此所收集和使用的数据最好尽量简单，能够稍加转化成为可以使用的数据资源，不要在收集整理上花费太多的时间。第四，客观记录。由于行动研究中教师面对的实践、课堂、样本大多都是自己所熟悉的，因此个人主观因素的影响在所难免。因此教师应做到依据研究设计对样本进行客观地记录，真实反映研究的本质，尽量避免受到个人主观意愿的影响。

在数据收集上，杜老师首先找到了自己以往的课堂教学录像，对课堂上自己所提出问题的不同类型进行了次数统计，并且记录了每次提问后学生的表现情况。在随后两周的生物课中，杜老师尽量将自己的提问模式从是否判断型为主转向描述解释型，并在教室后架设了录像机，通过对自己课堂进行录像来了解自己提问模式的变化情况，以及学生对问题的反馈情况。此外，他还计划在录像数据统计完成后与班级内部分学生进行交流，收集学生的访谈信息，了解他们对于这种课堂提问模式变化的感受，以及是否能够更好地帮助他们思考。

步骤 4：分析并解释数据。数据的分析与解释是在数据收集整理的基础上，对信息进行再加工与处理的过程。在这个过程中，教师可以判断哪些信息对自己的研究是有效的而哪些信息是无关的、是否存在有缺陷的数据以及如何进行补救、有效的数据如何进行提炼处理变成直观能够用以形成结论的信息等。数据的分析与解释环节是研究最能体现教师差异性的环节。相同的数据交由不同的研究者进行不同的分析与解释，会得到完全不同的结论。

正如之前所提到的，行动研究的数据分析不强调教师必须得到具有显著统计差异的量化数据，也不需要教师必须对质性数据进行严格深度编码。教师可以选择对这些数据结果进行描述性的分析，力求能够让数据结果在课堂实践上体现出差异。由于这种数据分析解释方式无法做到完全客观，因此教师也可以选择在进行完分析工作后，与同伴或专家进行交流，通过第三方的判断来辅助教师了解自己的数据结果是否有效。

通过对自己前后课堂录像中的课堂提问模式进行统计，杜老师发现自己之前课堂的是否型问题由平均每堂课 27 次下降为 13 次，降幅 52％，而描述与解释型的问题由之前的平均每堂课 3 次上升为 12 次，增幅 300％。这种变化让杜老师意识到自己的课堂提问模式确实发生了较大的变化，完成了自己的研究设计。然而与此同时，杜老师还需要知道学生的反馈以及他们是否能够从这种变化中受益。通过对学生在课堂录像中的问题回答情况看，大概一半时间中学生能够形成自己的观点和解释，也有几位同学在访谈中表示自己面对这类问题确实需要更多的时间来思考。然而通过这些数据的分析，杜老师还发现了一些其他的研究结果。

步骤 5：对研究进行反思。反思的过程是研究者在获得了一定数据与结论之后，回过头来再次仔细审视研究设计，或者通过与其他教师、专家进行观点的分享交流，了解整个研究对于实践的价值。通过反思，研究者可以获取不同的建议与观点，发现新的研究问题与研究领域，或者明确研究中存在的优势与不足，进而改进自己已有的行动研究，不断产生关于当前实践的新理解。

教师进行行动研究反思的方法有很多。最典型的情况是当研究结果与研究预期出现偏差时，教师对这种不一致性进行思考，分析并明确差异产生的原因，进而引导后续行动研究循环展开。除此之外，教师还可以对研究进行优化反思，即通过平日自己的课堂记录和日志、获取的学生反馈以及与其他教师和专家的讨论等过程获取的信息，思考如何优化设计能够让研究产生更好的效果，回避可能存在的问题与不足。可以说，这种反思最终应当是对教学实践过程的再思考，总结经验进行教学提升。

通过观察课堂中学生对教师提问的反馈，杜老师发现在一部分描述与解释型问题后会造成课堂沉默，有时学生并不知道该如何回答这些问题。杜老师通过事后与学生交流得知，很多学生表示对这一形式的问题不太习惯，自己总结生成概念的过程较困难。杜老师开始对自己的研究进行反思，他想也许引导学生自行归纳总结的过程应当是循序渐进的，他突然想到在是否判断型问题与描述解释型问题中间还存在着名词术语型的问题。杜老师想，是不是率先提升这一类问题的数量，可以有效引导学生慢慢适应提问模式的变化呢？

步骤 6：实践的持续与修正。行动研究在设计中可以由很多个循环组成。教师通过前期的问题提出、数据收集分析以及反思和总结进行一个循环后，可以将这些研究结果作为对实践影响的一部分，发现新的研究方向和兴趣点，调整并优化已有的研究，修正或继续下一个循环。

这种持续性的修正与往复过程是行动研究的一大特点。与一般研究中由研究者开发研究理论，再将理论进行扩散和推广，由一线教师进行实践的过程不同，实践研究的教师自身即为研究结论的产出者，因此这种产出需要教师自己进行实践的循环转化，形成往复深化的过程。这种研究的推进能够帮助教师持续不断地改善自己的教学实践过程，实现自我发展。

依照上一轮研究产生的反思，杜老师决定对原有研究设计进行修正，开始第二轮的行动。考虑到学生的接受能力与反馈情况，杜老师将这一轮的行动研究目标定为率先提升自己在课堂中关于名词术语型问题的提问数量，以观察是否能够引导学生更好地理解生物学概念、同时高效地参与到课堂提问环节中。带着第一轮研究的数据，杜老师重新设计了后续两周课堂教学的教案，以新的思路再一次开启了自己的行动研究之旅。

当然，教师在进行行动研究时也不总是要完整地遵循全部的步骤和顺序，因为现实是一种即兴的、创造性的情境，因此基于现实的行动研究过程也并不一定完全符合这些程序。教师可以根据自身的情况来对研究进行调整——如有时教师也可以直接从行动实施的步骤开启一个研究。

3.4.3 行动研究开展的考量及研究建议

行动研究相比于其他类型的研究来说，是最贴近于研究者的实践的。因此这一方法对于解决实践中遇到的问题具有巨大的价值。一个好的实践研究项目能够让教师更好地理解实践在真实教学环境中的应用效果，进而切实改善教师的课堂教学实施。

无论是从研究指向性，还是研究所需要投入的时间与精力成本来看，行动研究对于教师在一线教学中的实施都具有极大的优势。这种优势主要可以体现在强化理论理解、促进专业发展以及建立联络系统三个方面。

强化理论理解。虽然行动研究的开展不需要教师具备极强的理论背景与文献基础，但它要求教师应当具备与研究相关的一定的知识基础。这些知识有可能是教师通过各个渠道获取的一些对教育理念、教学策略的了解，但这些理论知识与教师的实践是相对脱节的。行动研究的开展可以帮助研究者对这些理念和策略进行更为深入的学习，甚至于在脑海中构建对于知识和理论的理解。通过实践开展，教师能够明确这些知识如何应用于课堂教学，知道在实践转化过程中存在的困难，并通过研究来解决这些问题。而上述这些内容仅仅通过理论的学习是无法得到有效理解的。

促进专业发展。作为教师专业发展提升的途径之一，形成开展行动研究的意识与习惯对于教师自身提升是很有帮助的。课堂教学是一个动态变化的过程，不同的教师，甚至同一教师在不同的授课阶段所面对的问题都是各不相同的。而教师能够通过与同事专家交流或者参与相关培训的机会是有限的，它们无法保证帮助教师解决在每时每刻的实践当中遇到的每一个问题。由此，通过行动研究的开展，可以让教师站在研究者的立场上更为深入地审视自己的课堂，通过研究的开展来自己解决问题，提高教学质量。由此，行动研究是教师自我提升的有效手段，也是一位专家型教师成长的重要途径。

建立联络系统。教学的过程并不是教师"单枪匹马"完成的，它更多时候也离不开交流。这种交流可以发生在教师与学生之间、教师与教师之间或者是教师与专家之间。在研究设计阶段，与专家的交流可以帮助研究者明确研究的背景知识与必要理论；在研究实施阶段，与学生的交流可以帮助教师获取重要的教学反馈，明确研究的实施效果；而在研究最终的结论与分享阶段，与其他教师的交流可以帮助教师们共享研究成果，反思研究并进行下一步的研究修正与设计。行动研究的开展可以帮助教师建立与其他外部人员之间的联络系统，这种联络系统对教师来说是非常重要的信息资源。在未来的教学过程中，它可以帮助教师及时获取有效信息，共享重要的研究成果，为未来的教学实践与研究打下基础。

虽然更多时候行动研究并不要求教师必须使用具备严格信效度的教育科学研究测量工具，也不会要求教师对数据进行完整的统计分析与编码操作，但行动研究自身也存在着一些质量衡量的评价标准。依据研究者的建议，这种标准主要划分为社会发展与改善、兴趣与自信提升、研究与实践匹配、教师提升与改进、道德与社会价值五个方面（表 3-20）。

表 3-20　行动研究评价标准分类

评价标准	主要内容
社会发展与改善	研究是否有利于发展和改善目前社会中存在的现实状况，是否解决了在实际中遇到的问题，或者是否提供了用以解决问题的新思路
兴趣与自信提升	研究是否提高了教师自己对于从事研究的兴趣和自信
研究与实践匹配	研究的设计规划、样本的选取、资料的收集、数据的分析等过程，是否能够与教师进行实践的要求相匹配
教师提升与改进	研究的展开是否提高了研究者的实践能力，增强了教师专业知识水平，或者是否加深了教师对于实践的理解，改进了他们的工作质量
道德与社会价值	研究是否符合具体的情境下的行动目标，是否符合伦理道德要求及社会价值观

上述评价标准所考量的角度是多方面的。能够高质量地完成全部评价标准的行动研究本身具有极高的水平，同时也对教师提出了非常高的挑战。然而通过分析可以发现，上述标准中的兴趣与自信提升、研究与实践匹配、教师提升与改进是集中在教师作为实践者自身的。因此，这种行动研究的质量评价大多是具有个体差异性的，是显著相关与教师的日常教学的。

　　了解了行动研究是什么、与教育科学研究之间有什么区别，明确了如何开展行动研究的具体实施步骤和评价标准后，来自高校的专家及从事一线教学并开展过相关研究的教师们，对于如何开展行动研究提出了以下建议。

　　首先，选择真正感兴趣的研究主题。教师在正式开始研究之前，一定要花费更多的时间来思考自己所要选取的研究主题。在研究问题的选取上，首先确认研究的问题确实是与自己相关的、是有意义的，这是无可厚非的前提条件，但除此之外，还有一个非常重要的原则，即这个主题一定要是自己感兴趣的、迫切想要解决的。须知从事科研工作是十分枯燥和烦琐的，因此能够开启一项研究并将其坚持到最后，对于每日都有其他工作的一线教师来说是一个比较大的挑战。由此，如果教师能够对所研究的内容保持十足的兴趣、对研究可能产生的结果抱有充分的好奇心，能够帮助教师在心态上更好地接受整个研究过程，让教师更加愿意在这个话题上花费时间，也会让教师更好地享受整个研究过程。

　　其次，不要占用太多的时间。与参与专业发展培训相反，对于行动研究而言，研究者建议教师不要让整个过程占用太多的教学时间。行动研究的开展要在确保日常教学本职工作保质保量完成的基础上进行，并且尽量控制研究周期的长度。在行动研究的各个阶段中，数据的分析在时间上常常具有较大的可调控性，这就要求教师在进行数据收集时要充分意识到这些信息是否易于处理。例如，如果教师想要分析课堂讨论的录音，那就要花费至少 2 倍的时间来回放明确记录的内容，如果教师想要转录这些录音，通常还要花费 4 倍的时间。因此在进行行动研究之前，要充分了解不同类型数据的收集处理方式及特点，以及它们所能提供的时间性价比。教师在开展行动研究时可以广泛收集更多的数据，但在分析阶段则需要慎重考虑，选择使用高价值低时间成本的证据。另外，研究在设计上也要尽可能地简化，教师要多去思考细小而具体化的观点，不要试图一次性回答多个研究问题，也不要把研究设计得过于宏观宽泛。

　　最后，要注重交流与分享。研究不是一个闭门造车的过程，教师在获取了行动研究的结果之后，要让自己的研究公开化，与更多的人分享。诚然，行动研究是一个针对研究者自身实践的过程，但教师自己的实践研究体验也可以给其他教师提供反思机会与学习价值。无论教师在行动研究中获取的是预期内的或者预期外的、正向的还是负面的结果与观点，都要尝试与其他对自己的研究感兴趣的人进行交流。在交流的过程中，教师可以选择自己的朋友和同伴、学校的同事和领导或者大学中的教授和专家来探讨自己的研究。一方面教师可以获得更多的有效建议，另一方面也可以把自己的研究传递给更多感兴趣的、想要自我提升的教师。

　　行动研究是在生物学教师日常自我提升手段中难度最大、所需时间精力成本最多的一类活动，同时也是教师发展过程中价值颇高的重要武器。在能力许可的情况下，希望能够有越来越多的教师参与到行动研究的过程中，切实反思并提高自己的课堂教学实践。

【学以致用】

　　1. 从研究目的、关注点、研究者、研究样本、研究方法与研究应用价值等角度，说明行动研究与一般教育科学研究的区别。

　　2. 选择一个自己感兴趣的研究问题，尝试设计并实施一次行动研究。

参考文献

　　[1]Gall M D，Borg W R，Gall J P. Educational research：an introduction[M]．New York：Longman Publishing，1996.

　　[2]Glanz J. Histories，antecedents，and legacies of school supervision[M]// Firth G，Pajak E. New York：Simon and Schuster Macmillan，1998.

　　[3]Sagor R. Guiding school improvement with action research[M]．Alexandria，V A：Association for Supervision and Curriculum Development，2000.

　　[4]陈向明. 什么是"行动研究"[J]. 教育研究与实验，1999(2)：60-67＋73.

　　[5]宋秋前. 行动研究：教育理论与实践相结合的实践性中介[J]. 教育研究，2000(7)：42-46.

　　[6]郑金洲. 行动研究：一种日益受到关注的研究方法[J]. 上海高教研究，1997(1)：27-31.

　　[7]周耀威. 教育行动研究与教师专业发展[J]. 全球教育展望，2002(4)：53-55＋58.

第4章 生物学教师专业发展的内容分类

生物学教师专业化发展的内容是多种多样的。小到一个具体的生物学概念与术语的理解，大到宏观的教学原理方法以及育人的能力，都是教师在自我提升的道路上需要关注的方面。明确生物学教师发展的不同内容，知道应对不同内容提升的途径与策略，并以此为基础发现自身的优势与短板，是未来规划与自我提升的重要前提。

【学习目标】

通过本章的学习，学习者应当能够：

1. 知道教师知识理论的发展，以及相关的理论基础有哪些；

2. 明确什么是生物学教师应掌握的学科内容知识，以及生物学学科内容知识有哪些；

3. 知道什么是教学法知识，明确这些知识如何在课堂中加以应用；

4. 了解学科教学知识的理论基础；

5. 知道生物学学科教学知识的具体内容和操作案例；

6. 掌握生物学学科内容知识、教学法知识以及生物学学科教学知识水平的提升途径。

【内容概要】

自20世纪80年代后，研究者开始对教师的知识进行较为系统的研究，并逐渐形成了教师知识理论。这一理论大致包含教师知识的构成理论、教师个体实践知识理论、教师知识的生成理论、教师知识影响因素理论和教师知识的转化理论五个方面。生物学学科知识是教师专业发展的基础，要注重教师对学科知识的深刻理解，并在职前、职后阶段进行学科知识的培养。而教学法知识分为一般教学法知识和学科教学法知识，为教师教育提供了一种新的视角与框架，也服务于未来教师专业发展。教学法知识与教学法理论下的教学策略值得所有教师加以重视。学科教学知识的结构则更为多样，这些知识与实践经验共同促进着教师的进一步发展与提升。

【学法指引】

在本章的学习过程中，建议读者首先明确本章的学习目标和主要学习内容，总体上把握本章的总体要求和内容概要。在学习每节内容时，以节前的"聚焦问题"为主线。本章涉及众多学者的理论，读者可以翻阅相关资料，深入了解不同学者对教师专业发展内容的研究内容。并结合自己的经历理解教师专业发展的具体内容的要求，再结合实际情况将每部分的提升建议贯彻在教师专业发展的过程中。在本章内容后有"学以致用"栏目，读者可以借此对本章学习效果进行自我评估。

第 1 节　生物学学科知识是专业发展的基础

【聚焦问题】

1. 教师知识的相关理论有哪些？

2. 中学生物学学科知识有哪些？

3. 教师应当怎样提升对生物学学科知识的理解？

【案例研讨】

福尔摩斯是大家熟悉的人物，也是读者心目中具有丰富知识与能力的侦探，但读者如果仔细阅读作者对福尔摩斯学识范围的介绍可能会大吃一惊，福尔摩斯的知识并不全面，只是对侦探职业具有很强的针对性。书中是这样描述他的：文学知识——无；哲学知识——无；天文学知识——无；政治学知识——浅薄；植物学知识——不全面，但对于莨蓿制剂和鸦片却知之甚详，对毒剂有一般的了解，对于实用园艺学一无所知；地质学知识——偏于实用，但也有限；化学知识——精深；解剖学知识——准确，但无系统；惊险文学报道——很广博，对近一世纪中发生的一切恐怖事件都深知底细；善使用棍棒，也精于刀剑拳术；关于英国法律方面，具有充分实用的知识。这样不"全面"知识体系成就了一位优秀的侦探，这不禁让人思考：优秀的教师应该具有怎样的知识体系呢？

生物学学科知识是教师知识构成体系中的重要部分，它直接关系到教师在课堂中授课的内容。本节内容将具体阐明生物学学科内容知识的构成，以及教师提升生物学学科知识的途径。而在此之前，本节将先对教师知识理论的构成进行说明，帮助教师理解其发展历史与理论基础。

4.1.1　教师知识理论的历史发展与理论基础

人们常常会听到这样一个比喻：教师要有一桶水，才能给学生一杯水——这是人们对教师知识的一种通俗理解。在这"一桶水"的比喻当中，包含了很多教师应当掌握的内容。这些关于教师知识的相关研究可以追溯几个世纪以前，从萌芽期开始直至教师知识理论的形成。

西方国家对于教师的教学需要哪些知识这个问题的探讨开始于 16—18 世纪。在当时，人们对教师知识的看法就是要求教师拥有学科知识，即"教什么就要会什么"。直至 19 世纪，人们开始强调必要的教学知识和技巧知识。20 世纪 50 年代以来，对教师教学的研究在很大程度上受到心理学行为主义的影响，通过探讨教师行为对学生成绩的影响来研究教师教学的有效性，从而寻找决定成功教学的关键变量。

从这一时期开始的一系列研究，都围绕着影响教师教学成效的各种变量展开。研究者假设，如果教师教学的过程与方法遵循了科学的理论与实践，教学效能和学生成绩就能大大提高。虽然这类研究并没有清楚地提到教师知识，也没有将其视为教师知识的研究，但在大量研究变量之间的关系中包括了对教师与教学知识的理解，即教师在遵循科学理论进行实践的过程之中或之后，他们自己具备了相关的知识，而正是这些知识导致了最终的实践结果。这些研究为教师知识理论的形成奠定了基础，而这一时期也可以理解为教师知识理论的萌芽期。

如果说 20 世纪 80 年代以前对教师知识的研究注重与学生成绩相关的教师知识，研究者还未进一步提出关于教师知识结构的假设，那么 80 年代以后，研究者便开始对教师的知识进行较为系统的研究，此时教师知识理论也逐渐形成。这时的研究沿着两条轨迹不断深入：一是舒尔曼（Shulman）为代表的以教师知识的内容指向为分类依据所形成的教师知识的结构框架；二是以教师的个人知识或实践知识为立足点的分类。

以前者为例，舒尔曼担任美国卡内基促进教学基金会主席时，指出了行为科学的教学研究问题，认为"过程-结果"的研究缺乏"3C"，即内容（Content）、认知（Cognition）和语境（Context），称研究忽视了教师知识，教师的学科教学知识成了"遗漏的范式"（Missing Paradigm）。舒尔曼认为，要推进教师专业化，就必须确定保障专业属性的"知识基础"，阐明发挥作用的专业知识领域和结构。舒尔曼在这一时期的系列研究对该领域做出了很大的贡献，他的多个研究共同形成了关于教师知识的理论，并首次提出了教学内容知识的概念，将教师的学科内容知识和一般教学法知识相融合，教师知识理论逐渐开始在教育研究领域中形成并发展。而提及教师知识理论的形成和发展，则需要对哲学领域中的隐性知识理论和管理学领域中的知识转化理论进行说明，上述二者对于教师知识理论的形成具有重要作用。

显隐性知识理论。 对显隐性知识的研究始于英国的物理学家、哲学家波兰尼（Pofanyi）。他认为，"人类有两种知识。一类是能够用语言、文字、地图、数学公式等表示的，另一类是不能名状的，研究者形象地称前一类知识为'显性知识'，后一类知识为'隐性知识'或'缄默知识（即不能用"言语"说明的知识）'"。与显性知识相比，隐性知识具有不能通过语言、文字或其他符号进行逻辑说明、不能以正规形式传递、不能加以批判性地反思三个特征。波兰尼认为隐性知识是非常重要的知识类型，它们事实上支配着整个认识活动，其中也包括科学认识活动，它为人们的认识活动提供了最终的解释性框架。波兰尼提出的显隐性知识理论引起了知识界的巨大反响。近二十多年来，在有关教师知识的研究中人们逐渐发现，教育教学工作并不是通过一些教育模式或程序简单地使学生掌握学科知识的工作，它有着鲜明的实践性——一种以实践性的、非系统化的隐性知识为基础的工作。

知识转化原理。 20 世纪 90 年代，学者们开始关注隐性知识的显性化问题，许多学者都阐述了将隐性知识转化为显性知识的重要性。如日本知识管理专家野中郁次郎认为，将隐性知识显性化意味着需要寻找一种方式来表达那些只可意会、不可言传的知识。他提出了一个"联合化、内在化、外在化和社会化"的知识间转化模式。继野中郁次郎之后，越来越多的学者投入了促进隐性知识显性化的研究当中。德裔学者科若赫（Krogh）出版了《使知识创造成为可能：如何揭开隐性知识之谜与释放创新的力量》一书，提出了促使隐性知识显性化的五项主要策略：分享隐性知识、创造新的概念、验证提出的概念、建立基本模型和显现与传播知识。与这五项策略相对应的，科若赫还介绍了如何在社会组织、单位企业和学校机关中促使个人隐性知识转化为显性知识的五个步骤：形成知识愿景、安排知识谈话、刺激知识活动、创造适合环境以及个人知识全球化。

针对将隐性知识显性化，日本学者诺卡阿（Nnokaa）和塔德奇（Tadeuchi）在 20 世纪 90 年代提出"SECI"模型，模型包含了社会化（Socialization）、外化（Externalization）、综合化（Combination）、内在化（Internalization）四个方面，而它是知识创造的完整模型。这一模型被认为是用来描述组织中产生、传递及再造知识的严谨且实用的方法，图 4-1 描述了知识转化的模式。

诺卡阿和塔德奇认为，知识的分享与转移可以通过上述这四种方式进行。

图 4-1　知识的转化模式

社会化是从隐性知识到隐性知识，即个体交流共享隐性知识的过程。这一方式强调隐性知识的交流是通过社会或团体成员的共同活动来进行的。最常见的就是"导师学徒制"学习方式，靠的是徒弟（学习者）自身的不断摸索与领悟，也就是我们平常说的"师傅领进门，修行靠个人"；外化是从隐性知识到显性知识。通过努力，个体可以在一定程度上将隐性知识转化为显性知识。外化是知识创造的关键，因为知识的发展过程正是隐性知识不断向外显知识转化和新的外显知识不断生成的过程，个体通过将自己的观点和意向外化成为语词、概念、形象等在群体中传播与沟通。综合化是从显性知识到显性知识。这一过程指向显性知识向更复杂的显性知识体系的转化，教师可以通过文献、会议、网络等抽取和组合知识。最后，内化是从显性知识到隐性知识。已经外化的显性知识在个人及组织范围内向隐性知识的转化，主要通过个体的实践活动来实现。这四种活动在组织内部不断交互进行，诺卡阿和塔德奇将其定义为"知识转移的螺旋"。知识的范围从个人到团体，再扩展到组织甚至跨组织，在不断的内部化和外部化中扩张，同时也进行知识的组合化与共同化，创造出更大的整体性知识架构。

教师知识的转化过程是一个核心内容。对于这一概念舒尔曼的相关理论中也有所提及。舒尔曼将这种知识转化的过程分为了准备、表征、选择、适应和调整五个不断循环的阶段。

首先是准备阶段。在教学之前，教师应充分了解和掌握所教内容的正确性与适当性。教师需先认真阅读教材，运用自己的专业知识发现教材中遗漏或错误的内容；其次结合课堂教学实际与学生学习情况对教材内容进行重组，以形成更适合课堂教学、更有利于学生学习的教学内容；最后教师要制定贴合学情的教学目标。此外，教师要充分利用课程标准的要求，尽可能阅读大量与教学目标制定相关的教学辅助性参考资料，以便对教材分析有更深刻的认识。

准备阶段过后是表征阶段。在这个阶段中，教师要对自己所教内容中的相关概念有深刻地思考，同时为了更好地给学生呈现教材和课堂中的重要思想，教师应对其表征形式有所斟酌。知识内容的表征形式包括类比和隐喻、举例说明、图示、活动、作用和示范等，适当的表征形式能够帮助教师更好地呈现知识，促进学生对所学内容的理解，达到期望的教学目标。舒尔曼指出，一名教师形成其学科教学知识最为关键的阶段即表征阶段。认知心理学家也指出要重视表征对学习的关键作用。

选择阶段在前两个阶段的基础上，要求教师应综合考虑可被用于教学的表征方式，由此选择能对教材做出重新组织的、合适的教学方法。教学方法多种多样，不但包括诸如教师的讲授、示范，以及学生练习一类传统的方法，而且还包括如师生互动、发现学习、合作学习等改革性的方法。

选择阶段之后的适应阶段则是指表征的内容应该根据学生各方面的具体特征来呈现。学生的性别、年龄、性格、兴趣、文化背景、能力动机、社会阶层以及原有的知识和技能等因素都会影响学生对表征方式的理解，而学生的前概念、错误概念、抱有的期望、会遇见的困难及应对策略等因素也会干扰学生的学习方法和对知识的理解。而这些因素都值得教师在备课时给予充分的考虑。

教师知识的转化过程的最后是调整阶段。如果说适应阶段重视的是学生最基本、最具体的特征，那么调整阶段则主要指向教师需要对学生具体的学习特征加以关注。为分清适应阶段和调整阶段的区别和联系，舒尔曼用定做服装来举例说明。适应阶段好比是颜色、款式以及大小确定好的服装被设计出来，能够作为成品去展示了，但调整阶段则指向依据顾客的个人特点来制作那些服装，只有在这些细节之处上做出必要的改动，才能达到顾客最满意的效果。舒尔曼及其同事不断深入研究教师教学推理过程的同时，也产生了新的思考：当教师在推理时，他们运用了哪些种类的知识？这个问题也推动着他们开始了关于教师专业知识的最初探索。

教师知识外显化的方法论。教育学界的一些学者也认可了将教师知识外显化的重要性。如张民选认为，知识的外显化一方面有助于教师的专业发展，另一方面显现和表述隐性知识也是成长为专家型教师的关键。他提出，认识、发现和显现教师自己在教育实践活动中获得的隐性知识，交流和分享同事们在教育实践中获得的经验和感受，是教师增长知识提高教育才能的重要途径。而对于学者型、专家型教师来说，他们不仅要教好本班的学生，还要将他们成功的教育教学经验和知识传递给更多的教师。专家型教师不应该只是教育知识的运用者，更应该是教育知识的发现者和创造者。

在此基础上，张民选提供了实现专业知识显性化途径的三条信息，一是建立"习得性、发展性和交流性学习三位一体的教师专业发展模式"，为隐性知识显性化提供可能和空间；二是使用"课后小结与札记"，积累教育教学经验教训，为专业知识显性化留下素材；三是进行"教师专业生活史研究"，通过教师对专业成长的回顾，发现自己的人格、认知特性、知识结构，对自己成长的决定性影响、自己常用的教学方法、成功案例和诀窍等进行编码并加以格式化，既可供自己所用，也可与其他同事共享。奈特（Knight）也提出了教师知识外显化的方法，首先教师利用"反思"将个人的隐性知识显性化，随后通过知识管理策略或实践共同体将个人的知识传递到团体中，而团体将所接收到的新知识加以内化，最后再由教师从团体中接收新的知识。

4.1.2 教师知识理论的构成

教师知识理论大致包含五个方面，即教师知识的构成理论、教师个体实践知识理论、教师知识的生成理论、教师知识影响因素理论和教师知识的转化理论。20 世纪 80 年代以后，随着教师教育研究的深入与发展，教育界开始关心教师知识的构成。在教师知识的构成中，舒尔曼提出的学科教学知识被认为是教师独有的一种知识，也是区分教师与其他领域的专家的重要知识。这一观点在近二十几年来引起了学者们越来越多的重视。本节内容将针对教师知识的构成理论，说明教师的内容知识理论、教学法知识理论以及其他教师知识结构理论的主要内容。

教师的内容知识理论。几乎所有对教师知识结构进行研究的学者都会将学科知识或称学科内容知识列为教师具有的或应当具有的知识类型之一。舒尔曼提出，学科知识与学科教学知识、一般教学法知识、课程知识、有关学习者及其特征的知识、教育情境的知识以及教育目标、目的价值的知识并列为教师七大教学知识基础之一。格罗斯曼（Grossman）所指的学科知识包括两方面内容，一是学科内容本身，二是外在的学科教学法的知识。之所以说学科教学法是外在的，是因为它是该学科实质性的和文法性的结构和知识，格罗斯曼将其命名为"学科教学法知识"。吉麦斯出德（Gimmestad）和豪（Hall）也将学科知识列入教师的知识结构中，同其他学者一样，他们提出的学科知识也是指教师所教学科内容方面的知识，并认为这种知识需要一定的深度。在施瓦布（Schwab）看来，实质结构和句法结构应是一门学科的结构。其中实质结构是关于学科的基本内涵、基本概念和基本原理。要厘清教师在传授知识时会遇到什么困难，就要先弄清这一学科的基本概念是什么。句法结构则关注把学科中真实的、得到证实的内容同不真实的或没有被证明的知识区分开来的方法。各学科在证明知识的方法和程度上有着重大差别，因此不同的学科要通过不同的概念结构探寻各自学科内容的知识。

　　一门学科的组织方式和方法有很多，如在生物学课程研究的教材中，生物学被定义为运用由一个分子组成其他部分的多个分子，并就其本身组成部分的原则来解释生命现象的科学；是运用由一个大单位分解成更多小单位，并通过大单位所在系统的规则来解释小单位活动的生态系统科学；是熟悉结构、功能以及它们相互作用形成生命界适应理论的生命组织科学。熟知这些内容并做好准备的生物学教师，就可以很好地识别学科中的这些信息，并根据具体学科的句法原则来组织与之相对应的教学场景，使一种学科结构的具体内容能与另一种的讲授区别开来。因此，教师不但要能够引导学生定义某一领域已被大众接受的真理，还要指导学生解释一个特定命题合理的原因。

　　1986 年，美国教育学院协会（AACET）成立了师资教育改革中心，中心下设很多工作小组，其中一组是"知识基础行动小组"，其任务是建立初任教师必备的知识基础，最后由梅纳德（Maynard）主编完成《新教师的知识基础》一书。该书提出了 14 类教师必备的知识基础，其中第 1 类是有关任教学科的知识，即这里所说的教师的学科知识。

　　教师的教学法知识理论。舒尔曼将教师的教学法知识分为两种，一种是一般教学法知识（General pedagogical knowledge），即来自教育心理学取向的如设计教学、管理课堂和激发学生学习动机等；另一种是学科教学法知识（Pedagogical content knowledge），即教师将学科内容转化和表征为有教学意义的形式、适合于不同能力和背景学生的知识。舒尔曼指出，教师综合运用教育学知识和学科知识来理解特定主题，理解如何组织教学内容，并呈现给学生的知识就被定义为学科教学知识。它是教师在教学过程中融合学科与教学知识而形成的知识。

　　国内的很多学者也进行了学科教学法知识的研究，并对其内涵进行了阐释。白益民指出，它不同于专业学科知识、一般教学法知识等知识，是教师知识体系中一个独立的组成部分，但却与其他几部分的知识间有着密切的联系。从其构成来看，它至少包括特定学科性质、课程安排、学生前概念和错误概念的知识等。教师学科教学知识并不是随着专业学科知识和一般教学法的获得而自然获得的，而是一个动态的发展过程。刘捷分析了国外相关文献后指出，教师对教育学、心理学、学科知识、学生特征和学习背景的综合理解即为学科教学知识，由学科知识、表征的知识、学生的知识、评价的知识构成。刘清华提出，学科教学知识是教师的特殊领域知识，即教师自己的专业知识和理解形式，是指对一个学科领域的主题和问题怎样组织以及如何开展教学的理解。该部分内容将在本章第 2 节详细论述，在此不再展开。

其他教师知识结构理论。除学科知识和学科教学知识外，学者指出教师还应具备一些其他知识，这些知识中有关于课程的知识，有关于学生的知识，还有各种教育背景、地域文化差异等知识，舒尔曼将这些知识作为独立的类型单独列出。还有些学者对这些知识进行了更为细致的划分或重新排列组合，如格罗斯曼将教师工作的多元内含情境——学校、学区、地区和州等，教师所知道的学生家庭情况以及学生所生活的社区，教师在某特定国家教育方面的历史哲学和文化基础，以及教师的个人价值观、能力倾向、优势和弱点、学生发展目标等的知识都统称为背景知识。另外，他也将学生知识和课程知识单独进行了阐述，指出学习者和学习的知识应当包括学习理论的知识，学生身体、社会状况、心理、认知发展等方面的知识，道德的、社会经济学的、学生的性别差异等；而课程知识则包括课程开发程序的知识，如学校各个年级内部以及跨年级的课程等。

除此之外，还有很多学者提出了自己的不同观点。如伯利纳（Berliner）指出，教师知识结构包括学科内容知识、学科教学法知识和一般教学法知识三个方面。博科（Borko）和帕特南（Putnam）提出的教师知识结构与此有几分相似，只是将"学科内容知识"换成了"教材内容知识"，因此他们的教师知识结构包括教材内容知识、学科教学法知识和一般教学法知识。吉麦斯坦德（Gimmestad）和豪（Hall）在内容知识、教学法知识和学科教学知识之外，还列出了教师应掌握的另一种知识——通识知识，即作为大学毕业生和受过教育的公民所应具备的知识，其中包括书面交流和口头交流能力、计算和数学技能、对技术的运用、历史、文学、艺术、科学等一般性知识等。此外，吉尔伯特（Gilbert）、赫斯特（Hirst）和克拉里（Clary）等还提出了一个关于"课堂教师"专业知识基础的分类。这一部分按照教师学科知识理论、教师教学法知识理论和其他知识理论这种教师知识所包含的成分维度，对不同学者所提出的关于教师知识构成的理论进行了整合，表 4-1 对各个学者关于教师知识结构的划分进行了梳理。

从上述内容可以看出，无论学者对教师知识结构类型进行怎样的划分，都会将学科知识和教学知识作为最基本的部分。这些知识内容的梳理分析对教师自我提升将具有重要的意义。接下来的部分，我们将就生物学学科内容知识进行具体说明，分析其概念组成及提升途径。

表 4-1 不同学者对教师知识的划分

学者	内容划分
舒尔曼	学科知识、一般教学知识、课程知识、学科教学知识、学生及其学习特点的知识、教育情境的知识、教育目的及价值的知识
泰默	课程的知识、学生的知识、教学的知识、评价的知识
玛科斯	学科教学目的的知识、学生理解学科的知识、学科教学媒体的知识、学科教学过程的知识
格罗斯曼	学科知识、学习者和学习的知识、一般教学法知识、课程知识、情境知识、自我知识
博科、帕特南、伯利纳	学科内容知识、学科教学法知识、一般教学法知识

4.1.3 生物学学科内容知识及其提升

学科内容知识是教师对课程学习内容及相关课程学习材料的理解。对学科内容知识而言，学科知识结构占主要地位，在课堂教学中，教师需要从整体上理解和把握教授给学生的内容在整个学科知识体系中所处的位置，以及其对构建学科知识体系的作用。教师一方面要了解学生在学习某一内容之前，哪些知识能够为这部分知识的学习起到铺垫作用，同时这部分知识在学生学习后面知识时又有哪些帮助——学科内容知识在学生每个学习阶段的承接关系。整个过程是从纵向上掌握学科知识结构，这样的教学才能做到使课程内容相辅相成，承前启后、完整连贯，促进学生循序渐进地发展。另一方面教师要注意把握学科知识在不同领域、学科、主题之间的关联，并尝试用其他领域、学科、主题对本学科内容知识加以融合和补充，从横向上把握学科知识结构。不同学科、领域、主题之间的相互渗透能够触类旁通，学生知其一也知其二，有利于提高综合素养。

在我国《中小学教师专业发展标准及指导（理科）》（以下简称《教师专业发展标准》）中明确提出了教师在"学科知识"方面的四点要求。一是理解所教学科的知识体系、基本思想与方法；二是掌握所教学科内容的基本知识、基本原理与技能；三是了解所教学科与其他学科的联系；四是了解所教学科与社会实践的联系。生物学教师在上岗前就应具备生物学学科内容知识，这是教师能够从事生物学教学工作的必要条件，也是生物学教师在职前教育阶段主要的学习内容。教师的本职是把知识教授给学生，生物学教师的成功教学是建立在扎实的学科知识基础上的。所以生物学教师应该拥有广泛的生物学学科内容知识，并对这些内容知识有准确的理解。只有教师对本学科的知识有了深入的理解，才能够进一步研究"怎么教"的问题，而不是将自己的教育教学重点放在如何解决自己讲不清楚概念或者讲错题的问题上。

在国家级教师资格考试《生物学科知识与教学能力》（初级中学）的考试大纲中明确指出：初中生物学教师应掌握与初中生物学课程相关的植物学、动物学、植物生理学、动物生理学、微生物学、遗传学、生态学、细胞生物学、生物化学和生物进化等领域的基础知识和基本原理及相关的生物技术；了解生物学科发展的历史和现状，关注生物学科的最新进展。掌握生物学科学研究的一般方法，如观察法、调查法、实验法等，运用生物学基本原理和基本研究方法分析和解决生活、生产、科学技术发展以及环境保护等方面的问题。同样，在《生物学科知识与教学能力》（高级中学）的考试大纲中也明确指出：高中生物学教师应掌握与普通高中生物学课程相关的植物学、动物学、植物生理学、动物生理学、微生物学、遗传学、生态学、生物化学和分子生物学、细胞生物学和生物进化等领域的基础知识和基本原理及相关的生物技术；了解生物学科发展的历史和现状，关注生物学科的最新进展。掌握生物科学研究的一般方法，如观察法、调查法、实验法等，运用生物学基本原理和基本研究方法，分析生活、生产、科学技术发展以及环境保护等方面的问题。可见在中学的生物学科目当中均强调了教师要具备大学本科生物学专业基础课程的知识以及中学生物学知识，并能够运用大学的知识去理解和解决中学问题。

由此可见，系统的、扎实的生物学专业知识是生物学教师的必备基础。同时中学教学能力——师范性专业知识，也是生物学教师的必备知识。生物学科知识各部分之间有其自身的逻辑结构，各部分内容既承前启后前后贯通，同时又相对独立。生物学教师在走向讲台之前就要对整个中学生物学知识体系有清晰的认知，并能做到详细的把握，才能在教学中阐述清楚生物学知识的来龙去脉。接下来的内容，将结合我国教师专业发展标准以及初高中生物学学科的课程标准，分别针对初中生物学学科内容知识以及高中生物学学科内容知识的知识体系和具体呈现进行描述，并提出关于提升对生物学学科内容知识理解的建议。

生物学学科内容知识。生物学学科内容的分类是多种多样的。生物学学科按照生物类群或研究对象划分，可以分为植物学、动物学、微生物学等几大类群。其中，植物学又可以分为藻类植物学、蕨类植物学、苔藓植物学、裸子植物学、被子植物学等。动物学又可以分为原生动物学、昆虫学、鱼类学、鸟类学等。微生物学又可以划分为病毒学、细菌学、真菌学等。还有以化石为研究对象的古生物学。按结构功能以及各种生命过程的不同，生物学还可以分为形态学、解剖学、组织学、细胞学、生理学、遗传学、胚胎学、生态学等。按照研究的不同层次划分，生物学可以分为种群生物学、细胞生物学、分子生物学等。另外，21 世纪以来，生物化学、生物物理学、生物数学、仿生学等也在飞速发展。

而随着现代生命科学思想的建立，生物学学科体系也逐渐展现出了 5 个主要的未来发展趋势。一是以分子生物学为轴心，在量子、分子、细胞器、细胞、组织、器官、系统、个体、种群、群落、生态系统、生物圈等水平上深入研究，以带动整个生物学的发展；二是在继续研究生物微观的同时，努力向宏观的整体研究领域发展，形成庞大的生态学学科体系，如资源生态学、城市生态学、污染生态学、地球生态学等；三是与自然科学的其他学科彼此渗透，形成许多边缘学科，如量子生物学、生物工程学、化石生物学、神经科学等；四是与社会科学相互结合，派生出其他边缘学科，如社会生物学、环境心理学、哲学人类学等；五是在渗透的基础上向综合科学发展，如生物工程、生态工程、环境科学等大学科。

生物学学科的内容范围广泛，而其中与中学教师最相关的，还是初中及高中阶段的生物学知识。从初中生物学学科内容知识上看，《义务教育生物学课程标准(2011 年版)》针对初中所教授的生物学学科知识进行了具体了罗列，并以 50 个重要概念的方式呈现出来。其中初中生物学学科知识体系包含 10 个一级主题与对应若干二级主题，如表 4-2 所示。

表 4-2　初中生物学学科知识

一级主题	二级主题
科学探究	理解科学探究；发展科学探究能力
生物体的结构层次	细胞是生命活动的基本单位；细胞分裂、分化形成组织；多细胞生物体的结构层次
生物与环境	生物的生存依赖一定的环境；生物与环境组成生态系统；生物圈是人类与其他生物的共同家园
生物圈中的绿色植物	绿色开花植物的一生；绿色植物的生活需要水和无机盐；绿色植物的光合作用和呼吸作用；绿色植物对生物圈有重大作用

续表

一级主题	二级主题
生物圈中的人	人的食物来源于环境；人体生命活动的能量供给；人体代谢废物的排出；人体通过神经系统和内分泌系统调节生命活动；人是生物圈中的一员
动物的运动和行为	动物的运动；动物的行为
生物的生殖、发育与遗传	人的生殖和发育；动物的生殖和发育；植物的生殖；生物的遗传和变异
生物的多样性	生物的多样性；生命的起源和生物进化
生物技术	日常生活中的生物技术；现代生物技术
健康地生活	健康地度过青春期；传染病和免疫；威胁人体健康的当代主要疾病；酗酒、吸烟和吸毒的危害；医药常识

上述初中生物学课程的 10 个主题中列出了初中应学习的内容系统。在此基础之上，更为具体的内容知识还包括了 50 个重要概念，以科学探究、生物体的结构层次以及生物与环境三个大类分别举例如表 4-3 所示。

表 4-3　初中生物学 50 个重要概念（节选）

一、科学探究

1. 科学探究是人们获取科学知识、认识世界的重要途径。

2. 提出问题是科学探究的前提，解决科学问题常常需要做出假设。

3. 科学探究需要通过观察和实验等多种途径来获得事实和证据。设置对照试验，控制单一变量，增加重复次数等是提高实验结果可靠性的重要途径。

4. 科学探究既需要观察和实验，又需要对证据、数据等进行分析和判断。

二、生物体的结构层次

1. 细胞是生物体结构和功能的基本单位。

2. 动物细胞、植物细胞都具有细胞膜、细胞质、细胞核和线粒体等结构，以进行生命活动。

3. 相比于动物细胞，植物细胞具有特殊的细胞结构，如叶绿体和细胞壁。

4. 细胞能进行分裂、分化，以生成更多的不同种类的细胞用于生物体的生长、发育和生殖。

三、生物与环境

1. 生物与环境相互依赖、相互影响。

2. 一个生态系统包括一定区域内所有的植物、动物、微生物以及非生物环境。

3. 依据生物在生态系统中的不同作用一般可分为生产者、消费者和分解者。

4. 生产者通过光合作用把太阳能、光能，转化为化学能，然后通过食物链食物网传给消费者、分解者，在这个过程中进行着物质循环和能量流动

　　初中生物学学科内容知识的传授，是初中生物学教学中重要的组成部分。在知识传授的过程中，教学需要关注生物学作为自然科学的本质属性，既要让学生获得基础的生物学知识，又要让学生领悟生物学家在研究过程中所持有的观点以及解决问题的思路和方法，在教学中，倡导学生主动地参与学习过程，在亲历提出问题、获取信息、寻找证据、检验假设、发现规律等过程中习得生物学知识，养成理性思维的习惯，培养积极的科学学习态度，发展终身学习的能力。

　　下面来看高中生物学学科内容知识。2013 年教育部启动了普通高中课程标准修订工作，在进一步明确了普通高中教育定位的同时，还优化了课程结构、更新了教学内容。在这次修订工作中，专家进一步对生物学学科内容进行了精炼，重视以学科大概念为核心，使课程内容结构化，并以主题为引领促进课程内容情境化，以完成学生学科核心素养落实的目标。

　　《普通高中生物学课程标准(2017 年版)》中将"核心素养为宗旨"确定为首个基本理念，其中关系到生物学学科知识的重要方面是核心素养中的"生命观念"，即对观察到的生命现象与现象之间相互关系、特性等进行解释后的抽象观点，这样的观点能够用以理解或解释生物学相关事件和现象的意识、观念和思想方法。生命观念包括了结构与功能观、进化与适应观、稳态与平衡观、物质与能量观等。要深入理解生命观念，学生应该更好地理解并掌握生物学重要概念，它是建立生命观念的基础。表 4-4 以"细胞是生物体结构与生命活动的基本单位"为例列出了高中部分具体的生物学概念。

表 4-4　高中生物学必修模块中的概念(节选)

概念 1　细胞是生物体结构与生命活动的基本单位

1.1　细胞由多种多样的分子组成，包括水、无机盐、糖类、脂质、蛋白质和核酸等，其中蛋白质和核酸是两类最重要的生物大分子。

1.1.1　说出细胞主要由 C、H、O、N、P、S 等元素构成，它们以碳链为骨架形成复杂的生物大分子。

1.1.2　指出水大约占细胞重量的 2/3，以自由水和结合水的形式存在，赋予了细胞许多特性，在生命中具有重要作用。

1.2 细胞各部分结构既分工又合作，共同执行细胞的各项生命活动。

1.2.1　概述细胞都由质膜包裹，质膜将细胞与其生活环境分开，能控制物质进出，并参与细胞间的信息交流。

1.2.2　阐明细胞内具有多个相对独立的结构，担负着物质运输、合成与分解、能量转换和信息传递等生命活动。

1.3 各种细胞具有相似的基本结构，但在形态与功能上有所差异。

1.3.1　说明有些生物体只有一个细胞，而有的由很多细胞构成。这些细胞形态和功能多样，但都具有相似的基本结构。

1.3.2　描述原核细胞与真核细胞的最大区别是原核细胞没有由核膜包被的细胞核

学科知识是教师专业发展提升的必要条件。首先，职前教育阶段的师范生只有掌握了丰富的学科知识才能为自己的专业发展打下良好基础；其次，在走向教学进入课堂时，教师需对生物学学科知识有充分的理解，才能将学科知识转化成学生可以理解的教学知识，进而将这些学科知识准确地传授给学生。教师对学科知识没有广泛而深刻的把握和理解，就难以对学生提出的问题进行正确的解答，也会对创设探索交流的学生学习环境产生阻碍。教师的学科知识会影响教师课堂教学内容的安排和课堂教学方法的选择，继而影响学生学科知识的学习。正如舒尔曼所说，教师对学科的理解会影响他们的教学质量，也影响在职阶段教师的专业发展与自我提升。由此可以认为，学科知识对于教师的专业发展也具有重要价值。

《普通高等学校本科专业类教学质量国家标准》中明确规定了生物科学专业的知识体系以及保证知识体系有效落实的核心课程体系。在这里，专业知识体系包含通识课程、专业课程（学科基础与专业知识）以及综合实践课程三部分。生物科学的专业知识包括专业基础知识和专业知识。专业基础知识包含动物生物学（动物学）、植物生物学（植物学）、普通生物学、微生物学、生物化学、细胞生物学、遗传学、分子生物学等核心课程。专业知识则包括动物生理学、植物生理学、发育生物学、基因组学、免疫学、生态学、生物统计学、生物信息学、生物科学研究方法等。

生物学学科知识的提升。对于生物学教师而言，学科知识的一个重要来源是在职前阶段进行各门基础课程的学习。学习可以源自大学阶段所修习的专业课课程，亦可通过出国学习或是课程资源平台进行学习。注重基础课程的学习，一方面是教师提升生物学学科内容知识理解与掌握的关注重点，这也就要求承担基础教育教师职前培养任务的高校或平台应当能够紧跟社会和时代的发展，更新和完善对教师专业知识结构的认识，对师范教育课程结构和内容进一步调整优化，进而实现对职前教师专业化的培养；另一方面则是要求这些高校和机构要与一线基础教育保持密切联系，积极合作，了解基础教育动态，鼓励职前教师多多参与教育见习与教育实习等相关活动。

当前，生物科学研究的成果涉及人类的衣食住行等各个方面，多进行一些生物科学前沿课程的学习也是提高教师学科知识储备的重要方面。这些知识不但可以培养生物学学习的兴趣，还能增强生物学教师的职业认同感。生物学作为一门科学课程，同时还具有强烈的实验科学的特性，因此教师也需要具备一些基本的实验教学知识和扎实的实验操作技能。不仅如此，生物学也是一门生命科学，因此教师要学会留心观察生活中的自然现象，不断积累生活经验，善于从生活中解释一些生命现象，培养生物教学思维。

教师自身应当注重主动发展对学科知识的理解。《教师专业标准》指出，中学教师要有扎实的学科知识、完善的学科教学知识、丰富的通识性知识，才能成长为专家型教师。舒尔曼关于知识转化过程三阶段中的第一阶段即要求教师对学科知识有自己的深入理解和体会。他要求教师对所教授学科的重要知识及整个学科知识结构都要有基本的理解。这一阶段教师应对学科知识具有深刻理解，生物教师可以从深度，广度上来分别把握学科知识。学科知识的理解深度可以考察教师能否将学科知识内容与一些基本的思想方法进行联系。可采用虚拟教学讨论法进行教师学科知识理解深度的发展，如模拟虚拟课堂情境，让教师阐述学习光合作用的知识基础。学科知识的理论广度可以考察教师能否将学科知识与其他领域知识进行横向联系和融合。可采用让教师绘制概念图或者思维导图的方法进行教师学科知识理论广度的考察，如让教师绘制光合作用的概念图等。

生物学学科知识不仅包括了生物学的基本概念、法则、定理等，还包括了关于生物学学科的知识，即生物学方法论和认识论的知识。德鲁伊特（DeRuiter）曾指出，教师具有适当的认识论知识将有助于 PCK 的形成。所以教师不仅需要对学科知识有深刻理解，还要对生物学的方法论和认知论有深刻把握。对于生物学科而言，中学生需要理解生物学概念、法则的内涵、问题解决的本质以及生物学知识背后隐藏的自然科学实质，因此生物学教师仅仅对教授的生物学学科知识有深入的理解是远远不够的，还要研究学生对知识的理解方式，教学时注重学生对知识的获得，并以学生能够理解的形式进行教学。这样才能将课本上的生物学知识转化为学生可以理解和接受的生物学知识。只有对学科知识的两种成分都有深层的把握，才能精准地将学科知识传授给学生。

【学以致用】

1. 教师知识的相关理论有哪些？这些理论给你何种启发？
2. 中学生物学学科知识有哪些？你或你身边的教师相关的基础如何？
3. 如何进一步加强自己的学科知识的学习？

第 2 节　教学法与教学策略值得所有教师加以重视

【聚焦问题】

1. 教师的教学法知识理论的核心是什么？

2. 教学法知识的提升途径有哪些？

3. 教学法知识如何指导课堂开展？

【案例研讨】

在某节生物课上，教师向学生说明本节课上需要用到"蚯蚓"，请同学们准备一张纸，上来取蚯蚓。同学们捏着纸片纷纷走上讲台取蚯蚓。许多蚯蚓从纸片上滑落下来，同学们推桌子挪椅子弯腰抓蚯蚓，整个教室顿时乱作一团。教师却一言不发，站在讲台旁静静观察。同学们抓住蚯蚓回到座位后，教师开始了第二个教学环节：请同学们仔细观察蚯蚓的外形等有什么特征，看谁能把它的特征最后补充完整。经过片刻的观察，学生们踊跃举手。

生 1：虽然看不见蚯蚓有足，但它会爬动。

生 2：不对，那不是爬动而是蠕动。

生 3：蚯蚓是环节动物，身上一圈一圈的。

生 4：它身体贴着地面的部分是毛茸茸的。

课后，老师对不甚理解的听课者说，上了一节"蚯蚓"课后，假如连蚯蚓也抓不住，那么这节课还有什么意义？如果这节"蚯蚓"的课程由你来教学，你会如何实施呢？从教育、教学的理论与方法着手，就能找到答案。

掌握了生物学学科知识后，教师还应当具备一些更加通用的教学法知识与课堂教学策略来应对课堂教学任务。相同的教学内容与生物学知识，不同的教师会有不同的教学方式，这在一定程度上也取决于教师所具备的不同教学法知识。那么教学法知识是什么，又有哪些提升途径？本节就从"教育有法、教无定法、贵在得法"中的"教育有法"说起。

4.2.1 教师的教学法知识理论

学术界关于教师教学法知识的理论是非常丰富的。20 世纪 80 年代初，西方兴起了一场教师专业化运动，当时就任美国研究会主席的斯坦福大学教授舒尔曼为强化教师行业的行业标准，针对当时美国教师资格认证制度的缺失提出了重要理念：针对当时的教育环境，舒尔曼将教师的教学法知识分为以下两类，也即前文提到过的一般教学法知识和学科教学法知识。吉麦斯坦德和豪在教师的教学法知识上的看法与舒尔曼大致相同，也将其分为一般教学法知识和学科教学知识。他们所提到的一般教学法知识是指导如何教的知识，包括学习理论、学生学习评价策略、课堂管理、技术在教学中的运用和教育中的多元文化等。学者格罗斯曼的观点则与舒尔曼有一些不同，具体表现在格罗斯曼将舒尔曼所指的学科教学法知识并入学科知识中，而仅将一般教学法知识单独列出，它包括课堂组织与管理的知识和一般的教学方法等。随后，雷诺兹等人则列出了 14 类教师知识，在其中表明教师的教学法知识的范围应当更大，而不仅限于上述的内容。以塔米尔(Tamir)为首学者则对此阐述得更为具体，他所指的一般教学法知识，包括学生学习理论的知识、课程理论的知识、教学与班级管理策略的知识、有类评价和测验的知识等；而相应的学科教学知识则包括对学生认识的知识、学科课的纵贯理解、安排计划及实际教学活动的知识、有关测验本质及应用目的理解的知识。

如果说舒尔曼与格罗斯曼是更多地从静态的角度界定教师学科教学知识的话，那么科克伦(Cochran)、德鲁特(DeRuiter)与金(King)则更倾向于对其动态本质的建构。科克伦、德鲁特与金从教与学过程的建构主义观点出发，强调了知识发展的动态本质，并对学科教学知识概念做了修改和拓展，提出了"学科教学认识"的概念，并提出了学科教学认识的发展综合模型(图 4-2)。而在这个模型中，详细说明了一般教学法知识所处的地位。

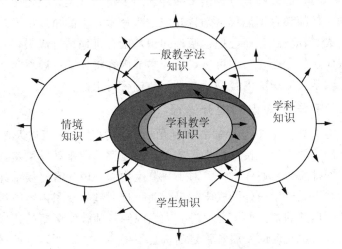

图 4-2　学科教学认识的发展综合模型

在该模型中，向外不断扩张的四个圆圈分别表示教师四种知识成分的发展，而圆圈之间交会的地方则代表知识成分间不可分离的部分。图 4-2 的中心部分及黑色加粗箭头则表示教师 PCKg(学科教学知识理论)的发展，即教师不断整合学科知识、教学知识、学生知识、情境知识四种知识而形成学科教学认识的过程。然而，PCKg 的获得与发展是伴随着四种知识成分的变化而变化的。因此，在教师教育中应同时促进教师四种知识的发展及综合。

根据对以上几个理论的对比和说明，研究者可以得出这样一个关于"教学法知识"的概念："教学法知识分为一般教学法知识和学科教学法知识"。教学看上去只是一个讲述的过程，但是背后却需要强大的专业知识支撑，在这个过程中，学科知识和教学知识对教学具有同等的重要性。然而教学过程中却常常出现顾此失彼的场景，教师及研究者常常喜欢强调其中一方面的重要价值而忽略另一方面的表现。教师的成长不应该将学科知识和教学知识独立开来，而是应进一步将学科知识和教学知识相融合。

教师将自己所掌握的学科知识转化成学生易于理解的形式的知识，这样学科知识和教学知识的融合具体表现为教师知道使用什么样的演示、举例、类比等方法来呈现相关的学科内容、知识，知道学生需要理解的重难点。教师将学科知识与教育学知识融合，能更好地明确这些特定主题的教学是如何组织、呈现及开展的，以及如何让课程去适应学生，如何面对特定的主题、针对学生的不同兴趣与能力，将教师的教学知识与学科知识加以组织、调整与加工，让二者相互配合，呈现出一堂完美、完整的生物课。

"教学法知识"为教师教育提供了一种新的视角与框架，也便于更有效地培养未来教师。教师教育不能仅从学科知识或教育学知识的角度出发，不能仅重视"学术性"或"师范性"，而应把这两种知识基础有机地结合起来，从教师知识的角度看待职业的专业化与不可替代性。本节内容将先就一般教学法知识加以论述，学科教学法知识的内容则会在下一节进行讨论。

4.2.2　教学法知识的提升途径

在生物学课堂教学中，教师需要利用自身的教学法知识以及学科专业知识，将特定课题的内容传授给学生。能否选择适宜的课堂教学策略，反映出了教师的课堂安排能力与职业水平。对于一节生物课来说，有时候单纯选择一种教学策略，并不能产生很好的教学效果，而一旦课堂缺乏了内容组织，则会产生不便于学生理解的知识的情况，进而大大限制教师教学策略的达成。在日常的课堂当中，课堂互动的发展常常是随机且不可预料的。所以一些教师——尤其是新任教师在课堂中实施某些教学策略时，有时会遇到预料以外的问题，而教师却必须对这些课堂突发问题进行处理。由此可见，教师对课堂进行合理设计、进行充足的教学分析是至关重要的，而教师在进行教学策略选择时，教学法知识及理论的帮助就显得尤为重要。但是如何利用教学法知识和理论对教师教学进行指导、指引，则需要各方面的共同努力来达成。

通过外部条件提升教师教学法知识。外部条件在这里是指通过学校或机构所提供的培训及课程来提升教学法知识的方法。一般教学法知识可以通俗地理解为没有学科背景的教学法知识，一般包括教育学原理、教育研究方法、中国教育史、外国教育史、课程与教学论、普通心理学、发展心理学、现代教育技术等。在师范院校中学习的通识教育类课程是教师获取教学法知识的重要途径。教师可以从教学课程理解、教学基本功的培养、教学技能训练、教学实习实践等多个方面来提升自己的教学法知识。

在教学科目设置、教学基本功培养方面，教师应当及时全面地了解中学对生物学教师的能力需求，着重培养自身的教学基本功；在教学技能训练方面，应重视教学技能的提升，多参加一些校内实训、微格教学、试讲练习、教学技能竞赛等；此外，基于生物学科的微观特性，尤其在当前教育信息化的大背景下，教师应当发展自身对于生物资源开发的能力以及利用信息技术开发和制作生物教学资源的能力，将生物教学与信息化融合在一起，深入生物知识的研究。

除参与教学课程外，教师还应多参与一些研讨交流活动。"有交流才会有进步"，一个人的进步远比不上一群人一起进步，因此教研活动对于教师教学知识的提升是必不可少的。当前社会，唯有合作才能促进双方的共赢。教师内部应以生物学教学研究为基础，构建生物学教师互相学习与养成的共同体机制。学校教师之间可以相互公开生物学教学、组织生物教学课例研究、开展校内生物学教学实践研究等活动，实现教师之间的交流学习，在学校内部形成良好的师生关系，建立教研组，加强同事的团结合作，推进学习共同体的建设，营造良好的生物教学科研氛围。

任何教学都不是闭门造车，尤其是在信息技术飞速发展的今天，知识和策略的产生与变化都具有动态性。这就需要生物学教师之间互相交流沟通，将相应教学知识运用到课堂当中，提高学生对生物学知识的理解与学习的兴趣。基于此，参与各级各类的生物教学公开课、学术研讨交流会等途径对提升生物教师的教学知识水平以及教学能力等具有重要作用。教师的专业发展不是教师的独自发展，而是需要教师以一种开放的心态，吸收其他教师的长处，弥补自身的不足。同时，教师通过与其他教师在合作中进行思想的碰撞、语言的交流，锻炼教师的批判性意识。

任教学校既是学生学习的场所，更是教师自我教育和发展的重要基地。日本著名学者佐藤学曾指出，无论教师在大学中所学习的知识多么完善，也无论教师所参与的研修讲座多么引人入胜，都无法取代任教学校在教师养成过程中的重要作用。教师所处的成长环境对其专业发展具有重要作用，学校是教师职业养成的沃土，良好的校园环境不仅有助于学生的健康成长，更有助于教师的学习发展。

教师在专业发展的过程中，无疑会受到来自外部环境的影响，而生物教师因其学科专业的特性，其专业发展同样离不开对外界环境资源的提取和利用。教师工作的环境主要是教室和办公室。任教学校校园环境、校园文化以及教育教学设备的健全对教师的专业发展具有一定的促进作用，这些外部条件能够为教师的学习提供成长动力。如和谐的师生关系有助于教师的教和学生的学，学生对教师的喜爱能够推动教师学生观的形成，深刻解读教书和育人的职能；而同处在一个办公室的同事之间一起备课、研讨、交流思想、批改作业等，也有助于扩展知识、提升自我。教师的团结协作能够提升学校教学质量，促进学生快速成长。

教师应有内部自我发展的意识。"外因通过内因起作用"，这一观点肯定了个体发展中主观能动性的重要价值。教师的自我发展意识应当是教师掌握教学知识的重要保障，这种意识应该贯穿于教师专业发展过程的始终，而这就要求生物学教师要时刻保持对教育的敏感性，具有批判意识，并能够随时随地反思自己的教育活动。

首先，教师要树立教育主体观。教育主体观要求教师在教育活动中能充分认识自己的主体地位，具备自觉改造自身观念和行为的意识。缺乏主体意识的教师，在其自主发展的过程中很难认识到自身的发展前景。因此生物学教师要坚定生物学科自信，体验生物教学的幸福感，这是诸多中学生物教师专业发展的内在动因。

其次，教师应当抱有终身学习的理念。一次性的职前教育无法满足学习化社会的需要，教师的职后培训对教师专业发展具有良好的促进作用。如果说职前教育能够帮助师范生完成由学生向教师角色的转变，顺利适应教育工作，那么职后培训则是新手教师专业发展的"加油站"，不断提高着教师的教育教学水平。生物学教师不应因时间和空间的限制而放弃自我提升的机会，同时终身学习观念的落实也需要生物教师具备持续学习的热情。青年教师的专业发展有其敏感性，入职几年后，当面对周而复始的教学工作时，大部分人学习的热情开始被枯燥的生活所磨灭，进而逐渐失去了发展的动机和激情。而优秀的生物学教师却能勇于跨出人生的舒适区，积极寻求自身发展的潜力。

教师还应注意养成及时反思总结的意识。"没有反思的工作只是无意义的重复"。优秀教师的共有品质是能够及时对教学工作做出反思与总结，这种反思包括了对职业道德的反思、对专业知识以及教育知识的反思、对教学能力的反思等。生物学教师的在反思中能发现自己在教育教学中的不足，充分关注到生物学课堂中的各个环节，去除教学的盲目性，逐渐形成自己的教学风格。通过反思，教师能够深度认识自身的实际教学能力，更好地做出思想上的改变。

最后，教师应具备良好的责任心。一个具有强烈责任感的人，能够在困难和问题的关键时刻迎难而上，破冰前行，始终不会忘记自己的使命。优秀的生物学教师应时刻牢记自己教书育人的职责，善于将生物学科育人思想与教学知识相结合，整合融入生物学课堂教学当中，并为自己职责的践行而不懈努力。这种强烈的意识往往会推动优秀生物学教师不断挖掘自身的潜力，提高自身教学知识与能力的发展。

4.2.3　课堂中的教学策略应用

在教育心理学的定义中，教学策略是指教师教学时有计划地引导学生学习，从而达成教学目标所采用的一切方法。广义理解上看，它泛指一般教学中所考虑采用的教学取向；狭义理解上看，它是指用于某一科目的教学方法。从教学取向来说，教学策略可以分两种，一种是以教师为主导的教学取向策略，另一种是学生学习取向的教学策略，也即教的策略和学的策略，本节主要从教师的角度探讨教师教学的策略。狭义上的教学策略会因学科的不同而出现很多不同的种类，本节内容将以几种常用于生物学教学的教学策略为例进行简要介绍。

概念图策略。《普通高中生物学课程标准（2017 年版）》提出，普通高中的培养目标是进一步提升学生综合素质，着力发展核心素养，使学生具有理想信念和社会责任感，具有科学文化素养和终身学习能力，具有自主发展能力和沟通合作能力。从课程标准上看，生物学科主要目的是培养发展学生的生物学学科核心素养。这种核心素养包含了生命观念、科学思维、科学探究和社会责任四个部分。课程标准解读中提出，新课程标准中所出现的重要概念，是学生形成良好生命观念的重要基础。对于学生生命观念这一核心素养的培养，需要基于对一个个重要概念和次级概念的学习，而对于生命观念的理解也要深入到一个个概念的学习当中。上位概念是下位概念的统领，而下位概念则是组成上位概念的基础，这些概念是学生生命观念形成的关键。对于生物学概念理解而言，概念图的教学策略是一个重要的手段，它不但可以帮助学生更好地理解概念，还能帮助学生明确概念与概念间的联系。

诺瓦克（Novak）指出，"概念图是组织和代表知识的工具"。从组成上来看，它主要包含节点、连接、连接词和层次结构四部分。节点就是概念，指同类事物共同属性；连接表示概念间存在的关系；连接词是概念间连接形成的意义关系；而层次则包含两个含义，一是同一知识领域内的结构，二是指不同层面的层级结构。总的来说，概念图是一种组织和表征的工具，一个概念图中包含了众多的概念，以及概念与命题之间的关系。在概念图中，每两个概念之间的关系通过连接线和连接线上的连接词来表征。在这里，"概念"被定义为能感知的事物内部的规律性或以标签标注的关于事物的记录，"命题"则定义为对宇宙中自然发生或建构的事物的陈述，有意义的陈述是通过两个或两个以上的概念及其连接词形成的，命题有时也被称为语义的单位。

概念图以奥苏伯尔的教育心理学为理论基础，它的使用可以辅助实现奥苏伯尔所提出的有意义学习的理念。在概念图的使用过程中可以满足学生进行有意义学习的三个条件，如有意义学习的第一个条件便是概念清晰的学习材料，学习者能使用先前的知识、可关联的事例或者语言对这些材料进行表述。概念图可以帮助学生梳理出已经学习到的知识，进而形成丰富明晰的概念。随着越来越多知识的学习，还能帮助学生梳理出学习的顺序，依次将新的知识内容放入自己的概念体系中，丰富自己的概念框架。

概念图的使用可以很好地培养学生的归纳与概括能力。归纳与概括是生物学中经常用到的科学思维。这种科学思维的培养需要教师在教学中基于生物学事实和证据，结合学生的实际情况，联系教学内容，把握教学目标，循序渐进进行培养。首先，概念图在内容上可以清晰地展现知识点及其与其他知识内容间的联系，即学生在建构概念图之前，需要对生物现象、所学知识有一定的初加工，再对已有知识进行总结归纳、分析概括，从而选择该命题下相关的知识节点。其次，概念图的展示是一种图解，相比于文字的叙述，它对知识间的内在的联系、逻辑基础描述得更加通俗明了。对于教学而言，概念图的这种结构化形式可以帮助学生在知识内容图式化的过程中，把零散知识进行良好地整合，完整地梳理知识，在较短的时间内快速重组新旧知识体系，进行系统的思考学习，从而提高自身归纳与概括知识的能力。

此外有研究显示，图示引导对于学生记忆简单的结构化知识是很有帮助的，而概念图正是图示引导方法中的一种。通过概念图教学能够帮助学生学会有效地处理结构化知识，同时完成生物学知识与思维能力的正向迁移。概念图是一种图示组织者，图示组织者可以组织知识成为一种结构，还能建立新旧知识间的连接，进而帮助建构知识体系。

合作学习策略。合作学习是一种要求学生以完成共同的任务为目标，在学习上有明确的责任分工，学习过程中互帮互助的学习方法。它鼓励学生展开共同学习以实现集体和个人的利益，在完成学习任务的过程中，教师适时地给予指导，培养学生自己的学习能力和学习思维。新课改对教师提出新的要求，希望教师的教学方式要尽可能地促进培养学生的科学思维和科学探究精神，而合作式学习可以帮助他们积极地展开学习，因此鼓励学生采用合作式学习方法逐渐成为教师进行教学的首要选择之一。

合作学习在课堂中常常采用小组的形式，在同一小组中的不同学生分别承担不同的任务，组员间通过合作来达成最终的预期目标。虽然合作学习在形式上需要借助学习小组，但从学习模式的整体内涵上又高于小组学习。它不单单是将学生分成一个个的小组，更强调要让所有的学习成员参与活动有所分工，也更强调小组成员间的互动。人际交往中的某些技能、经验只有在地位平等的基础上才能获得，这是在师生的垂直关系中所不能给予和替代的。而合作学习策略能够较好地达成上述需求。

合作学习在教学过程实施中的分组可以划分为同质小组和异质小组，其目的是将学生的个体差异转变为教学材料加以应用，利用同伴交往机制，产生社会意义的学习动机，同时合作学习的过程中必须始终有学生自主学习的时间和空间。爱因斯坦说过，"学校的目标应当是培养有独立行为和独立思考的个人"。强调合作学习，并不是不要独立自主的学习，不要独立思考。思考在合作学习过程中依旧是课堂的核心行为，无论是教师讲解、学生自学还是合作研讨，都要强调独立思考的重要性，并要求学生运用方法与经验解决问题，体验解决问题的情感，实现包含有独立思考的合作学习，以合作学习促进独立思考的发展。

皮亚杰强调，同伴间的认知冲突在儿童发展中具有重要作用。他指出，交往经验能带来积极的、适应性的发展。维果斯基也强调同伴交流在儿童发展中的作用，他认为能力强的学生能够推动其他学生超越当前学习水平，有利于达到最近发展区。王坦将合作学习定义为"学生在小组或团队中为完成共同的任务，有明确责任分工的互助性学习"。在合作学习过程中要特别注意的一个问题是参与和互动的区别，因为参与的含义仅仅是单向的学习活动，而互动才是真正具有社会意义的学习活动。如果只是参与到学习的过程中去，学生有可能只是信息的消费者，而不是思维的活动者，这一过程也就无法产生相应的智力成果，不能作为智力成果的提供者，学生的学习就无法在动力、方法、意义上进行相应的增值，这样的合作学习就是低效的、流于形式的合作学习。

综上所述，合作学习的策略应当具有以下内涵：它以小组活动为基本组织形式，将班级授课与小组活动相结合，通过课内合作、社团合作及线上合作等多种合作形式，建立起师生、生生及家校等彼此协调的互动活动，通过组织合作和人际交往促成所有学生在认知、情感和社会性等方面全面发展，这才是生物学课堂教学中的有效策略。

探究学习策略。在《牛津英语词典》中对"探究"一词的解释是"求索知识或信息，特别是求真的活动；是搜索、研究、调查、检验的活动，是提问和质疑的活动"。美国《国家科学教育标准》中对于科学探究是这样描述的：科学探究指的是学生建构知识、形成科学观念、领悟科学研究方法的活动。杜威指出，人有很多"本能"和"意志"，其中之一就是"探究本能"或"求真意志"。人类所做的探究活动本质上不是在于探究活动本身所获得的价值和成果，而是这个探究活动所带来的精神层面的满足感。

在不同文献当中，不同的研究学者对探究性学习有不同的定义，依此也生成了不同的学习理论与模型。教育研究认为，探究是为了达到一定的教学目标，以教师指导为起点，通过实践等活动，并经过学生的质疑、判断、比较、选择、调查、实验、分析、综合、归纳等方式，由学生自主建构知识和经验，领悟科学的思维方式和研究方法的教学策略。

在课堂实施过程中，依据教师引导的多少以及学生主动参与的程度，可以将探究教学划分为不同的水平。其中最低层级的探究(也即零水平探究)是完全由教师引导，由教师提出问题、制订探究方案、指导学生完成探究得出结论。而高层级的探究则完全由学生自主提出问题、设计方案并实施，最终解决问题。在这一个从低到高的层级过程中，教师需要明确学生的知识与能力水平进行权衡选择，不应盲目追求高层级探究导致学生无所适从，同时也要给予学生足够的信任，让他们有自我尝试的机会。

探究学习策略在生物学课堂教学中具有重要意义。探究性学习能够提升学生的生物学核心素养，在课堂中，教师在建构知识的过程中应当让学生经历一定程度的科学探究的过程，并且能够让学生在过程中领悟科学探究的方法，养成科学探究的思维，进而形成社会责任感，构建生命观念。与此同时，学生的科学探究活动也离不开教师的指导。因为教师的指导可以使学生的探究行为更高效，能够让学生在最近发展区上实现顺利过渡。因此，探究性学习的核心要点是要学生能够自主进行有意义的知识建构过程。

而生物学科作为一门实验科学，探究性学习也是提高学生实验能力的重要途径。中学生物学新课程标准倡导探究性学习，力图促进学生学习方式的变革，引导学生主动参与探究过程、丰富实践过程和思维训练。探究是科学的核心，进行探究性学习是提高学生生物科学素养的必要途径。培养和提高学生探究能力是由课堂教学来实现的，生物学教师要加强对探究性学习的教学研究，同时在教学过程中应践行探究性学习理念，努力摸索出一条既能培养学生科学探究能力，又能切实提高教学质量的教学之路，有效促进学生核心素养的达成。

　　除上述介绍的几种教学策略外，生物学教学中可以采用的手段与方法多种多样，不胜枚举。然而生物学教师需要明确，教学方法和策略只是教师开展教学的手段和工具，如何选择，怎样使用，还需要教师因地制宜，因材施教，在学科核心素养和教学知识理论的指导下完善课堂，促进学生对知识的吸收，提升学生的科学思维和能力，培养学生的社会责任。

【学以致用】

1. 教师的教学法知识理论给你何种启发？
2. 如何有效利用提升途径提高自身教学法知识？
3. 你还知道哪些在生物学课堂当中有效的教学方法与策略？

第 3 节　学科教学知识与实践经验是专业发展的进一步提升

【聚焦问题】

1. 学科教学知识的理论基础有哪些？
2. 生物学学科教学知识的具体内容是什么？
3. 如何借助生物学科教学知识理解生物学课堂教学案例？
4. 教师生物学科教学知识的提升手段有哪些？

【案例研讨】

　　孔子有一次讲完课后回到自己的书房，学生公西华给他端上一杯水，这时子路匆匆走进来，大声向孔子讨教："先生，如果我听到一种正确的主张，可以立刻去做吗？"孔子看了子路一眼，慢条斯理地说："总要问一下父亲和兄长吧，怎么能听到就去做呢？"

　　子路刚出去，另一个学生冉有悄悄走到孔子面前，恭敬地问："先生，我要是听到正确的主张应该立刻去做吗？"孔子马上回答："对，应该立刻实行。"冉有走后，公西华奇怪地问："先生，一样的问题，为什么您的回答却是相反的呢？"孔子笑了笑说："冉有性格谦逊，办事犹豫不决，所以我鼓励他临事果断。但子路逞强好胜，办事不周全，所以我就劝他遇事多听取别人意见，三思而行。"

我们常说"因材施教"，虽然所讲的知识是一样的，但遇到不同的"材"（人），教的方法也一定会有所不同。"教育有法、教无定法、贵在得法"，如此第二个"法"字就容易理解了。

前面的内容中，分别介绍了有关生物学的学科知识以及更为通用的教学法知识。在本节中，读者将了解将上述二者结合的、针对生物学教学特定内容所产生的教学方法，也即学科教学法。明确学科教学法的内容以及如何在生物学课堂当中加以实施，是生物学教师成长和提升的重要内容。

4.3.1　学科教学知识的理论基础

学科教学知识最早是由舒尔曼针对当时美国教师资格认证制度缺失提出的。舒尔曼认为，学科教学知识是属于教学的知识，是包含在学科知识中的一部分，它的内涵有三点：第一，它是教师学科知识下的一个子范畴；第二，它是与特定主题相联系的知识；第三，它本身又包含向学生呈现和阐述特定内容的知识、有关学生学习困难及解决策略的知识。随着研究的深入，舒尔曼于1987年对学科教学知识的概念进行了修正，它不再是教师学科知识下的子范畴，而是被列为与学科内容知识、一般教学法知识、课程知识、学科教学知识、关于学者及其特性的知识、教育情境知识以及教育目标与价值的知识并列的教师七大教学知识基础（表 4-5）。

表 4-5　舒尔曼学科教学知识结构

舒尔曼学科教学知识	学科内容知识（Content Knowledge）
	一般教学法知识（General Pedagogical Knowledge）
	课程知识（Curriculum Knowledge）
	学科教学知识（Pedagogical Content Knowledge）
	关于学习者及其特性的知识（Knowledge of Learners and Their Characteristics）
	教育情境知识（Knowledge of Educational Contexts）
	教育目标与价值的知识（Knowledge of Educational Purposes and Values）

　　在这次修正中舒尔曼进一步指出，学科教学知识是教师综合运用教育学知识和学科知识，来"理解特定主题的教学是如何组织、呈现给特定学生"的知识，也是教师在教学过程中融合学科与教学知识而形成的知识。在上述七种知识范畴中，舒尔曼尤其强调了学科教学知识作为教学知识基础的重要性，因为它确定了教学与其他学科不同的知识群，体现了学科内容与教育学科的整合，是最能区分学科专家与教师之间不同的一个知识领域。

　　舒尔曼将学科教学知识从学科知识中分离出来，使之成为与其他六种知识并列存在的一种教师知识，可见舒尔曼对学科教学知识的重视。在舒尔曼所提及的七种知识中，学科教学知识也被许多学者认为是最重要的部分之一。这些学者认为，学科教学知识是教师通过将学科内容转化和表征为有教学意义的形式的知识，是适合于不同能力和背景的学生而产生的知识，是综合了学科知识所成为的教师独一无二的领域，也是他们自身专业理解的特殊形式。因此，学科教学知识被认为很好地解决了教师知识两方面的早期争论——学科知识和一般教学法知识概念间存在的分歧。

　　对于学科教学知识的内容而言，格罗斯曼将其划分为了四个主要部分：第一，它是教师对于一门学科教学目的、教学要求的统领性观念，即有关学科性质的知识概念、有关哪些是学生需要学习的重要内容的知识或观念；第二，它是关于学生对某一知识点或者概念理解上偏差的知识或学生误解的知识；第三，它是关于学科课程和教材相关的、可以辅助课堂进行的知识，这其中主要包括教材和其他可用于特定主题教学的各种教学媒体材料、教具的知识，还包括了学科内特定主题如何在横向（在同一年级和同一学科内）和纵向（不同年级和不同学科中）上组织的知识；第四，它也是特定主题教学策略和表征的知识，其中包括使用何种教学方法，以及如何完成教学重点等内容。

　　对于学科教学知识的构成要素而言，格罗斯曼等人从静态分析的角度出发进行了研究。研究者特别强调了教学表征的知识，指出"教师对学科知识、学习知识、对学习者的知识与情境的知识的熟悉和掌握程度，决定了他们所选择的教学表征的好坏，因此教师要不断发展和累积能够适应各种教学情境的教学表征知识"。基于舒尔曼的分类，格罗斯曼把教师知识分为学科内容知识、学习者和学习的知识、一般教学法知识、课程知识、情景知识以及自我的知识六个领域。

　　而在建构主义思想指导下，科克伦（Cochran）等研究者从动态建构的角度质疑了舒尔曼所提出的观点。他们依据建构主义观点对教与学的过程进行分析，修正了舒尔曼所提出的学科教学知识的概念，并且强调个体在知道（Knowing）与了解的过程中承担着主要的角色。教师在考虑学生、教学情境和课程等内容后，结合自己的学科知识对这几部分内容作出重组（Reorganization）而形成的知识即学科教学知识，这在本质上是多种知识的特殊混合（Special amalgam）。在这样的重组中，教师融合了自身价值观和对学科的看法，因此学科教学知识并非独立的知识体系。

不同学者在舒尔曼所提出的学科教学知识概念及结构上也都分别展开了对学科教学知识结构的探讨。在这其中，静态分析是学者基于研究的需要，将已经融合在一起的各种知识剥离开来，把每类知识看作独立存在的知识体系，对直接支配教师学科教学实践活动的学科教学知识进行单独地研究，其研究价值在于能够使研究者与一线教师重视这种与教学实践活动联系更为直接的特殊专业知识。而科克伦等动态建构研究者则对学科教学知识的动态生成过程更为关注，他们更加强调在学科教学知识生成过程中教师应发挥的主体地位。这一观点丰富了学科教学知识，使学科教学知识与教师教学实践活动的联系更为真实与密切，同时也使其更加生动化。

对学科教学知识内涵的深刻探讨，有助于提升人们对教师专业知识本质的认识和理解，是教师能够实现专业发展的前提条件。教学研究专家在教师认识论发展中对教学知识体系进行了丰富，这是发展学科教学知识的依靠，而积极确立与发展教师的个体认识论，可以促进教师个体教学知识的整体提升。

4.3.2　生物学学科教学知识的具体内容

生物学教师在对待生物学教学特定内容，或者在进行生物学教学过程中所用到的生物学学科教师特有专业知识，即生物学学科教学知识。这类知识具有较强的实践性，在教师日常教学如教学设计、教学实施、教学反思和改进等工作中都会有所体现。

生物学学科教学知识中包含多种知识成分，且每种知识成分在学科教学知识的结构中都扮演着不同的角色，每个知识成分又都与内容有所关联，在教学设计、实施和反思中发挥特定的作用。《中学生物学教学论》一书中指出，生物学学科教学知识大致可分为以下几个方面：关于生物学课程与课程标准知识的部分关于生物学教育理论与教学策略知识的部分、关于生物学教学技能知识的部分、关于生物学教育技术与教具制作知识的部分、关于生物学实验知识的部分以及关于生物学教学备课与教育评价的部分。

关于生物学课程与课程标准知识的部分。对生物学课程性质与价值持有正确的认识，是生物学教师专业素养的基本要求之一。教师对自身教学任务的理解和教学行为的调整受到这种认识的直接影响，因此生物学教师要深入理解课

程性质、价值及其在基础教育中的地位，并随着新课程的推进与落实不断
思考。

影响生物学课程性质的决定性因素之一是生物学科学的性质。作为一门有
关"生命认知"的科学，生物学是以生命世界为研究对象的有机自然科学。它与
人文学科有着本质的区别，其通常采用如数学方法、观察实验法、逻辑推理法
等自然科学的研究方法，因此生物学课程主要体现着科学的本质与特征。传播
科学的事实和概念以及体现科学方法和科学途径，是生物学课程作为科学课程
的性质，因此在教授生物学时，教师在教学方法上会选择实验法、观察法、调
查法、探究法等体现科学本质的教学策略，并进行理性的思考与分析。照本宣
科、死记硬背的教学方法严重违背了生物学课程的基本性质，这是生物学教师
尤其需要关注的问题。作为一门科学课程，生物学课程理应培养公民的科学素
养，同时由于科学与技术是不可分割的两个方面，因此生物学也同样带有技术
课程的性质。

提高公民生物科学素养是生物学课程的主要目的。生物学课程中必然要渗
透健康教育、生存教育、生态的教育、青春期教育、生命观念教育、生物伦理
教育等诸多方面，而不只是纯学术型的科学课程。生物学教学应该要让学生感
受到生物科学就在现实的生活之中，存在于日常生活的每一个角落，故教师应
采取与现实生活相联系的教学策略，让生物学成为使学生受益终生的一门学
科。此外，生物学课程还应为学生提供多方发展的机会，实施多样化的评价标
准，在全面发展的基础上实现学生个性化的发展。

生物学课程研究的逻辑起点是生物学课程标准，这也是生物学课程设计与
编制首先需要解答的问题。对于一线生物学教师而言，只有真正把握了生物学
课程的性质，才能按照生物学课程的本来面目设计教学目标、教学内容和教学
过程，进而选择更加适合的教学方法进行实践，优化教学过程。因此它也是生
物学教师专业素养的基本要求。换句话说，对于生物学教师而言，要对生物学
课程的价值与意义有深入和透彻的理解，至少应该知道国家为什么要开设生物
学课程，更重要的是要明确自己为什么而教，而教师要想理解透彻课程的内
涵，就必须研读、精读课程标准。

《普通高中生物学课程标准（2017 年版）》倡导以探究为核心的多样化教学
方式，倡导学生在动手和动脑的学习活动中全面达成目标，倡导学生对学习内
容有深入的理解和思考，帮助学生获得高层次的认知能力。在内容标准、活动
建议、教学案例及实施建议之中都有对这些教学思想的体现。课程标准同时也
要求教材开发者以及教师在编写教材、开展教学的过程中，应该采取多种措施

引导学生主动学习。

促进社会和学生的发展是第八轮课程改革的核心理念，它改变了以往学而无用、学而不知如何用的传统教育的尴尬局面。在课程改革过程中，生物教学理念得到不断发展，新课程改革带来了新的知识观、价值观、学生观和课程观，这些新理念指导着教学实践的进行，并通过教学实践得以实现。它统整了学生的生活世界与科学世界，注重增强课程的生活化和综合化，将人类生活经验和经历纳入到教学内容中。为培养学生生存、生活的基本技能和基本态度，课程内容以生活化的内容为基础，课程的综合化要求改变了过去以学科为本位的课程设计倾向，在保证最基本知识结构的基础上，确保并实现了知识选择的综合性和均衡性，使知识与生活情境能够相互融合，成为一个综合的整体，帮助学生建立综合性的思维方式和解决问题的习惯。

针对于此，教师必须要有新的知识观和学生观，才能完成新课标中知识维度的教学目标。传统知识观看重的是百科全书式的知识结论，照本宣科地向学生灌输已有的客观科学知识，学生只是接受、牢记知识内容。而新的知识观认为知识是一种探索的行动或创造的过程，学生通过这一过程会收获很多隐性的、不能言明的知识，这些知识是组成个人生活世界的重要部分，也对学生以后生活、发展起到重要作用。相对于传统的灌输式教学方式，新的知识观指导教师要倡导不同的、个性化的学习。教师不再是知识的权威和传授者，而是要在教学中实现教学相长，学会与学生共同使用新技术、新方法来探索知识，倡导学生合作学习、探究学习、自主学习。教师不再以探究结果为教学评价的唯一标准，而要以新的知识观来判断学生是否能主动参与、善于发现并解决问题。

关于生物学教育理论与教学策略知识的部分。教学作为教育的实践部分，其顺利实施必然要遵循特定的教育教学规律，遵循学生的学习特点。那些论述教育本质的、符合教育发展规律的理论，经过一代代的思想家、教育家的反复论证，经过建立、被推翻、再建立的探究过程，得到了不断地补充和发展。这些教育理论是教学理念形成的依据，是教育改革和教学实践的基础。其中行为主义、认知主义、人本主义等教育理论对现代教学有着深远的影响。学习过程的主体是学生，研究者针对学生的不同的认知风格、学习动机、智能发展等形成了不同的学习理论，教师在这些学习理论的帮助下可以更好地认识学生的身心发展规律，选取适宜的教学方法和手段进行有效教学。理解和把握教育理论和学习理论，可以帮助一线教师接受和内化新的教学理念。

人类的学习认知是一个不断深入的过程，学习理论的研究焦点逐渐从外显的行为转向学习者意义的生成，从对简单行为操作学习的研究逐渐转向个人意义的建构与复杂问题的解决研究。行为主义以动物在特定实验情境中的学习研究成果来推断人类的学习现象和学习规律，注重强化在学习过程中的重要作用；认知主义则不满于行为主义这种学习无"意识"的研究，从而转向对大脑思维过程进行研究，注重学习者的思维操作对学习的影响；而建构主义则认为在学习过程中学习者是积极主动的意义建构者，强调学习者个人意义的获得。

　　学习是一个复杂的心理现象，这些学习理论分别从不同的视角和方法来研究人类的学习，尝试揭示人类学习的心理机制，促进人类更好地发展。人每天都在经历不同层次的学习活动，单靠一种理论无法解释人类学习的复杂性。确切地说，几乎不存在能够解释所有学习现象的理论。在处理不同学习任务时，可以灵活采用不同的教学理论，依据学习者现有的能力水平、学习内容的难易程度、学习任务的类型等方面，确定哪种理论对学习者是最有效的。一般来说，教事实的方法和教概念与教解决问题的方法肯定是不一样的，因此教师要根据学习者的具体情况来安排学习内容，设计教学过程。

　　教学策略是教学的辅助，是实现有效教学的工具，相当于学科知识的外衣。在素质教育的背景下，要求教师对学生实行全面发展计划，驱使学生朝多方位的方向发展，其中就包括对中学生合作能力、探究能力的培养，这就要求教师要能够选择适当的教学策略开展生物学教学。

　　关于生物学教学技能知识的部分。新一轮基础教育课程改革的全面启动对传统的课程与教学产生了很大影响，这意味着教师将会面对前所未有的挑战，它要求教师既要掌握所教学科的知识和技能，更要掌握教育教学的相关知识与技能。随着近年来基础教育课程改革的全面推进，我国教师素质与全面实施素质教育要求的差距逐渐显现，社会发展及教育改革都对教师素质提出了新的要求，教师教学能力的提高已成为教育改革面临的迫切需要。教师教学能力通过教师的课堂教学技能集中表现，它对教学质量有着举足轻重的影响，体现出了教师的作用和地位。因此，课堂教学技能在中学教师教学技能中的重要性不言而喻。

　　教学技能相关知识的学习应直指指导这些教学实践的教学理论，不可只停留在理论层面或仅关注教学技能的机械训练。教学技能是教师素质的重要内容，教师必须练好教学技能才能卓有成效地开展教学工作，这是教学成功不可或缺的因素。同时教学也可视作一门艺术，教师在方法与技能的应用上是其自身创造性的表现。教师不应为了利用更多的教学策略而一味地、机械地照搬教学理论，而应去寻找应对复杂多变的教学情境的处方，经过学习之后把它们变为实践智慧,"运用之妙,存乎一心",真正使这些教学方法与技能为教师自身所用。

关于生物学教育技术与教具制作知识的部分。随着现代信息技术的快速发展,越来越多的现代化教学手段走进了课堂。教育技术正是这些技术与教育理论的有机融合,它是进行学习过程和学习资源设计、开发、利用、管理和评价的理论与实践。新课程改革所要推进的重要内容是培养学生的探究能力和学习自主性,提高生物课堂教学效率,利用现代教育技术转变教育观念正是实现这一目标的重要途径。生物学是一门自然科学,许多知识的讲解要依靠学生的感性认识。而在教学中不少学生缺乏这种感性认识,难以开展抽象思维活动。教师可利用网络等渠道收集生物课程资源,为学生提供生动形象的感性材料,与多媒体结合在课堂中进行呈现。

良好的教学情境是课堂教学活动有效开展的必要条件,在生物学教学中,教师可应用多种教育技术更好地创设教学情境。综合运用多媒体技术可以带来身临其境的效果,强化学生的感性认识,如通过视频介绍"濒危动物"能够使学生看到逼真的画面、听到不同动物的叫声,置身于自然环境之中。再如"血液循环"的教学软件能使人"进入"血管中,像血细胞一样在血管和心脏中穿行。以上这种新奇、真实的教学情境的渲染是其他教学手段无法实现的。现代教育技术以其无法比拟的优越性被广泛应用于各科课堂教学中,化静为动,化文字为图形,做到动静结合,图文并茂,声情兼备,增强了课堂教学效果。在生物课堂中充分运用多媒体可以提高生物课堂教学效率,创建高效课堂。

课堂教学是由教师、学生和媒体三要素构成的系统,现代教育技术手段在教学领域中的使用可在教学中发挥重要的作用,它是教学内容、教学方法、教学手段的综合。当它参与课堂教学时会带来教学思想、教学方法等一系列的变化,推动新的教学结构和模式形成。新课程也要求学生能够利用多种媒体收集生物学信息,学会鉴别、选择运用和分享信息,利用现代教育技术培养探究学习能力。互联网作为先进的电子技术手段可以迅速而及时地向学生传播各类科学文化知识,帮助学生搜索所需要的各种信息,因此现代教育技术非常适合用作学习方法和教学策略来提高学生的信息素养。

教具一般是指教师研制或师生合作研制的课堂教学用具,其表现形式有实物、标本、模型、照片、挂图、投影等多种方式。教具的使用有利于教师理解教材、突破教学难点,提高教师的专业素养;学生参与教具制作活动可以提高参与科学探究的积极性,增强感性认识,培养科学思维和探究能力。在生物教学中,老师要特别重视微观知识与抽象知识的直观化讲解,这些生物结构是学生无法用肉眼观察到或触摸到的，对学生的抽象思维要求较高，理解难度较大。若教师能引导学生动手制作教具，将抽象理论与内容转化成具象直观的知识，帮助学生直观地认识生物学知识，丰富感性知识，理解抽象知识，将有助于教师实现教学重难点的突破，切实强化学生的知识结构。

教具还能显著增强学生学习生物学知识的主动性，活跃课堂，营造良好的创新学习氛围。每件教具都包含着一定的生物学知识，学生在制作教具时会逐步内化这些知识。如在学习血管的概念时，在课前让学生观察教师用注射器自制的"血液在血管中流动"的模拟实验装置可以引发学生的好奇心，教师可趁机引导学生自行收集材料研制模型。一些学生会用输液管、注射器等材料来制作，也有学生会用红、蓝两种电线材料模拟三种血管。在学生自制教具的过程中，不同学生会有不同的思维方式，也会采取不同的方法。这一过程提高了学生的动手实践能力，也实现了学生创新精神的培养。总的来说，生物学教学中若能将教具纳入课程内容充分应用，将大幅度提升课堂教学效果，教师积极引导学生开展教具自制的实践，也可培养学生的生物科学素养，促进学生不断成长为全面发展的人。

关于生物学实验知识的部分。生物学实验指针对一定的研究对象，根据研究目的，运用一定的手段主动控制、干预研究对象，或控制环境条件创造典型环境或特殊条件，并在其中进行的探索生命现象及其运动规律的实践活动。在中学生物学教学中，根据教学目的、学生的认知水平和教学条件，教师有目的地安排、设计一些类似科学实验的模式、程序，指导学生利用一定的材料、药品和仪器设备，按照指定的条件去进行生物学实验的教学活动即生物学实验教学。

汪忠在《新编生物学教学论》中从不同角度对生物学实验进行了分类。按照学科，可以分为形态学实验、解剖学实验、生理学实验、生态学实验、分类学实验、遗传学实验、生物技术实验；按照中学教学角度，可以分为演示实验、学生实验、课外实验；按照实验精确性和实验所处环境，可以分为实验室实验、自然实验；按实验教学目的可分为验证性实验、探究性实验；按实验中量和质的关系可分为定性实验、定量实验；按实验在科学认识中的作用可分为对照实验、模拟实验、中间实验等。

实验是生物学教学中必不可少的一个环节，生物学教材中详细分析并阐述了部分实验的操作步骤。只有当教师具备一定的专业生物学知识，才可能发现并分析出生物学教材中实验的不足。至于如何针对这些实验中存在的不足之处进行改进，则需要教师阅读大量相关生物学知识的文献和书籍，才能提出有意义、有价值的生物学实验改进方案。生物学实验不仅是理论课本的学习，更多的是对动手操作的体现，对实验进行不同的改良会出现不同的操作行为。因此，能够按照既定任务完成生物学实验是对教师的基本要求，而让教师对生物学实验进行改进则是向教师提出的更高标准。这一高标准是从多方面、多维度提升教师生物学专业知识的有效途径，能够帮助教师巩固和发展自己的专业技能。

关于生物学教学备课与教育评价的部分。 教师圆满完成教学任务的前提条件是备课，备课作为教学活动中的最基本环节之一，是教学质量保证的必然要求。教师备课主要包括备教材、备学生、备教法三个核心内容。备教材要求教师要吃透教材，熟悉教材内容；备学生是对学生的认知水平、智力水平和已有的知识水平进行充分的了解，即进行充分的学情分析；备教法则是根据教材分析、学情分析和教学内容选择合适的教学策略。

备教材和教法是绝大多数老师都能做到的，但是对学生进行充分了解却往往容易被忽视。新课程标准明确提出，"课程的设计要面向全体学生、着眼于学生的全面发展和终身发展的需要"。基于此，充分了解学生并根据实际情况采取有效的教学策略显得尤为重要。教师备课的一个起始点在于充分了解学生现有知识水平和认知水平，如观察植物细胞一节，学生已有上一节课的基础，对显微镜的基本结构和功能已有一定的了解，初步学会了使用显微镜。本节课的教学重点就应定位在运用显微镜观察所制作的洋葱鳞片叶内表皮细胞临时装片使学生进一步规范使用显微镜，巩固上节课所学知识的同时培养了学生的观察能力、实验操作能力和生物图绘图能力。

教学目标是教学活动的出发点和归宿点，任何教学活动都是围绕教学目标来开展和进行的，故备教学目标也是教师备课不可缺少的环节。教师对教学目标的不同理解将形成不同的教学设计，从而产生不同的教学效果。对课程标准的研读以及对课程性质、基本理念、设计思路以及课程总目标的熟悉和分析是教学目标的来源。因此教学目标的确定不仅要考虑到课程标准规定的课程目标及学科知识体系，更重要的还要考虑学生的实际情况。

学生发展往往会受到教师评价的影响，这就意味着教师要给出合理的、具有促进性的评价。教师要关注学生的品格，发现学生身上的闪光点及时对其做出肯定，促进学生的不断发展。教师的评价要客观、实事求是，在肯定学生优点的同时也要看到学生的不足，不能一味地表扬和肯定。指出学生的不足之后，教师还应给出相应的发展建议，帮助学生客观地看待自我，不因优点而自负，也不因缺点而自卑，督促学生不断完善自我，使每一个学生都得到发展，实现自我价值。

新一轮基础教育课程改革背景下的课程评价旨在以发展性评价促进学生、教师和课程的不断发展，进而促进教育的大发展。而发展性评价是指用于调整、改进主体活动而收集反馈信息的一种活动，评价的对象囊括了从目标设定到成果归纳的所有阶段活动的全过程的信息收集活动。其具体的表现为：评价不仅关注学生的学业成绩，也要发现和发展学生多方面的潜能，了解学生发展中的需要，帮助学生认识自我，建立自信，促进学生在原有水平上的发展。可见，发展性评价注重综合素质的发展和创新能力的开发，是促进学生全面发展的根本保证。

学科教学知识的目标指向教师的教学实践改善，因此具备实践的性质。然而学科教学知识又不仅仅是关于"如何做"的操作程序和行动指南，更蕴含着对"为什么这样做"的理性思考。学科教学知识不仅是学科知识在教学中的各种反应，它还是一个推理的过程——更精确地说是教育学推理。这种推理发生在教师设计课程、根据学习者需要调整教学以及教学反思之中。这种在特殊教学情境下关于教学学术性、情境性和主体性的推理往往发生在抽象层面，并没有与之相随的可观察行为。这种理性思考的过程是教学思维的核心，也是教学设计的核心，是教师回答"怎样教"和"为什么教"的内在思维过程。

4.3.3　生物学学科教学知识的操作案例

在国际上对公民科学素养的理解中，一般把"理解科学"作为科学素养的基本内容，即理解科学知识、科学过程和方法与科学—技术—社会三个方面。《义务教育生物学课程标准(2011 年版)》提出，"生物科学素养是指参加社会生活、经济活动、生产实践和个人决策所需的生物科学概念和科学探究能力，包括理解科学、技术与社会的相互关系，理解科学的本质以及形成科学的态度和价值观"，可以看出这个表述涵盖了"理解科学"的三个方面。本节内容将以"培养学生的基本科学素养"主线入手，介绍三个关于生物学学科教学知识的操作性案例。

运用生物学学科教学知识教授"事实—概念"知识。理解生物学中的重要概念是生物学教学的一个重要方向。无论是初中还是高中的生物学教师，都需要运用自身的生物学学科教学知识，理解并教授课程。

以生物学中"食物链"这一内容为例，很多生物学教师自身非常明确"食物链"的定义，但学生却对这一概念不甚理解。这时候，教师可以选择不要求学生对这一概念直接进行背诵学习，而是通过一些学生更加熟悉的、生活中可能出现的具体实例——如"老鹰抓小鸡""大鱼吃小鱼""螳螂捕蝉黄雀在后"等故事进行铺垫，通过这些事实内容展开食物链概念的教学。

生物学教师应当知晓，生物学知识包括了科学事实性知识与概念性知识两大类。客观事实知识（如上述案例中的大鱼吃小鱼的实例）是在现实中可以观察到的内容，它能够直接表征生物和生命现象客观属性，因此能够更加直接地被学生理解；而概念性的知识（也即要教授的食物链的概念）则是由事实性知识经过逻辑推演、总结归纳而形成的，相比于客观事实知识来说，这些概念性的知识具有抽象性，层次上更加上位，因此不易被学生直接学习。面对这类知识，教师在教学时，可以通过学生讨论等方式，以各种客观事实知识入手，让学生总结归纳得出食物链的特点，依照这些特征最终逐步形成食物链的概念。此外，教师还可以在概念生成后，教会学生如何画出食物链的关系图，巩固对于概念的理解。

运用生物学学科教学知识开展论证式教学。论证式教学在生物学教学当中具有重要价值。这里以北师大版《生物学 八年级下册》介绍"人类对生命起源问题的探索历程"为例，来看生物学学科教学知识对开展论证式教学的影响。

在这一教学案例中，教师可以率先提供关于生命起源的两个观点——神创论和自然发生论。在论点提出后，教师提出"生命是自然发生的吗？"这一话题，鼓励学生开展讨论，要求学生的讨论和观点必须要有证据的支持。在讨论进行的过程中，教师前后分别提供雷迪的"腐肉生蛆"资料和巴斯德的"鹅颈烧瓶"实验，这些证据可以让学生理解"生生论"的观点，并认识到生物学史上有关生命起源的各种观点的否定和建立，都是以通过实验所获得的科学事实为依据的。在这一教学过程中，教师并不直接告知学生生命起源观点的演变，而是基于科学史的内容，让学生明确关于生命起源的系列观点，以及这些观点冲突下的历史背景，以判决性实验的结果介绍人类认识的发展过程。

通过这样一种教学方式，教师最终能够让学生自发地认识并建立起以下三个观点：第一，科学事实在生物学知识体系中的作用，是为理论知识提供客观证据和应用范例；第二，当人们的认识与科学事实发生矛盾时，应当根据科学事实修正自己的认识，正如人类对生命起源的认识就是这样发展而来的；第三，在根据科学事实做出判断时，必须注意科学事实作为证据的适用范围，例如，教师提供的巴斯德的实验案例中，只能证明在现今的地球上，新的生命体不能由非生命物质生成，不能脱离当下的情境。此外，教师还应当让学生知道，在生物学中，观察、实验和模拟实验都是获取科学事实的重要方法。

基于"特定主题学科教学知识"的发展策略。一般学科教学知识是教师培养的基础，是生物学教师应当具备的重要知识。相对于这些内容，特定领域学科教学知识则比一般学科教学知识更加清晰、具体。这类知识主要集中在某个特定学科的不同领域或分支学科，如作为科学领域分支的生物学教学。在这一领域分支下还有特定的主题分支，如生物学教学的特定主题学科教学知识可能包含生理卫生健康教学、简单计算教学等。它们是学科教学知识的重要部分，也是教师培养的重点内容。

舒尔曼最初提出，学科教学知识的关注点就是特定主题的教学知识，他提出，"对于一个学科领域中经常被教授的主题而言，学科教学知识包括了观点最有效的呈现形式，最有用的类比、说明、举例、解释、证明……总之，学科教学知识是为了使他人理解学科知识而再现知识的方式"。研究也发现，随着教学的不断进行，有经验的教师自己的学科教学知识会逐渐进行组织和整合，最终以特定主题的形式存在。在教师的专业发展过程中，离不开特定主题学科知识向特定学科教学知识的转化过程。

那么，如何实现特定主题学科知识向特定学科教学知识转化？哈斯（Hashweh）为这一转化过程的进行提供了建议。他指出，学科教学知识首先而且是在很大层面来自教师的教学设计中。当教师准备教授一个主题——如细胞呼吸，教师必须在教学设计中回答下列问题：

- 把知识教授给学生时，期望学生们能够达到哪种理解水平？
- 我怎样才能利用这些问题来强调生物学习中的重要观点？
- 还可将它与哪些领域、主题、知识、观点联系起来？
- 现在所教的知识、观点还可以为学生以后高层次的学习做哪些准备？
- 学生的困难是什么？哪些类似的概念可以帮助学生理解？先前的知识和理解怎样为现在的知识学习服务？
- 哪些呈现知识的方式（如比喻、例子、演示、活动）可以让学生更好地理解知识？
- 怎样评价学生在学习完后对于学习内容理解？

生物学教师在进行教学之前，就应当关注并回答这些问题。而在教学之后，生物学教师还应当反思，这些问题是否在刚刚发生的教学过程中都被关注到并且达成了。为了回答这些问题，生物学教师应当拥有丰富的知识，而这里的知识包括但并不仅限于有关于学生的知识、教育学知识、学科知识、评价知识等。因此，特定主题的学科教学知识的发展要以这些知识为基础。

4.3.4 教师生物学学科教学知识的提升

知识积累与提升是教师在持续性专业实践中所展开的知识递增过程。注重积累是教师完善专业知识的重要环节，积累程度和水平则直接影响教师专业水准高低。非但如此，教师专业自信、专业习惯和专业素养等无不与知识积累密切相关，缺乏知识积累则会导致专业轻浮。笼统来看，教师专业知识的积累过程涵盖职前积累和职后积累，涉及教师的受教育经历、个人专业实践、自主学习能力与精神，甚至教师所处的专业环境氛围。教师专业知识积累既有量的增加，更有质的改变。

在教育实践中积累与提升。教育学理论对于中学生物学教师而言具有重要的价值。然而很多教育学理论对于一线教师而言难度较大，针对性也往往不是很强。许多教师在阅读相关内容的过程中会感到晦涩难解，过程也显得乏味枯燥。因此现实当中较少有生物学教师乐于去"啃"学术论著，若是英文的相关成果自然难度更大。因此教师知识积累的重心应符合教师专业特点，而这个特点就是教师是与学生共同生活、共同成长的。与理论知识相比，教师可以选择更多地关注与学生、与自身教学密切相关的知识，即教师实践知识。如果说理论知识具有较强的公共性，那么实践知识则具有浓郁的个人风格。

从某种意义上来看，教育实践是一种教师自由的活动，也是一种具体和抽象相结合的专业认知活动。这种活动不是一种僵化的、封闭的、关于世界的知识性结论，而是一种开放的、随着不同情况而变化的、对世界整体性的理解与解释。因此可以说，是教师在实践中创造出了自身的生物学学科教学知识。正如马克思所说，"个人怎样表现自己的生活，他们自己也就怎样。因此，他们是什么样的，这同他们的生产是一致的——既和他们生产什么一致，又和他们怎样生产一致"。其实这也是生物学学科教学知识的良好产生与有效实施的价值所在。因此对于生物学教师而言，在专业发展的过程中应当给予实践更多的关注，在教育实践的过程中做到不断地积累与提升。

通过多样化的途径进行积累与提升。教师生物学学科教学知识不可能单单通过读书和考试，或是纯粹的脱离反思、再学习的实践而完成，而是需要通过"思学合一"的过程，避免因不能深刻理解书本意义、不能合理有效利用书本知识而陷入迷茫，也要防止一味空想，不去进行实实在在地学习和钻研，避免沙上建塔，一无所得。在这一过程中，教师的学习也会受到环境的影响，大环境如国家、民族、地域文化，小环境如校园文化、风气、同事讨论和学校管理方式等，都是会影响教师学习的外在环境。教师生物学学科教学知识的获取，需要借助不同的环境，通过多种渠道进行积累与提升，如书籍资料、媒体资源、同伴交流、专家咨询、进修培训等都是有效的途径。

教师在进行自我提升时，针对不同的知识类别也可以采用多样化的途径和方法。如对生物学事实知识和概念知识的学习，除通过自学外，还可多从有经验的专家处学习驾驭之法，突破学习的瓶颈，而实践方面的知识则可多进行自我反思，或找同伴进行研讨。有时集体研讨不仅可以激励个人，还可以让解决问题的角度多样化、全面化，提升效果更佳。

此外，个人的成长记录等方式也值得生物学教师尝试。教师的成长记录包括很多内容，如学习新近教育改革理念的体会，个人撰写的教改方面的文章或习作，与个人专业相关的课外资料如生物学科学史等，个人通过实践积累下的图片、数据等教学资源，个人的教育叙事、专业反思以及经验性的实践案例，生物学教学中的经典习题，等等。如此长期累积，教师将在个人专业发展过程中取得颇丰的收获。通过自觉查阅这些成长记录，教师可以整理自己的专业思路，梳理探索历程，将自己的"现在"与"往昔"进行比照，重新发现以往被忽视的问题。成长记录的积累可逐步将自身的隐性知识得以外显，达到学习的目的。

注重积累中的更新。教师生物学学科教学知识构建总是从少量、简单、低水平开始，持续发展出丰富、多维的复杂性结构，因此教师需注意由"量"到"质"的突破和提升。从成熟型教师开始，生物学教师就面临着进行自我突破或安于当下工作现状的选择。在这一过程中，如果没有质的改变，就有可能出现人们所说的"一位 30 年教龄的生物学教师，只是单纯地将 1 年的知识与体验重复了 30 遍"这种情况。

从知识保存的情况上看，信息社会要求教师应当能够熟练利用知识的"外储平台"，这个也就回答了"知道知识在哪里能找到"，这是比"知道知识是什么"更重要的问题。知识的数量是巨大的，并且还在以爆炸式的速度不断地增长，因此任何一个个体穷尽一生，也不可能学完并记住这世界上的所有知识。明确了这一问题，生物学教师就无须将海量的知识装进大脑，而是需要不断提升自身对于信息和知识的检索能力与分类能力。而这一能力发展的最终状态，是教师能够做到"信手拈来"——知识提取自动化。

除知识的存储与提取外，知识的更新也在快节奏的更迭中显得尤为重要。很多书本上的知识随着科学的不断发展也在不断地发生变化，若干年前出现在教材中的知识，很有可能在若干年后被证实是不全面甚至错误的。因此生物学教师不仅需要保证自身知识的宽度与纵深，还要对信息的更新抱有更多地关注，基于社会的变迁与改革，对原有知识进行不断地思考，以免自身知识出现固化。

积极建设生物学教师教育共同体组织。随着社会不断发展，社会各界对教师提出了更高的要求。为了跟随时代发展的步伐，在"终身学习"思想的影响下，教师也意识到不断学习发展的重要性。教师教育提出，要始终关注每位教师的终身教育，即关注教师从职前教师到新手教师再到专家型教师的成长发展阶段。这一过程是漫长的，为了在每个阶段给予每位教师更好的专业发展，就需要多方积极配合协作。

从更宏观的角度上看，师范院校会与地方教育部门、政府部门以及各级中小学组建生物学教师教育共同体组织，共同承担培养优质生物学教师的任务。对于中学生物学教师而言，可以基于自己在一线的工作经验和体会去指导职前生物学教师学习。而在高级师范院校中学习到的与时俱进的、丰富的教学理论，也可以帮助在职教师反思实际教学中遇到的问题。这样的关系体系对师范院校的培养计划、培养方法制定以及在职教师的专业发展都有积极意义，从而使得生物学教师的"理论性"和"实践性"结合更加紧密，利于师范生和在职教师学科知识和教学知识的深度融合，继而促进生物学学科教学知识的形成和发展。而各级中学作为教育实践基地，要能够为师范生的教育实习提供丰富的、优质的资源和平台，帮助师范生在进入教学岗位之前得到具体的指导和帮助，利于其学科知识向学科教学知识的转化。

树立终身学习的专业发展观念。21世纪是信息技术飞速发展的时代，随着对更微观层次的不断挖掘和对宏观世界的不断研究，人类社会中的知识在不断地发生变化。而生物学知识也经历了迅猛的发展。

社会发展推动了教学方法与手段的不断革新。例如，现今很多学校开始以黑板向电子白板过渡，教学方法也更多地倾向于使用多媒体技术。如今5G时代已经来临，教学方法或许又将发生翻天覆地的变化。学科内容和教学方法的不断发展会促使生物学学科教学知识也在发生变化，而这种变化必将是持续不断的。因此，生物学教师只有紧跟这种变化的趋势才能更好地服务于基础教育，向学生传授准确的、最新的生物学知识。与此同时，教师也是学生学习的榜样，教师的一言一行影响着学生的学习，因此时代的发展以及职业的使命感要求每一位生物学教师必须树立终身学习的观念，关注自身的专业能力发展。学校要基于生物学教师的专业发展阶段、心理特征，对教师进行"终身学习"专业发展观的训练培养。而这一目标的达成可以通过在校定期举行教师心得交流、主题讲座等活动，帮助生物学教师度过职业适应期、倦怠期、瓶颈期，激发生物学教师的教学激情，树立终身从教的情感态度价值观。

　　提高自主反思意识，改善教学实践。学科教学知识的形成是教师在不断学习、探索的过程中逐渐积累、增进知识，实现知识之间融合和转化的过程。一般学科教学知识和特定主题学科教学知识的发展，都强调在教师教学的整个过程中要进行有关问题的思考，其中包括寻找这些问题的答案和对这些答案的反思。寻找问题的答案要求教师要明确问题的解决方式，对问题答案的反思不仅要反思问题的答案是否合理，如给学生们设置理解水平是否合理，学生在学习的过程中是否遇到了阻碍，还要反思如何将自己的问题答案优化，如给学生设置的学完本节课要达到的知识水平，学生没有达到应该采取什么方式才能让学生达到，或者学生都达到了之后知识水平又该如何调节。这样的反思能让教师完成学科知识向一般学科知识或者特殊主题学科知识的转化，因此教学反思对自身专业发展有重要价值。生物学教师要使反思成为自身日常生活中的一部分，一步步建构、完善自身的学科教学知识。

　　以下几个途径可以帮助教师掌握科学的反思技巧和策略。首先，教师要进行自我反思知识理论的学习；其次，教师要积极参与到教育教学研究中，深入研讨相关课例，主动参与构建学科教学知识体系过程，并在实际教学中锻炼自己的反思技能；最后，应加强教师之间的合作交流，增加精品课程的案例分析，让生物学教师能够对反思内容、反思方式等进行交流与讨论，从而对反思技能有更加深入全面的把握。在实践中反思、在反思后实践，这是一个需要不断循环反复的前进过程。所以教师的自主反思必须要和实际的教学活动相联系，这样才能对症下药，掌握反思技能。

　　总而言之，学科教学知识主要是由学科知识和一般教学法知识构成，而学生知识、课程知识、评价知识等方面的知识也是教师学科教学知识的一部分。然而，教师的学科教学知识不是这些知识的简单相加，也不是自然就能进行融合的。在学科教学知识的形成过程中，需要教师进行主动构建而不是被动接受，这是一个教师主动创造的过程。它是教师在具体的教学情境中，基于自己的认知、选择、判断，将以上各方面的知识转变为学科教学知识的过程。这个过程因为有教师主体的存在，使得教师自身的价值观和世界观，外界的社会、政策、文化等环境因素，都会对教师产生影响，进而让教师对学科教学知识的理解发生变化。总之在这一过程中，生物学教师的教学想法能够得以展现，个性得到表现，因此教师在创造了新的学科教学知识的同时，也创造了新的自己。

【学以致用】

1. 学科教学知识的理论给你何种启发？

2. 生物学学科教学知识的内容是什么？你所掌握的程度如何？

3. 如何借助生物学科教学知识理解生物学课堂教学案例？你与你身边的教师如何有效利用学科教学知识进行教学？

参考文献

[1]Borko H，Putuam R T. Learning to teach[M]//David C Berliner，Robert C Calfee. Handbook of educational psychology. New York：Macmillan，1996.

[2]Cochran K F，Deruiter J A，King R A. Pedagogical content knowing：An integrative model for teacher preparation[J]. Journal of Teacher Education，1993，44(4)：263-272.

[3]DeRuiter J A. The development of teachers' pedagogical content knowledge[C]. Chicago：The Annual Meeting of the American Education Research Association，1991.

[4]Gimmestad M J，Hall G E. Teacher education programs：structure[M]//Batho G R，Torsten Husen，Neville Postlethwaite T. The international encyclopedia of education. London：Perganmon，1994.

[5]Gowin D B，Novak J D. Learning how to learn[M]. Cambridge：Cambridge University Press，1984.

[6]Grossman P L. The making of a teacher：teacher knowledge and teacher education[M]. New York：Teacher College Press，1990.

[7]Grossman P L. Teachers' knowledge[M]//Batho G R，Torsten Husen，Neville Postlethwaite T. The international encyclopedia of education. London：Perganmon，1994.

[8]Hashweh M Z. Teacher pedagogical constructions：a reconfiguration of pedagogical content knowledge[J]. Teacher and Teaching：Theory and Practice，2005，(7)：273-292.

[9]Ma L. Knowing and teaching elementary mathematics[M]. Mahwah N J：Lawrence Erlbaum Associates，1999.

[10]Maclellan E. The psychological dimension of transformation in teacher learning[J]. Teaching Education，2012，23(4)：411-428.

[11]Polanyi M. The study of man[M]. London：Routledge & Kegan

Paul，1957.

　　[12]Schwab J J. The practical：a language for curriculum[J]. School Review，1969，78(1)：1-23.

　　[13]Shulman L S. Those who understand：knowledge growth in teaching[J]. Educational Researcher，1986，15(2)：4-14.

　　[14]Shulman L S. Knowledge and teaching：foundations of the new reform[J]. Harvard Educational Review，1987，57(1)：1-22.

　　[15]Tamir P. Subject matter and related pedagogical knowledge in teacher education[J]. Teaching and Teacher education，1988(4)：99-110.

　　[16]白益民. 教师角色与教师发展新探[M]. 北京：教育科学出版社，2001.

　　[17]范良火. 教师教学知识发展研究[M]. 上海：华东师范大学出版社，2003.

　　[18]高等学校教学指导委员会. 普通高等学校本科专业类教学质量国家标准（上、下）[M]. 北京：高等教育出版社，2018.

　　[19]李琼. 教师专业发展的知识基础——教学专长研究[M]. 北京：北京师范大学出版社，2009.

　　[20]刘恩山. 中学生物教学论[M]. 北京：高等教育出版社，2009.

　　[21]刘捷. 建构与整合：论教师专业化的知识基础[J]. 课程・教材・教法，2003(4)：60-64.

　　[22]刘清华. 教师知识的模型建构研究[D]. 重庆：西南大学，2004 .

　　[23]潘宝平，张富国. 生物新课程与学科素养培养：生物科学新视角[M]. 北京：中国纺织出版社，2002.

　　[24]汪忠. 新编生物学教学论[M]. 上海：华东师范大学出版社，2006.

　　[25]闻曙明. 隐性知识显性化问题研究[M]. 长春：吉林人民出版社，2006.

　　[26]吴相钰，陈阅增. 普通生物学[M]. 北京：高等教育出版社，2005.

　　[27]徐宜兰. 研读课程标准，理解课程性质[J]. 生物学通报，2018，53(8)：19-22.

　　[28]野中郁次郎，竹内弘高. 创造知识的企业[J]. 李萌，高飞，译. 北京：知识产权出版社，2006.

　　[29]张民选. 专业知识显性化与教师专业发展[J]. 教育研究，2002(1)：14-18＋31.

［30］中华人民共和国教育部. 普通高中生物学课程标准（2017 年版）［M］. 北京：人民教育出版社，2018.

［31］中华人民共和国教育部. 义务教育生物学课程标准（2011 年版）［M］. 北京：北京师范大学出版社，2012.

［32］中小学教师专业发展标准及指导课题组. 中小学教师专业发展标准及指导（理科）［M］. 北京：北京师范大学出版社，2012.

［33］朱旭东. 教师专业发展理论研究［M］. 北京：北京师范大学出版社，2012.

第 5 章　生物学教师专业
发展考核、标准文件

在全球各国关于生物学教师专业发展的研究过程中，明确如何对教师专业发展进行考核，熟悉领域中存在的各类标准文件，是研究开展的重要前提与保障。这些文件资料作为标准化的尺度，能够帮助教师及教育研究工作者更好地审视教师专业发展，最终促进教师整体水平的提升。

【学习目标】

通过本章的学习，学习者应当能够：

1. 简述国际教师专业发展的背景；
2. 举例说出教育发达国家的教师专业标准；
3. 概述中学教师专业标准制定的背景及其重要性；
4. 举例说出《中学教师专业标准（试行）》的基本理念与主要内容；
5. 举例说明教师专业标准中"师德为先""学生为本""能力为重"和"终身学习"四个理念与现实教学的联系；
6. 分析教师专业标准中四个维度的基本内容，明确其中常见的问题；
7. 概述教师资格证考试的基本情况。

【内容概要】

基于全球各国对教师专业发展重视程度的提高，我国结合当下教师专业发展的现状，针对中学颁布了《中学教师专业标准（试行）》（以下简称《标准》）。《标准》充分考虑到我国国情与教育发展的需要，提出了"师德为先""学生为本""能力为重"和"终身学习"四个理念，包含"三个维度、十四个领域、六十三项基本要求"的基本内容，将其作为开展教育教学实践，提升专业发展水平的行为准则，并开展全国统一的教师资格证考试。学习教师资格证考试大纲，报考教师资格证考试并获得准入资格，是成为一名生物学教师的必经之路。

【学法指引】

在本章的学习过程中，建议读者首先明确本章的学习目标和主要学习内容，总体把握本章的学习要求和内容概要。在学习每节内容时，以节前的"聚焦问题"为主线，在分析教学实践中具体案例的基础上进一步明晰学习重点，从本质上理解教师专业发展标准的背景、理念与内容、中学教师资格考试的标准和基本情况。在本章内容后有"学以致用"栏目，读者可以借此对本章学习效果进行自我评估。

第1节　国际对于教师专业发展培训有明确标准

【聚焦问题】

1. 简述国际教师专业发展的趋势。
2. 举例说明教育发达国家的教师专业标准。
3. 分析教育发达国家的教师专业标准对我国的启示。

【案例研讨】

在进行专业发展培训的过程中，教师小孟接受了其他教师们的建议，在进行生物学授课的过程中，开始尝试查阅不同国家的课程标准文件和教科书。在阅读和学习的过程中，小孟发现不同国家对于学生的发展要求以及对生物学内容和知识的理解程度确实存在着很大的不同，通过这种多国文件和教材的对比学习，小孟拓宽了视野，增加了教学的知识储备量，在备课的时候显得更加得心应手。

有了这种提高和发展的体验后，小孟开始思考，既然标准和教科书的内容千差万别，对学生学习的要求也各不相同，那么不同国家对于老师的要求会不会也各不相同呢？于是小孟开始寻找各个国家关于教师专业发展的标准文件，想要从中寻找与我国教师专业发展标准可能存在的异同，了解不同国家教师的发展方向，为自己今后的提升提供借鉴。

依照教师专业化发展的不同要求，各个国家都制定并颁布了一些教师专业发展的标准文件。特别是以美国为首的部分教育发达国家的文件制定发展历史悠久，内容几经修正，具有较高的参考价值与意义。了解这些国家的标准文件，不但能够给教师提供一个更大的自我提升与发展空间，更能够以此为参考，整体提高我国教师队伍发展水平。本节内容将从这些不同国家的教师专业发展文件入手，展开叙述。

5.1.1　国际教师专业发展的背景

1966 年 10 月 5 日，联合国教科文组织(United Nations Educational，Scientific and Cultural Organization，UNESCO)与国际劳工组织(International Labour Organization，ILO)在法国巴黎召开了关于教师地位的政府间特别会议。各国教育学者和政府官员参与该会议，并在会上通过了《关于教师地位的建议》(*Mendation Concerning the Status of Teachers*，以下简称《建议》)等文件，其中首次将"教师"定性为一种"社会职业"，并明确了教师职业的专业性，为今天教师职业的发展奠定了重要基础。会议还明确提出保障教师的基本权利，同时也强调了"受教育权是一种基本人权"等一系列重要内容，保障受教育者享有教育权利。《建议》中的一些重要内容也纳入了《中华人民共和国教师法》，可见该会议对推动全球教师专业发展有着巨大的推动力。在《建议》中，提到了以下的部分内容：

> "有关教师培养课程的入学方面的政策，应以为社会提供具有必需的道德上、智慧上和身体上的素质以及具有必需的专业知识和技能的足够数量的教师之必要性为基础加以制定……要取得教师培养课程的入学认可，应证明已修完适当的中等教育课程并具备适合于从事教育工作的人格素质……在适当的教师培养机构内修完规定的课程，乃是对所有就任教职者的要求。"

由上述内容可以发现，《建议》对教师的入学与培养做出了规定，明确指出教师是需要经过多方面的学习与训练，并通过考核之后才能从事的行业，体现出了教师的专业化发展趋势。

20 世纪 80 年代，教师的发展日趋成为社会发展的诉求与人们关注的焦点，对教学专业的革命产生持久影响的研究代表是霍姆斯小组《明天的教师》系列报告。报告主要讨论了学校教学和师范教育所面临的各种问题，此后许多研究和改革都围绕如何促使教师获得专业发展而展开，并逐步产生了"教师专业化"的理论。为提升教师队伍的整体素质，实现教育教学质量大幅提升，世界各国也分别开始采取多样化的措施。其中教师专业标准的研究、制定与实施，成为许多国家促进教学质量提升和教师专业化建设的一项重要举措。美国、英国、澳大利亚、法国、新西兰等国家都制定了不同形式、不同类型的教师专业标准。

同样是在 20 世纪 80 年代，美国专业教学标准委员会(National Council For Accreditation of Teacher Education，NCATE)组织了研究编制教师专业发

展标准的工作。目前，美国四个"国家教师质量认证机构"已为美国颁布了一套职前、一套入职及两套职后的教师专业标准。这三个阶段的四大标准构成了当前美国教师教育职前、入职和职后三位一体的质量认证体系。美国各州也根据自身实际情况制定了针对不同教师专业发展阶段的通用型教师专业标准和各学科教师专业标准。

英国和加拿大等国也于 20 世纪 90 年代确立了教学专业实践标准，用于教师资格证书颁发前的评价。英国的教师教育改革历经 20 余年，终于形成了一个较为成熟的教师专业发展标准体系，其中囊括了教师职前、职后教育与发展以及校长和管理人员等相关的专业标准。澳大利亚于 20 世纪 70 年代开始设立教师注册委员会强调教师入职标准，21 世纪初主要由教师专业团体和全国教育学院院长联席委员会开展教师标准研究，颁布了全国的专业标准框架，确立了职前、入职、职后三阶段的考核标准，并进行了后续的标准修订工作，于 2013 年颁布了全新的《全国教师专业标准》，最终呈现出由新手型教师成长为专家型教师的专业发展全貌。

经济合作组织（Economic Cooperation Organization，ECO）在 20 世纪 90 年代末曾开展了会员国教师质量的大规模调研，为教师专业标准制定提供了科学数据。亚洲部分国家如日本、菲律宾、泰国、越南等，近年来也着手制定了不同形式的专业标准。根据各国出台标准的受众不同，可分为通用性教师专业标准和学科教师专业标准。

通用性教师专业标准，即面向所有学科的所有教师的专业标准，没有很强的学科性质。它对作为一名专业教师所应具备的专业素质做出了具体的规定和要求，适用于各学科、各年级以及各专业发展阶段的教师，必然也适用于中学生物学教师。而另一类学科教师专业标准，即专门针对某一学科的专业教师而设立的标准，如生物学教师专业标准是针对生物学教师所制定的，它具有极强的学科特性，单就某一学科——如生物学教师而言具有更强的指导性，可以作为生物学教师专业发展的重要参考资料。表 5-1 列出了一些不同国家的教师专业发展标准文件。

表 5-1　不同国家教师专业发展标准列表（部分）

标准类型	标准制定机构	标准名称
通用型标准	美国教师教育认证委员会	*Professional Standards for the Accreditation of Teacher Preparation Institutions*（2008）

续表

标准类型	标准制定机构	标准名称
通用型标准	美国州立新教师评估与支持联合会	*Model Core Teaching Standards: A Resource for State Dialogue*(2011)
	美国加利福尼亚州教师资格审查委员会	*California Standards for the Teaching Profession*(2009)
	美国马里兰州教师专业发展咨询委员会	*Maryland Teacher Professional Development Standards*(2004)
	美国艾奥瓦州教育部	*Iowa Teaching Standards and Criteria*(2002)
	美国爱达荷州教育委员会	*Idaho Standards for Initial Certification of Professional School Personnel*(2010)
	美国新泽西州教育部	*New Jersey Professional Standards for Teachers and School Leaders*(2004)
	美国弗吉尼亚州教育委员会	*Virginia Standards for the Professional Practice of Teachers*(2011)
	英国学校培训与发展司	*Professional Standards for Teachers: Why sit still in your career*(2007)
	英国教育部	*Teachers' Standards*(2012)
	澳大利亚教学与学校领导协会	*National Professional Standards for Teachers*(2011)
	澳大利亚新南威尔士州教师协会	*Professional Teaching Standards*(2005)
	澳大利亚昆士兰州教育部	*Professional Standards for Teachers Guidelines for Profession Practice*(2005)
	新西兰教师委员会	*Graduating Teacher Standards: Aotearoa New Zealand*(2007)
	中国教育部	《中学教师专业标准(试行)》(2011)

续表

标准类型	标准制定机构	标准名称
科学教师专业标准	美国国家教师教育认证委员会	*Science Education Program Standards：What a Science Teacher Must Know and Be Able To Do*（2008）
	美国国家研究理事会	*Nation Science Education Standards*（1995）
	美国科学教师协会	*Standards for Science Teacher Preparation*（2003）
	美国州立新教师评估与支持联合会	*Model Standards in Science for Beginning Teacher Licensing and Development：A Resource for State Dialogue*（2002）
	美国爱达荷州教育部	*Idaho Standards for Science Teachers*（2010）
	美国弗吉尼亚州教育委员会	*Standards for the Professional Practice of Teachers in Specific Disciplines and Specialized Areas：Teachers of Science*（2011）
	澳大利亚维多利亚州教学专业标准委员会	*Science Teacher Professional Standards*（1999）
	菲律宾国家数学与科学教育研究所	*Draft Framework for Science Teacher Education*（2007）
生物学教师专业标准	美国爱达荷州教育部	*Idaho Standards for Biology Teachers*（2010）
	美国密歇根州教育部	*Michigan Standards for the Preparation of Teachers of Biology*（2002）
	美国密苏里州教育部	*Subject-Specific Competencies for Beginning Teachers in Missouri：Biology-Unified Certification/Unified Science 9~12 with Biology Competencies*（2008）

依照表 5-1 中的信息可以发现，通用型教师专业标准和具体学科教师专业标准分别具有不同的针对性，也承担着不同的功能。而不同国家对于教师专业发展的要求是各不相同的，因此各国可以依据自身的国情制定所需要的不同标准文件。

5.1.2　美国教师专业发展标准文件分析

作为教育发达国家的代表，美国在教师专业发展培训相关研究上投入了大量的人力与资源。下面将从美国的通用型教师专业标准、科学教师教育标准以及生物学教师教育标准三部分依次递进，对美国的教师专业发展标准文件进行说明。

首先来看通用型教师专业标准。美国州立教师评估与支持联合会(The Interstate Teacher Assessment and Support Consortium，InTASC)成立于 1987 年，由美国各个州的教育机构与全国教育组织共同组成，主要负责成员州的教师认证、程序批准和专业发展等工作。它们认为，合格的教师必须能够整合学科内容知识与学生的优势和需求，以确保所有学生达到高水平的学习和表现。

在美国制定的教师专业标准中，最为典型的标准框架是美国州立教师评估与支持联合会(以下简称联合会)所制定的标准。1992 年，联合会颁布了《新任教师认证、评估与提升的专业标准：一份州立交流的资料》(*Model Standards for Beginning Teacher Licensing，Assessment and Development：A Resource for State Dialogue*)，该标准在美国实施了 19 年，得到了许多州的认可和采纳。2011 年，联合会再次颁布了该标准的修订版——《核心教学标准：一份州立交流的资料》(*Model Core Teaching Standards：A Resource for State Dialogue*)。该标准旨在通过教师运用知识和技能的熟练程度不同来区分熟练教师和新教师。标准分为学习者和学习、内容知识、教学实践、专业责任四个类别进行呈现，每个类别中有 2~3 条标准，每一条标准又从表现(Performances)、基本知识(Essential Knowledge)和关键意向(Critical Dispositions)三个方面详细阐述，具体见表 5-2。

表 5-2　InTASC 通用型教师专业标准(部分)

标准	指标
标准 1： 学习者的发展 教师理解学习者如何成长和发展，知道个体在认知、语言、社会、情感等领域的不同学习发展模式，能够设计实施合适的发展，创建具有挑战性的学习经验	(a)为满足学习者在各个领域(认知、语言、社交、情感和身体)发展的需要，对教学进行修正，教师要定期评价个人和小组的表现 (b)教师在创建适当的教学时要考虑学习者的优势、兴趣和需要，确保每一个学习者的进步，促进他们的学习 (c)教师应与家庭、社区、同事和其他专业人士合作，促进学习者成长和发展
	(d)教师知道学习如何发生，学习者如何建构知识、掌握技能、发展学科的思维方式，并知道如何使用教学策略促进学生的学习 (e)教师理解每个学习者影响学习的认知、语言、社会、情感，知道如何依据学习者的优势和需要进行教学决策

续表

标准	指标
标准1： 学习者的发展 教师理解学习者如何成长和发展，知道个体在认知、语言、社会、情感等领域的不同学习发展模式，能够设计实施合适的发展，创建具有挑战性的学习经验	（f）教师理解一个领域的发展如何影响其他领域的表现 （g）教师理解语言和文化在学习中的角色，知道如何修改教学，使语言理解和教学相关、易于理解并具有挑战性
	（h）教师理解学生的不同优势和需要，致力于利用这些信息来进一步促进每个学生的发展 （i）教师致力于利用学习者的优势作为成长的基础，透过学生的错误概念发现学习的机会 （j）教师有促进学习者的成长和发展的责任 （k）教师重视家庭、同事和其他专业人员在理解和支持每个学生的发展中的投入和贡献

另外一份通用标准是美国全国教师专业认证委员会（National Council For Accreditation Of Teacher Education，NCATE）所制定的评估标准。NCATE成立于1954年，由33个全国专业教育组织和公共组织构成，其中包括教师教育组织、教师组织、学科与协会组织等九个类别。总体来说，NCATE的33个组织包含了绝大多数支持高质量教育的美国公民。NCATE作为一个非营利性质的专业发展机构，旨在帮助开展相关培训，以培养高质量的教师、教育专家和教育行政人员。

NCATE评估对象主要为在美国承担培养中小学及幼儿教育教学任务的教师、其他培训教育工作专业人员的教师培养机构。NCATE评估标准由六个方面组成：知识、技能与专业性，鉴定系统与机构操作，教学实习与临床实践，多样性，教育机构的师资水平、工作绩效和专业发展，以及教师教育机构的管理和资源。在这六条总标准下包含着具体的指标点，每条总标准又包含了标准本身、具体指标及其三个评估等级（不合格、合格、目标/优秀），以及对标准的描述性解释三个方面。以下为这六个方面的具体展开（表5-3）。

除上述NCATE评估标准外，美国教师教育认证委员会（Teacher Education Accreditation Council，TEAC）也曾参与到了标准制定的工作中，随后颁布美国未来教师认证委员会教师教育认证标准。TEAC于1997年组建成立，并于2013年与NCATE合并为一个组织——美国未来教师认证委员会（Council for the Accreditation of Educator Preparation，CAEP），CAEP在成立后，在NCATE与TEAC的基础上颁布了新的教师教育认证标准，成为在原有标准上的再改进与再发展的产物。CAEP 的标准包含五项总标准及总标准后所对应的附属标准，表 5-4 展示了其中的总标准和概述。

表 5-3　NCATE 评估标准组成

表现方面	说明
知识、技能与专业性	体现对教师专业性的要求。教师具备所从事学科或者行政管理事务应具备的学科性专业知识与技能，教育学学科专业知识与技能，以及教学所需的专业知识与技能，同时提出还应具备相应的组织管理学生的能力
鉴定系统与机构操作	体现对培养机构反思改善发展能力的要求。对教师培养机构的鉴定系统、教师培训过程中数据收集分析评估以及在此基础上对培养计划改进等问题做出规定
教学实习与临床实践	体现对教师实习过程中实践教学能力的要求。对教师培养机构与中小学的合作程度、教师在真实教学中对教学过程设计、实施、反思的情况以及教师在培训后对教师专业性的体现及发展做出了规定
多样性	体现对教师实际教学工作中实践教学能力及与人沟通合作能力的要求。对教师进入教学岗位后教学过程的设计、实施、反思的情况以及与其他教师的沟通合作情况、教师与不同学生的沟通合作情况做出了规定
教育机构的师资水平、工作绩效和专业发展	体现在教师专业性发展上对教师教学实践、学术研究能力的要求。从教师资格、通过培训所呈现的教学实践、学术研究实践、服务实践情况、专业教师绩效机构评估等方面做出了规定
教师教育机构的管理和资源	体现对教师专业发展所需环境支持的要求。对机构领导能力和权威、预算、人事、设备、资源(包括技术)等做出了规定

　　CAEP 标准与之前的标准相对比，其最大的特点是增强了标准与证据之间的联系，并由附属标准对总标准进行进一步补充。除此之外，CAEP 的标准充分考虑到所认证机构情况的不同，确立了分等级的、不同的、连续的认证标准，具体表现为在基础性标准上增加了高级项目的认证标准，而高级项目认证标准则针对已经完成了基础性项目的教师的继续教育或者学校其他专业人士(如教育管理者、学校心理学家)的教育。

表 5-4 CAEP 评估标准说明

总标准	概述
内容和教学知识	对教师的专业知识、专业技能进行了规定
临床合作与实践	在教师具备专业知识与技能的基础上，对教师应用知识与技能，在真实课堂上的表现做出规定
素质与能力	对教师后备人员的素质和能力的要求。是否关注了候选教师的基础水平以及教师参加培训后教学知识等的增长，以及候选教师能否满足 P-12 学生的教学需求和教师所展现出的学术能力做出规定
项目影响力	教师培训结业者对 P-12 学生的学习和发展的影响，课堂教学、学校以及教师教育机构对结业者的满意程度
培训机构质量及持续改进能力	对教师教育机构是否能够运用质量评估体系来帮助自身持续改进提出要求

其次来看由美国国家科学教师协会(National Science Teachers Association，NSTA)所制定的美国科学教师教育标准。NSTA 成立于 1944 年，是世界上最大的致力于促进卓越创新科学教学和学习的组织，会员包括科学教师、科学管理人员、行政人员、科学家、工商业代表以及其他从事科学教育的人员等。1998 年，NSTA 颁布了科学教师教育标准(Standards for Science Teacher Preparation，SSTP)，由于受到科技进步、社会发展以及美国科学教学改革等各方面因素的影响，1998 年版的标准逐渐不再适用于美国国情，此后 NSTA 对其进行了修订，并于 2003 年颁布了最新版的科学教师教育标准。

SSTP 包括了 10 项标准，分别为内容、科学本质、探究、问题、一般教学技能、课程、社区科学、评价、安全与福利以及专业成长。这些标准展示了科学领域中师范生所应具备的知识和能力。同时，该标准与 InTASC 新任科学教师专业标准保持了高度一致性，保证了科学教师职前、入职及职后教育的连贯性。

该标准从教师对知识运用的熟悉程度及教师对相关教学技能运用的熟练程度上，对初任教师和经验丰富教师进行了区分。标准分为学习者和学习、内容知识、教学实践、专业责任四个类别进行呈现，每个类别中有 2～3 条标准，总共具有 10 个二级指标，每一条二级标准又从表现(Performances)、基本知识(Essential Knowledge)和关键性情(Critical Dispositions)三个方面详细阐述对新时代新任教师应该具备的专业能力的要求(表 5-5)。

表 5-5　SSTP 标准要求的类别划分

类别	说明
学习者和学习	要求教师理解学生在思维水平、知识运用能力、身体素质、家庭环境等方面的差异,根据学生需求进行教学,为学生创设有一定挑战性的学习体验,为下一阶段的学习打下基础
内容知识	要求教师掌握基本学科知识,关注学科发展新动向,并提出教师应该具备应用学科知识的能力,能够掌握跨学科知识以及对其应用,以此帮助学生对所学知识融会贯通
教学实践	要求教师能够创设交互环境,学生培养不仅局限于课堂,同时应扩展到社会生活中。教学过程应能激发学生的创造性思维,培养学生终身学习的思维能力。在教学设计中的学情把握上,要求教师掌握学生所具有的知识水平基础,在教学内容设计上加入跨学科知识的教学。教学评价中注重形成性评价和终结性评价,强调评价让学生自我成长,并让学生参与到评价中来,记录评价结果使其成为教学决策的依据
专业责任	要求教师不断加强专业学习并对自己的教学进行评价,重视教师对学生、家长、学校以及社区的影响。同时教师的职业道德成为专业责任中的重要内容。在教师对学校和社区的服务上,提出教师应与学校、社区、家庭保持良好的关系,以便为学生提供丰富的学习资源和良好的学习环境

此外,2003 年经修订后的《美国国家科学教育标准》(以下简称 NSES)中也可以看到美国对科学教师的要求。NSES 由前言、科学教师专业标准的性质、标准三部分构成。标准的一、二部分界定了美国科学教师培养的目标、教学内容、教学条件、教学方式、教学实践与教学资源,提出科学课程教师必须做到四个统一。其中学科性与专业性的统一,即要求科学教师在掌握必需的基本科学知识的同时,应具备从事教育工作的基本能力;通才与专才的统一,要求科学教师必须学习广泛的科学知识,同时对所教学科进行深入研究,具备指导学生在该领域进行探究活动的能力。理论与实践的统一,指向科学教师专业发展的内涵是多层面、多领域的,需要不断学习新的理论指导实践,以持续的实践来更新旧的理论。自我教育与合作学习的统一,要求科学教师的专业发展必须依靠自身的努力,不断地进行自我教育,同时还需要依靠同事与培训教师的协助。

　　该标准的第三部分是标准的主干部分，分为 A、B、C、D 四个部分。标准 A 由"科学知识和理解科学"与"学习科学"两部分组成，要求在科学课程教师专业发展的培训中培养科学课程教师形成合理的科学观，学习科学，掌握科学各学科的基本事实、概念与原理，理解学习科学探究的性质和基本技能，具备综合各学科知识的能力，在处理个人和社会问题的时候能够使用科学的理解能力理解科学方法和科学过程，将科学知识、科学方法与科学过程相结合；标准 B 由"科学课程教学的知识"和"学习科学课程教学"两部分组成，它界定了科学课程教师应具备的知识范围，教学方式以及教学策略；标准 C 主要分为"终身学习的知识"和"终身学习的技能"两部分内容，指出教师培训必须为科学课程教师建构终身学习的知识体系，熟练掌握终身学习的技能，提高科学课程教师的学习效率；最后标准 D 介绍了科学课程教师专业培养体系，规定美国科学课程教师的专业发展必须建立职前、职后、终身、持续性培养体系，采用训练—实践—训练的循环模式，标准科学课程教师专业培养标准必须与国家科学教育标准相一致，职前和职后培养必须保持连续性，科学课程教师专业的培养应体现自主选择性，等等。

　　除合格型教师标准外，美国还出台了针对优秀型科学教师的标准，即优秀科学教师标准。该标准由全国专业教学标准委员会颁布，按学生年龄段分为优秀初中科学教师标准和优秀高中科学教师标准。该标准是美国认定"全国委员会资格教师"的依据，它注重评价教师的实际教学效能及专业成长，关注评价的真实性和过程性，具有科学性、客观性和较强的可操作性依据该标准评价和认定优秀教师，对于完善教师队伍质量保证机制，促进科学教师队伍整体素质的提高，促进学生科学教育水平提高具有重要意义。标准整体上划分为四个主要的模块（表 5-6）。

表 5-6　优秀科学教师标准内容划分

模块	标准
为学生的创造性学习准备	标准 1：了解学生；标准 2：科学知识；标准 3：教学资源
创设有利的学习情境	标准 4：学习参与；标准 5：学习环境；标准 6：平等参与
促进学生学习	标准 7：科学探究；标准 8：概念理解；标准 9：科学背景
支持教与学	标准 10：评价；标准 11：家庭社区合作；标准 12：协作与领导；标准 13：反思

　　从整体上来看，美国科学教师标准体现出四方面的明显特征。首先标准重视科学课程教师正确的科学观与探究能力的形成；其次它强调要为科学课程教

师构建起综合的、完整的知识结构；再次该标准倡导连续一体化的培训，强调教师的终身学习的意识和能力；最后标准也非常重视教学方式的情境化，着重培养反思型的科学教师。

最后从美国生物学教师教育标准看。美国大部分州的教师专业标准都是依据 InTASC 框架进行制定的，其中有些州（如新泽西州）直接使用了 InTASC 标准的框架制定本州的教师专业标准；而有些州（如爱达荷州）则对 InTASC 标准的框架进行适当调整，形成本州科学教师专业标准和生物学教师专业标准。每一条标准后都列出了"知识"和"表现"两个维度的具体指标，以爱达荷州标准部分节选为例如表 5-7 呈现。

表 5-7　爱达荷州生物学教师专业标准（部分节选）

标准	指标
标准 1： 学科专业知识 教师掌握生物学的核心概念、探究工具和知识结构，并且能够创建学习经验，让这些专业知识对学生是有意义的	• 理解生物学科中的统一主题，包括从分子到整个生物体的所有水平 • 知道当前公认的生物分类系统 • 系统地理解生命系统随时间进化的理论 • 知道涉及生命功能的生物化学过程 • 知道生命系统与环境相互影响、彼此之间相互依赖 • 知道细胞是所有生物体的基本单位，以及细胞如何执行生命功能 • 知道生物体的行为如何随着环境刺激而变化
	• 帮助学生理解生态系统中物质循环和能量的流动 • 帮助学生理解生物如何影响/改变他们生活的环境，自然环境又如何影响/改变生物 • 帮助学生理解遗传学原理如何应用于性状从一代到下一代的遗传 • 帮助学生理解遗传信息如何翻译成生物生存必需的生物组织和化合物 • 帮助学生理解公认的科学理论，生命形式如何随时间进化，以及以这些理论为基础的原则 • 帮助学生理解生物体适应生活环境的方式 • 帮助学生利用当前科学公认的分类技术将生物体分到合适的组里

通过这一节的内容可以看出，美国作为科学教育历史悠久的教育发达国家，在教师专业发展标准制定上已经相对成熟。无论是从通用型教师专业标准、科学教师教育标准，还是生物学教师教育标准上看均有完备的评价体系，并能够依据科学时代发展以及各地区不同的实际情况进行更新完善。可以说美国的案例是其他国家进行标准建构和评估的重要参考。

5.1.3 其他国家及地区教师专业发展文献分析

了解美国教师专业发展标准文件后，这里将以英国、澳大利亚、新西兰、法国为例，简要介绍这些国家地区的教师专业发展文件和标准的制定情况。

英国教师专业标准。英国教育标准局与英国师资培训署为提高教师的专业标准，提升教育质量与水平，于 2006 年颁布了《英国合格教师专业标准与教师职前培训要求》。其内容包括两个方面，一是准教师获取教师资格之前应该达到的专业标准。二是对新任教师培训或者授予教师资格的机构提出的标准要求。这里仅对英国合格教师标准的特点进行介绍。

标准主要包括专业的价值观和实践、知识和理解以及教学三方面内容。在专业的价值观和实践方面，主要对教师的责任、情感与态度，教师与自己教学有关的学校、社区等的交流，以及教师职业道德做出了规定和要求；在知识和理解方面，主要对教师应该具有的学科知识进行了规定，其中包括对学科知识的全面深刻把握，对国家课程标准的理解，所具备的信息技术、读写等技能以及运用能力，理解学生的自身情况、学习环境对学生学习的影响；在教学方面，标准则涉及教师计划、监控、评估等多项技能，以及教师在教学管理和班级管理方面的内容。

《英国教师专业标准》(*Professional Standards for Teachers：Why sit still in your career*)是英国通用型的教师专业标准，由学校培训与发展司(Training and Development Agency for Schools，TDA)负责整合、修订，并于 2007 年正式在全国范围内颁布实施。TDA 是专门负责教师和其他学校员工入职和在职培训与发展的国家机构。该标准包含了教师专业发展五个阶段的标准，分别为合格教师(Qualified teacher)、核心教师(Core teacher)、资深教师(Post Threshold teacher)、优秀教师(Excellent teacher)和高级技能教师(Advanced Skills teacher)。标准对教师职业每一阶段的专业发展提出了清晰的期望。各阶段标准的内容都包含专业品质(Professional attributes)、专业知识和理解(Professional knowledge and understanding)以及专业技能(Professional skills)三大维度，并涵盖了维度下的具体 16 个领域，维度及领域的分布见表 5-8。

表 5-8　英国教师专业标准框架的基本维度及领域

维度	领域
专业品质	与儿童和青少年的关系、职责与规章、交流与合作、个人的专业发展
专业知识和理解	教与学、评价与监控、学科与课程、读写算和 ICT、成绩和多样性、健康和福利
专业技能	计划、教学、评价以及监控和反馈、反思与改进、学习环境、团队协作

　　在该标准中，教师专业标准的基本框架是以三级结构呈现的。它整合了五个教师专业发展阶段的标准，而每一阶段的标准又首先划分成了专业品质、专业知识和理解、专业技能三大维度，紧接着再列出每一维度所涉及的具体标准，然后再在每条标准后再次列出具体的指标内容。这种三级结构的专业标准框架表现以表 5-9 为例进行呈现。

表 5-9　英国教师专业标准框架的专业标准(部分)

维度	标准	内容
专业品质	与儿童和青少年的关系	①对青少年儿童有高度期望，确保他们的潜能得到全部实现，与他们建立公平互助的关系，相互尊重相互信任 ②能够说明他们期望青少年儿童所拥有的积极的价值观、态度和行为
	职责与规章	③了解教师的专业职责和与教师工作相关的法规，知道并执行学校的相关政策规定
	交流与合作	④能够有效与青少年儿童、同事、家长进行沟通 ⑤明确并尊重同事、家长在青少年儿童的成长成就、水平提升等方面做出的贡献 ⑥明确在工作中与他人合作的义务
	个人的专业发展	⑦反思并改进自己的实践，鉴别并满足自我专业发展的需求，知道自己在入职期间优先发展的专业领域 ⑧掌握创造性、建设性的创新方法，能够做好准备改进实践，以获得更大的进步 ⑨能够依照建议及反馈行事，能够接受训练和指导

澳大利亚国家教师专业标准。澳大利亚最新的标准文件是《全国教师专业标准》(*National Professional Standards for Teachers*)，该标准由澳大利亚教学与学校领导协会(Australian Institute for Teaching and School Leadership, AITSL)于 2011 年颁布。AITSL 于 2005 年成立并由澳大利亚政府提供资助，主要职责是发展和维护教师专业标准和学校领导者专业标准、驱动高质量教师和学校领导者的专业发展、跨辖区的协助工作等。

在 2011 年标准颁布前，澳大利亚教育部曾在 2003 年正式颁布了《全国教师专业标准》。该标准提出了基于专业发展和专业素养这两大维度的框架。其中专业发展维度主要在横向结构上界定了教师发展的四个阶段，包括毕业生阶段(Graduate)、熟练教师阶段(Proficient)、优秀教师阶段(Highly Accomplished)和领导教师阶段(Lead)；专业素养维度则界定了教师所应该具备的四个方面的素养，其中包括专业知识、专业实践能力、专业品质以及专业关系协调能力。

纵观澳大利亚《全国教师专业标准》，其整体呈现出了四个主要特点。第一，集中体现学生为本的理念，教师要在教学活动中担负责任，全面关心学生成长，而教师标准的所有出发点的设置也都是以学生为本的，围绕提高学生学业成就而展开。第二，全国标准制定者的构成显现了民主的特性，分别由来自不同州和区的一线教师、教育行政人员、政府官员、教师专业机构工作者等组成，而标准的讨论稿也会在全国范围内进行意见征集，在实施上也会给各州区政府很大的自由度。第三，全国标准专业发展阶段的划分契合实际，具有很强的可操作性。标准分别明确了教师专业发展四个阶段中的不同要求，教师可以依据自身的情况进行一一对应，据此制定持续的发展规划，促进教师的可持续发展。第四，标准专业要素深化了教师的专业发展层次。澳大利亚的标准在国际公认标准的基础上进行了进一步拓展，对教师的要求不仅仅局限在教学内容和教学实践上，而是扩展了专业教学实践的评估、反思和团队合作等要求。

在科学教育标准方面，为提升科学教学的质量，澳大利亚维多利亚州教学专业标准委员会于 1999 年颁布了《科学教师专业标准》。该标准专为科学教师研制，共包含五个教学维度。标准从科学新手教师和科学经验教师两个层面进行了描述，提出科学新手教师是指那些对教学总体情况比较了解，但对科学学科不熟悉的教师；而科学经验教师则是指那些在科学教学中表现很出色的教师，并指出这些经验正是新手教师所追求的目标。标准还指出了中学和小学科学教师的不同，认为教师应当按照自己学校的具体情况来解读标准，科学教师要对自己所教授学科有足够的认识和了解，以方便其在所处的学校层级中进行教学。标准设计的目的是为了帮助科学教师把最好的科学教育传递给他们的学生，而标准的基本理念则指向所有学生都可以且都应该学习科学，这也就是教师应该如何在各个层级的学校里开展有效教学。

澳大利亚科学教师标准也体现了以下特点：首先，突出对教师学科素养的要求。在澳大利亚科学教师专业标准中包含了五个大的维度，每个维度中都结合科学课程的特点，融入了对教师特有的科学素养的要求。标准总框架中明确提出了科学教师应当教给学生的基本内容，如理解科学的概念和现象、掌握科学调查技能、参与科学过程的机会、理解与欣赏科学的试验性本质、把科学应用到日常生活中的兴趣和热情等，并要求教师引导学生体验科学的探究过程，帮助学生形成设计和操作收集信息的系统的能力。而上述这些目标的达成，都依赖于教师的科学素养水平。

其次，标准能够根据教师专业发展的不同阶段设立不同的标准。标准从科学新手教师和科学经验教师两个层面进行描述，针对新手教师的标准中更多地提出科学教师所应该做到的基本要求，并在标准中对新手教师的要求相对较高。而针对科学经验教师专业标准的描述中，则更多地强调经验教师的专业引领作用。

最后，澳大利亚的科学教师标准还鲜明地突出了以学生为学习主体的思想。标准将运用多种教学策略与情境，设计一系列的教学活动来满足不同学生的学习风格和个体需求列为教师所要达到的基本要求。这一部分的内容要求在难度上很高，而标准也希望以此为引导，激励教师在教学实践中注重以学生的发展为本，体现出澳大利亚基础教育的价值取向。

新西兰教师专业标准。新西兰《中学教师专业标准》(*Professional Standards for Secondary Teachers—Criteria for Quality Teaching*)是由新西兰教师委员会(New Zealand Teacher Council)于 2007 年颁布的。新西兰教师委员会专门负责在幼儿园、学校和其他教育机构工作的教师的注册工作，工作人员由来自新西兰教育学院(New Zealand Educational Institute, NZEI)，中学教师协会(Post Primary Teachers Association，PPTA)，新西兰学校董事协会(New Zealand School Trustees Association，NZSTA)，各幼儿园、小学、中学的教师和校长等组成。

在新西兰，教师的资格被分为新任教师(beginning classroom teachers)、课堂教师(classroom teachers)及经验教师(experienced classroom teachers)三级。而新西兰的教师专业标准也会分别对准这三个层次的教师进行要求上的描述。整体来看，专业标准包含了专业知识、专业发展、教学技巧、学生管理、学生激励、毛利语教育、有效沟通、支持同事并与其合作、对学校的贡献九个维度，每个维度下又对三个层面的教师做了具体的标准要求。

新西兰中学教师专业标准建立在绩效管理制度的基础之上，要求教师能够对自己的职业工作和任务进行清晰的认知与描述，这其中包括：专业标准，即教师所应当掌握的关键知识、教学技能和情感态度等；目标期望，即教师明确自身在未来发展中预期能够取得的成果；发展过程，即教师知道为了达到自身的目标期望，应该采取怎样的行动，参与哪些专业发展活动。

这一专业标准在整体上体现了两个主特点：首先，关注不同层面教师的专业发展。标准认为，教师的专业发展是一个持续的、终身性的过程，不同阶段的教师面对的问题不同，所参与的活动和计划任务也就各不相同。因此新西兰的专业标准能够针对不同层次的教师分别提出不同的具有针对性的要求，引导各个阶段的教师依据自身发展特点来实现标准要求。其次，标准能够充分发挥教师评价对教师专业发展的促进作用。在新西兰，教师专业发展是教师绩效考核的一个重要组成部分，它不仅要求教师应具备必要的知识技能，更是要求教师能够设定目标、朝着目标努力，并通过参与专业发展活动来实现预期目标，而这也就为教师的专业发展提供了动力。

法国中学教师的专业能力标准。法国国民教育部曾在 1997 年发布的通令中指出，中学教师属于国家的公职人员，其劳动的属性隶属于公共服务。教师应当能够面向学生传递必要的知识和技能，发展评判性精神和思维习惯，进而帮助学生获得更好的成长与发展，成为合格的社会公民。

法国《中学教师专业能力标准》中，对中学教师应该在教育体制中肩负的责任、在课堂上担负的责任、在学校担负的责任进行了明确的规定。通令提到，教师应当了解自己所要教授学科的基本知识与概念，能够为学生设计必要的教学情境，并对课堂进行有效的设计和引导。除此之外，教师也应当遵守法律法规，在法律规定的范围内开展教学活动，接受领导的管理，遵守学校的规则，并在学生、同事、家长、社区等之间建立起良好的合作关系。

针对法国的教师专业发展要求，主要体现了以下的特点：首先，法国中学教师专业能力标准体现了中学教师专业能力的高标准。除在准入门槛上设定了明确要求外，在专业能力标准上为教师塑造了开放化的、多元化的、具有发展性的职业的教师形象。因此法国的师资培训在职前阶段十分重视培养未来教师拥有分析职业实践和工作情境的能力，使他们能够不断地完善自己，并注重职前教育和职后培训的一体化。其次，法国中学专业能力标准的制定是按照中学教师的具体任务展开的，要求教师在掌握准备和教授教学内容的技术和方法的基础上，能够灵活自如地与学生互动，注重实践与理论相结合。

在本节当中可以看出，各个国家在本国教师专业发展标准的制定上有自身不同的考量，无论是基于国际经验还是本国的国情环境，这些标准分别对不同教师作出不同的要求，并且有不同的侧重点与指向。然而，其中关于教师基本知识与技能的掌握、对学生未来发展和自主学习的关注与培养以及注重教师养成终身发展等思维习惯和意识的要求则是相对一致的。此外，很多国家也意识到处于不同职业阶段的教师具有不同的成长特点，因此在标准要求设置上应当分别提出不同的要求，而这些都是值得教师学习和关注的地方。

【学以致用】

1. 通过了解国内外教师专业发展的背景，概述不同国家或地区相似的内容。

2. 阅读教育发达国家的教师专业标准中的具体指标，概述其特点与对教师发展的建议。

第 2 节　我国现有标准文件为生物学教师专业发展导航

【聚焦问题】

1. 概述中小学教师专业标准制定的背景及其重要性。

2. 举例说出《中学教师专业标准（试行）》的基本理念与主要内容。

3. 举例说明教师专业标准中"师德为先""学生为本""能力为重"和"终身学习"四个理念与现实教学中的联系。

4. 分析教师专业标准中三个维度的基本内容与常见的问题。

【案例研讨】

片段 1：课前精心备课的教师

课堂上教师的话语并不多，也没有看到教师迫切地向同学们传递知识的想法。教师似乎在课堂上并没有太多非常精彩的表现，但他课前的构思与准备让学生在课堂上有真切的感受。这些准备包括剪辑的纪录片、看电影时的学案、创意写作的流程、关于机器人的课前学习资源等。教师的想法是备课的内容不是在课堂上的精彩言辞，而是学生的需求设计和切入本质的学习活动的设想，坚持"让教于学""还教于学"，让学生自己去学习，自己去掌握方法才是最重要的。

片段 2：善于对学习策划与组织的教师

课堂上，教师专业地为学生铺设完成学习目标必需的"台阶"，这些内容在课堂中自然地呈现，引导着学生对学习内容有不断深入的思考，教师之后的行为则是通过有效的组织学习，让学生沉浸在学习之中。

片段 3：让一节课培养素养的教师

一节常规课堂上，教师致力于将本节课的教学目标与本学期总目标靠拢，课堂内容中不断呈现出整门课程的核心思想，鼓励学生自己努力去解读与分析。教师课后介绍，他并不急于马上解决问题，而是思考这样的教学能给学生怎样的经历与学习方式的体验。这位教师认为从"时刻"的点而言内容是重要的，但从"时间"的长远发展，学习方式可能影响学生的未来。

片段 4：学会教核心概念的教师

课堂上，教师总感觉有教不完的内容，但仔细观察后发现，大多数的内容都是事实性的，学习的内容只是量上的积累，教师通过反思发现让学生掌握了核心概念与有效的思维方法，学习就不再是难事了。

通过上述四则课堂的片段阅读可以发现，不同的课堂有着不同的特点，这些不同的特点有时反映出了教师在专业发展的道路上对不同发展方向的价值取向。然而，不同的教师却都需要遵守同样的专业发展标准文件。本节内容将从我国的教师专业标准文件入手，了解标准的基本情况及对我国教师专业发展的启示。

5.2.1 教师专业发展标准的背景

在教育发展过程中，能够对教育质量起到影响作用的因素是多种多样的，而其中教师这个元素是最重要的——因为教师的教育工作直接反映出教育事业的发展情况。我国在教育改革的过程中也出现了各式各样的对教师全方位的改革，并在教师队伍的建设上取得了明显成效，这也为日后教育改革的发展提供了强有力的师资保障。

我国自改革开放以来，教师队伍建设有了以下诸多方面的长足进步，如专任教师数量随着学校的新建与生源的增多而逐步扩大，各个学科在教师培养上专业性不断提升，教师素质亦在不断升高。与此同时，教师的学历水平也在逐年攀升，教师资格认证与师德师风制度建设等方面也在不断地完善。这些方面都有效地推动了我国教育事业的蓬勃发展。

然而在我国教育事业整体高速发展的背后所面对的现实问题之一，是区域性差异所带来的教育发展速度的不均衡，其直接表现为落后地区与发达地区的教育水平出现了极大的差距。在这其中，部分落后地区教师专业化水平无法满足当地教育需求，进而成为教育发展的一个重要限制因素。另外，中国经济快节奏的发展所引发的教育改革，也使得教师专业化水平的需求不断提升，对教师的素质要求越来越高。但与此同时教师的教育理念、教学技能与授课方式的转变却相对较慢，这也成为一个非常现实的问题。再者，教师的新老更替对教师职业所具备的新生代吸引力的要求也在逐步提高，而各个方面的限制因素导致了当前社会条件下并不能吸引更多优秀的新任教师投入到职业当中。这说明教师资源配置亟待改善，应当使教师有足够的物质保障，进而投入时间和精力提升教学质量，通过良好的管理与培养机制保障教师的专业成长。另外，在国际科学教育快速发展的过程中，教师的转型也迫在眉睫。符合新课程标准的要求，深入把握新教材的内容与理念，达到新课程对教学的要求，都成为教师发展的需求。

面对当前教育的快速发展，2001 年教育部发布的《基础教育课程改革纲要(试行)》中提出："教师在教学过程中应与学生积极互动、共同发展，要处理好传授知识与培养能力的关系，注重培养学生的独立性和自主性，引导学生质疑、调查、探究，在实践中学习，促进学生在教师指导下主动地、富有个性地学习。教师应尊重学生的人格，关注个体差异，满足不同学生的学习需要，创设能引导学生主动参与的教育环境，激发学生的学习积极性，培养学生掌握和运用知识的态度和能力，使每个学生都能得到充分的发展。"2010 年，国务院总理温家宝主持召开国务院常务会议，审议并通过《国家中长期教育改革和发展规划纲要(2010—2020 年)》(以下简称《纲要》)。2010 年 7 月 29 日《纲要》正式全文发布，这是中国进入 21 世纪之后的第一个教育规划，也是往后一个时期指导全国教育改革和发展的纲领性文件。

《纲要》的主要内容包括推进素质教育改革试点、义务教育均衡发展改革试点、职业教育办学模式改革试点、终身教育体制机制建设试点、拔尖创新人才培养改革试点、考试招生制度改革试点、现代大学制度改革试点、深化办学体制改革试点、地方教育投入保障机制改革试点以及省级政府教育统筹综合改革试点等 10 个方面。其中第四部分保障措施中第十七章的内容是加强教师队伍建设，包含了五个方面的具体内容：建设高素质教师队伍、加强师德建设、提高教师业务水平、提高教师地位待遇、健全教师管理制度等内容。

《纲要》从理念与定位上重塑了教师形象，如"教育大计，教师为本""有好的教师，才有好的教育""让教师成为受人尊重的职业"以及需要"提高教师地位，维护教师权益，改善教师待遇"等，为教师改革提供了可操作性的指导。《纲要》的另一个特点是加强了师德师风的建设。在以往注重提高教师专业水平和教学能力的同时，提倡"加强教师职业理想和职业道德教育""增强广大教师教书育人的责任感和使命感"，让教师爱上教育、乐于教书。具体的表现为"关爱学生，严谨笃学，淡泊名利，自尊自律，以人格魅力和学识魅力教育感染学生，做学生健康成长的指导者和引路人"。师德师风还要作为教师考核、聘任(聘用)和评价的首要内容。

《纲要》对教师的专业化队伍提出了明确的要求，即严格教师资质，提升教师素质，努力造就一支师德高尚、业务精湛、结构合理、充满活力的高素质专业化教师队伍。在这样的发展时期，制定教师专业发展的标准、进一步明确教师专业发展的各方面要求、提供各方面的物质与制度保障、最终促进我国教师整体专业水平的提高，成为教育改革发展与落实的最大要求。为此，教育部于2012年下达了印发"关于《幼儿园教师专业标准(试行)》《小学教师专业标准(试行)》和《中学教师专业标准(试行)》的通知"。通知中明确对三份标准的重要性做了明确的说明：国家对幼儿园、小学和中学合格教师专业素质的基本要求，是教师实施教育教学行为的基本规范，是引领教师专业发展的基本准则，是教师培养、准入、培训、考核等工作的重要依据。当前和今后一个时期，各地教育行政部门、开展教师教育的院校、中小学校和幼儿园要把贯彻落实教师专业标准作为加强教师队伍建设的重要任务和举措。

《中学教师专业标准(试行)》(以下简称《标准》)是本节讨论的重点，该《标准》严格实施教师准入制度，在提高教师队伍整体素质，提高教师教育质量，促进义务教育的发展和教育公平等方面有重要作用。并符合国际上教师专业化发展的潮流和趋势。教育在职教师(如中学教师等)和职前教师(如高校师范生等)都应该准确理解与把握《标准》中的基本理念以及具体内容要求，并将其作为开展教育、教学实践，提升专业发展水平的行为准则。

5.2.2　中学教师专业标准对生物学教师的要求与导向

1993年颁布的《中华人民共和国教师法》规定了教师是"履行教育教学职责的专业人员"，但是该法律以及此后的法律文本、相关政策都没有对教师作为专业人员的基本要求做出明确规定。《标准》是此后首份我国关于中学教师专业要求的政策文本，对我国师资培养和发展起到了重要的作用。

《标准》从国家层面上明确对合格教师的基本要求，这意味着其规定超越对不同学科、不同发展阶段教师的具体要求，是对所有中学教师的一般性共同要求。《标准》包括教师开展教育教学工作的基本规范，教师专业发展的基本准则，教师培养、准入、培训、考核等工作的重要依据等，由此可以看出，《标准》既具有"评价"的性质，也具有"导向"的特征。作为"评价"的标准，它是"中学教师开展教育教学活动的基本规范"，是"中学教师培养、准入、培训、考核等工作的重要依据"，因此是评价教师和教师教育质量的依据，是进行教师管理和教师教育管理的抓手。作为"导向"标准，它是"引领中学教师专业发展的基本准则"，因此是引领中学教师教育专业化的基础。

教师专业标准主要有三个特点，包括：①突出教师的师德作风；②强调课堂教学教师的专业素养，并能够将学生的发展变成教学中最终的目标；③体现国际教育发展与教师专业成长的特点。树立积极的职业理想是生物学教师在专业化道路上成长、发展的重要推手，生物学教师须主动树立对生物学科的认同感和自豪感。生物学是一门与生活紧密相关的学科，包括了基因工程、生态环境、遗传学、食品安全等诸多被社会广泛关注的问题，生物学教师作为这门课程思想的传授者，过硬的生物学专业素质和职业道德意识是生物学教师的基本要求。生物学教师在教育教学过程中应该作为学生思想的引导者，通过自身人格魅力感染教育学生。

透过《标准》再来看其理念及对生物学教师的价值导向。《标准》的基本理念分别是师德为先、学生为本、能力为重与终身学习。它们既是贯穿教师专业标准的基本理念，也是中学教师作为专业人员在专业实践和专业发展中应当不断秉持的价值导向和行为引领。其中"师德为先""能力为重"的理念是中国自古以来选拔教师的基本要求，更多地体现了对中国教师群体长期坚持的基本追求的继承，同时也赋予了现代社会与经济发展之后对教师基本素质提出的新的要求，是传统与变革的有机结合。"学生为本"的理念从"教师为主导、学生为主体"的理念之后进一步体现出学生在育人中的目标地位。"终身学习"的理念更多地包含了信息社会背景下对教师专业发展所提出的"主动适应经济社会和教育发展"新要求。每一个特点都对中学教师有明确的要求，生物学教师在专业发展的道路上，也受到这样的要求的指导，同时由于生物学科、生物学课程等方面的特殊性，生物学教师也有自身独特的规范与做法。以下将就《标准》的基本理念对生物学教师的价值导向分别进行论述。

"师德为先"的内涵与实施规范。《标准》中对"师德为先"的描述是：热爱中学教育事业，具有职业理想，践行社会主义核心价值体系，履行教师职业道德规范，依法执教。关爱中学生，尊重中学生人格，富有爱心、责任心、耐心和细心；为人师表，教书育人，自尊自律，以人格魅力和学识魅力教育感染中学生，做中学生健康成长的指导者和引路人。根据以上内容可以发现，"师德为先"作为对教师职业的道德操守，不但可以规范教师的行为，让教师对所从事的事业有所追求与憧憬，实现教师的专业精神——把教学对象和社会利益放在首位，既保证受教育者的权益，使之在品德高尚的教师的指导下健康成长，同时也能够让社会各界对教师职业更加信任与尊重，进一步使教师各种权益得到应有保障。

在生物学教师的专业发展过程中，教师的世界观、人生观、价值观有可能会受到社会发展与转型的影响从而呈现多样化取向，同时还由于生物学学科发展的特性，如在学科呈现弱势地位等，也有可能造成生物学教师被学校关注与重视程度较低，从而造成生物学教师的自信心不足，进取心受到影响等问题，生物学教师的师德建设方面也因此经受着诸多挑战。高尚的师德要求教师应当能够履行自身的职业道德规范，增强教书育人的责任感和使命感，在教育过程中实践社会主义的核心价值观，并引领社会道德。生物学因其学科的特点，教学内容包含大量人口控制、生物基因、环境生态、食品安全等话题的内容，这与我国生态文明建设、社会经济发展、科学社会文化建设等需求都是息息相关的，基于此，也就对中学生物学教师在思想政治素养提升方面提出了新的要求，要求生物学教师能够及时关注与生物学科相关的法律法规问题，将环保类、医疗卫生类、食品安全类法律法规融入生物课堂教学，履行生物学教师的责任与担当，向学生普及法治意识与理念。

上述问题也对生物学教师在课堂中的教学提出了更高的要求。首先，教师应注意面向全体学生的教学。教师应当尊重"有偏差行为学生"，尤其要尊重智力发育迟缓、学业成绩不良、被孤立和拒绝、有严重缺点和缺陷、与教师意见不一致的学生，在教学中要发现学生的优点与长处，从增强兴趣、培养综合素质入手，生物学教师需要学会表扬，做到赞赏每个学生的良好表现以及他们所付出的努力，发现学生的特长、兴趣与爱好，鼓励学生质疑与创新精神，让学生看到自己的成长。而与之相反的，教师应坚守师德底线，不体罚与当众批评学生、不羞辱与嘲笑学生、不冷落学生等。

其次，教师也应树立起自身的良好形象，健全人格魅力。生物学作为一门考试占比并不大的学科，学生在生物学学习水平上往往差异极大，个别学生把更多的时间留给语文、数学、英语等主要学科，而对生物学科的重视程度较低。另外生物学考试成绩占比较低也造成了部分学生对生物学学习没有足够的兴趣。生物学教师对此情况要保持足够的信心和耐心。逐步建立起学生对生物学学习的关注度，重塑学生生物学学习兴趣。此外，学生对生物学学习的不重视，也可能是受周围的人们的观念影响。对待这样的情况，中学生物学教师应有耐心地进行讲解和引导。要能够以自身的努力，用自身的人格魅力和学识魅力的感染，让学生意识到生物学的重要性。

"学生为本"的内涵与实施规范。《标准》中对"学生为本"的描述是：尊重中学生权益，以中学生为主体，充分调动和发挥中学生的主动性；遵循中学生身心发展特点和教育教学规律，提供适合的教育，促进中学生生动活泼学习、健康快乐成长，全面而有个性地发展。从以上内容可以看出，《标准》对学生主体地位的强调，也是"以人为本"价值观在学校教育中的具体体现，它要求教师要尊重学生、关爱学生，能够充分发挥学生的主动性，为学生提供适宜的教育，促进每个学生积极而健康地成长，最终促进学生的全面发展。

从学生发展的角度出发，教师应当最终落实并达成以下几个具体的方面：第一，教师要能够能落实到全班每一位学生的发展上；第二，应当能够借助社会各方面的共同努力来达成目标；第三，能够落实到学生的综合素质的全面发展之上；第四，能够促使学生更自主地发展；第五，还应当着重关注促进每一位学生的个性发展。

从上述学生发展的角度来看生物学，生物学是一门与社会、生活环境、学生个体以及学生的家庭都紧密结合的学科，学生主体地位的体现要求教师在教学中作为学生学习的引导者，激发学生理论联系实际，能够将所学运用在他们的生活之中，不断培养学生在生活中观察、发现、思考、质疑的能力，在引导学生学习的过程中允许学生发表不同的意见，不断培养学生的科学探究能力，获取科学知识，形成敢于质疑、实事求是、尊重证据的科学态度。当然，这也就要求教师具有广博的知识储备和教学经验，运用较强的课堂应变和组织能力来适应《标准》对教师提出的新要求。在生物学教学中，学生的人生观与价值观应得到发展。教师要让学生明白关于人一生的目的与理想信念应该是什么，对人生应具有的正确态度是什么，等等。选择怎样的人生，追求怎样人生的价值，这需要树立起学生正确的价值观，让学生能够正确地处理事情，并能够判断是非对错，具有正确选择取舍的标准。价值观是每个人做出抉择时思考的依据，也是做人做事的准绳与底线，是今后成长的内在动力。对学生而言，追求正确的人生观与价值观应该是全面健康发展的最重要的内容。

生物学教学中培养学生的世界观、人生观与价值观的内容非常多。例如，教师可以结合我国著名生物科学家及其科研成果，培养学生爱国主义情感与自身理想职业的追求。如人教版《高中生物学必修二》《杂交育种》一节内容的教学中，教师可以利用杂交水稻之父袁隆平的故事，帮助学生体会科技在生命过程中的神奇价值，感受我国生物技术为人类生存带来的巨大贡献，提高他们未来想要从事与科技相关职业的热情。又如人教版《高中生物学必修一》《生命活动离不开细胞》一节内容的教学中，教师可从一系列人类胚胎发育的组图的讲述，让学生体会生命孕育的艰辛，母亲的伟大。再如人教版《高中生物学必修一》《细胞的癌变》和人教版《初中生物学》《健康的生活》相关内容的教学中，教师可以渗透养成健康生活方式的意识；可以关注生物前沿发展，渗透 STS（科学—技术—社会）的发展观。高中生物教材中如基因工程、细胞工程、发酵工程、酶工程等内容都为学生教育提供了良好的学生素材。如在人教版《高中生物学必修二》《基因工程》一节的教学中，教师可以通过对转基因食品的安全问题的讨论，促进学生形成对基因工程和转基因食品的认识，开阔学生的视野，并加强其对"科学发展是一把双刃剑"一句话的理解，最终让学生形成生物科学发展与科学利用就是让其更好为人类造福这样的价值观。最后，教师还可以帮助学生树立可持续的发展观，增强环保意识。如在《高中生物学必修三》和《高中生物学选修三》的教材中都不同程度地讨论了现存的环境问题和人类的应对办法，引导学生的环保意识。

此外，学科核心素养的培养也是生物学教学中应当突出的重点。《普通高中生物学课程标准（2017 年版）》中明确指出：生物学学科核心素养包括生命观念、科学思维、科学探究和社会责任。这是生物学学科育人价值的集中体现，也是学生通过学科学习而逐步形成的正确的价值观念、必备品格和关键能力。以学生为本，促进学生生物学学科核心素养全面提高，在学习的过程中巩固落实，建立主动、轻松、可接受的学习气氛，充分发挥教师的指导性或辅导性，让每个学生能够全面发展，幸福地生活，最终提高整体国民的思想道德、科学文化、劳动技术、身体心理素质。

"能力为重"的内涵与实施规范。《标准》中对"能力为重"的描述是：把学科知识、教育理论与教育实践相结合，突出教书育人实践能力；研究中学生，遵循中学生成长规律，提升教育教学专业化水平；坚持实践、反思、再实践、再反思，不断提高专业能力。从以上内容可以看出，《标准》强调实践能力，具体要求为教师要把学科知识、教育理论与实践有机地结合起来，通过不断地思考与研究，进一步改良教育教学质量，不断提升教师自身的专业能力。生物学是一门实验的学科，这就要求生物学教师较非实验学科教师而言，还要增加自身的实验与实践教学的能力，培养学生科学探索与科创精神的综合教学能力。能力不仅是实现教育目标的保障，也是教育质量的保障。在课堂教学实施中，生物学教师主要表现为以下方面。

首先，生物学教师教授理论知识的能力。生物学教师不仅应具有扎实的学科专业知识，更需要有将学科专业知识传授给学生的能力；不仅需要有教育理论知识，更需要将理论知识运用于实践之中并在实践中形成个人实践理论的能力。一个有能力的生物学教师，应当能够帮助学生在生物学课堂上形成乐学、好学、会学的意识，使其逐渐养成有效的学习方式方法，学会并掌握生物学中的核心概念，以及培养生物学科特有的科学思维方式和习惯。除此之外，还应当能够用自身良好的形象去影响学生，让学生在生活当中运用生物学知识了解自然、认识自己、服务社会。

其次，生物学教师教授实践技能的能力。生物学教师应当能够将理论知识联系实际操作，通过生物学实验或实践来培养学生的学习能力、实践能力以及创新能力。此外，生物学教师应具备良好的教学反思能力与评价能力，及时调整和改进生物学教学工作，不断提高生物学教学效果，在促进学生个性发展的同时强化质量意识，达到提高教育质量的目的。同时也能够注重运用多种评价工具，掌握多元评价方法，多视角、全过程评价学生的学习和发展。

最后，生物学教师的教育管理能力。生物学教师应具有一定的教育管理能力，使学生在课堂上能够逐渐养成良好的习惯与作风，如对生物学知识的主动学习、与同学在实验中的默契合作；帮助学生建立良好的学习共同体，结合生物学教学开展丰富多彩的课外实践活动等。

"终身学习"的内涵与实施规范。《标准》中对"终身学习"的描述是：学习先进中学教育理论，了解国内外中学教育改革与发展的经验和做法；优化知识结构，提高文化素养；具有终身学习与持续发展的意识和能力，做终身学习的典范。从以上内容可以看出，教师的专业发展不是通过一次性教育而完成的过程，而是一个不断延伸、逐步覆盖到教师职业生涯和实践的过程。《标准》要求教师要主动适应经济社会和教育发展，不断优化知识结构，不断提高文化修养，做终身学习的典范。早在 1994 年联合国教科文组织发动的"首届世界终身学习会议"中终身学习就已经得到共识，并作为重要的教育概念广泛传播。

生物学科是 21 世纪发展最为迅速的学科之一，哺乳动物体细胞克隆的成功，以及人类基因组计划的实施等，都反映出生物科学技术对人类社会的重大影响，人们更加倾向借助科技的发展来关注自身健康、人类生存与发展。因此生物学教师职业更需要终身不断地学习，补充自身知识的缺漏。另外，在自然科学逐步回归实验或实践教学的发展趋势上，自然科学的教学方式也发生着改变，提倡学生课堂中动手与动脑逐步成为师生的主要教学行为，因此生物学教师通过再学习对新的教学形式进行的转变与适应也就变得非常必要。

在教育学习与实践中，生物学教师应当能够做到以下的两个方面：第一，以自己为榜样，号召学生自律学习。生物学教师发挥作为学生表率的作用，通过言传与身教引导学生，通过自身的努力来激发学生学习兴趣、影响学生学习动机。第二，要做到不断提升个人修养和素质，打造现代化的生物学课堂。生物学教师应充分利用各类的学习培训机会，学习生物学教学的新方法，在课堂中尝试应用新科技和新技术，从而真正做到生物课学生爱上，教师的话学生爱听。如生物学教师可以在课堂中运用 3D 技术展示水中游动的鱼，让学生认识鱼的结构；再如在生物学课堂上，教师通过平板电脑等电子设备实施即时评价，使每个学生的学习效果都在掌握之中，实现对所有学生的学习进度的把控。

终身学习首先是生物学教师职业性质特点所决定的，传授给学生的思想观念、价值观、文化科学知识，必须符合生物学快速发展的时代发展要求。它同时也是知识经济和信息时代发展的要求，在生物学课程不断革新的趋势下，生物学教师要不断提高教育教学水平。

5.2.3 中学教师专业标准的内容与学科解读

从标准的基本内容上来看，《标准》整体呈现出清晰的逻辑关系，其中包含了"维度""领域"和"基本要求"三个层次。维度分为"专业理念与师德""专业知识"和"专业能力"三类；每个维度下确立了 4～6 个的领域，共包含了 14 个领域；每个领域下又提出了 3～7 项基本要求，共 63 项基本要求，详见表 5-10。

表 5-10 《标准》中"专业理念与师德"的内容

维度	领域	基本要求
专业理念与师德	（一）职业理解与认识	1. 贯彻党和国家教育方针政策，遵守教育法律法规 2. 理解中学教育工作的意义，热爱中学教育事业，具有职业理想和敬业精神 3. 认同中学教师的专业性和独特性，注重自身专业发展 4. 具有良好职业道德修养，为人师表 5. 具有团队合作精神，积极开展协作与交流
	（二）对学生的态度与行为	6. 关爱中学生，重视中学生身心健康发展，保护中学生人身安全 7. 尊重中学生独立人格，维护中学生合法权益，平等的态度对待一位中学生。不讽刺、挖苦、歧视中学生，不体罚或变相体罚中学生 8. 尊重个体差异，主动了解和满足中学生的不同需要 9. 信任中学生，积极创造条件，促进中学生的自主发展 10. 树立育人为本、德育为先的理念，将中学生的知识学习，能力发展与品德养成相结合，重视中学生的全面发展

维度	领域	基本要求
专业理念与师德	（三） 教育教学的态度与行为	11. 尊重教育规律和中学生身心发展规律，为每一位中学生提供适合的教育 12. 激发中学生的求知欲和好奇心，培养中学生学习兴趣和爱好，营造自由探索、勇于创新的氛围 13. 引导中学生自主学习、自强自立，培养良好的思维习惯和适应社会的能力 14. 尊重和发挥好共青团、少先队组织的教育引导作用
	（四） 个人修养与行为	15. 富有爱心、责任心、耐心和细心 16. 乐观向上、热情开朗、有亲和力 17. 善于自我调节情绪，保持平和心态 18. 勤于学习，不断进取 19. 衣着整洁得体，语言规范健康，举止文明礼貌

"专业理念与师德"维度从教师对待职业、对待学生、对待教育教学和对待自身发展四个方面，确定了"职业理解与认识""对学生的态度与行为""教育教学的态度与行为""个人修养与行为"四个领域，提出了 19 项基本要求。这些基本要求指向造就具有良好职业道德和专业精神的合格教师，既体现了对"学生为本"理念的细化，如尊重学生、关爱学生、教书育人等，也体现了对"师德为先"理念的细化，如依法从教、爱岗敬业、为人师表等。

"专业知识"维度从中学分科教学的实际出发，依据中学生身心发展的规律以及中学教育教学的本质特征，确立了国内外学界基本形成共识的教师知识构成的四个领域，即"一般教育知识""学科知识""学科教学知识""通识性知识"，提出了有关中学教师专业知识的 18 项基本要求。对于生物学教师而言，把握"专业知识"有三个方面的要求：在生物学知识方面，教师不仅要知道所教学科的内容，并且要"理解所教学科的知识体系、基本思想与方法""了解所教学科与其他学科的联系"等，这是为了保证教师在教学活动中脉络清晰、重点突出，让学生感悟学科的基本思想；在生物学教学方面，提出"掌握针对具体学科内容进行教学的方法与策略"等，是要求中学教师能够把一般教育知识与学科知识有机结合，并体现在教学活动之中；在通识性知识方面，提出"具有相应的自然科学和人文社会科学知识""具有相应的艺术欣赏与表现知识"等，一方面是为了保证教师在教学活动中能够关注学生的全面成长，更好地体现育人为本的教育理念，另一方面也是在素养方面对教师专业发展提出的基本要求。

"专业能力"维度从"教学设计"等六个方面，提出了 26 项有关中学教师专业能力的基本要求，涵盖了中学教师应有的四方面基本能力。一是教学能力，这是中学教师的主要工作，因此《标准》对中学教师专业能力的要求是以教学能力为中心，其中涉及教学的设计，实施和评价等。二是开展班级管理和其他教育活动的能力，这些工作是"教书育人"使命所决定的教师教学以外的基本工作，一个合格的教师必须具备这方面的能力。三是人际交往能力，教师职业是一项与人打交道的工作，教师必须能够有效地与学生交流，此外拥有与同事、家长、社区等沟通与合作的能力是有效开展教育教学的基本保障。四是自我发展能力，因为在终身学习社会中，教师只有具有自我发展能力，才能不断提升自己的专业水平，才能适应教育教学工作的需要。

依照上面的三个维度，可以分别从"专业理念与师德""专业知识""专业能力"对标生物学学科，进行生物学学科的解读。

"专业理念与师德"《中华人民共和国教师法》对教师身份的界定是"履行教育教学职责的专业人员"，具体而言，生物学教师应对职业有深入的理解与认同，做到遵守法律和职业道德，为人师表；贯彻国家的教育方针，遵守规章制度，执行学校的教学计划，履行教师聘约，完成教育教学工作任务；对学生进行宪法所确定的基本原则的教育和爱国主义、民族团结的教育，法制教育以及思想品德、文化、科学技术教育，组织、带领学生开展有益的社会活动；关心、爱护全体学生，尊重学生人格，促进学生在品德、智力等方面全面发展；制止有害于学生的行为或者其他侵犯学生合法权益的行为，批评抵制有害于学生健康成长的现象；不断提高思想政治觉悟和教育教学业务水平。生物学教师在教学当中应当做到如下几点。

首先，生物学教师应能够遵循教育规律和中学生身心发展规律，为每一位中学生提供适合的教育。生物学教师应当能够激发中学生的求知欲和好奇心，培养中学生学习兴趣和爱好，营造自由探索、勇于创新的氛围。例如，对于人的生殖和发育一节中，学生的求知欲和好奇心很浓厚，在教学过程中可适当整合教材内容，调整教材顺序。如果按教学进度，这一节的内容将在八年级上册的后半学期进行教学，教师可以在八年级一开学即引入这一节内容，树立学生对人的生殖和发育科学的认识，在教学过程当中，通过最开始的引入，提问学生在听到生殖和发育时头脑中出现的词汇有哪些，小时候同学们向自己的父母提出自己是如何来的，父母是如何回答的，然后通过教学科学的讲解认识生殖器官以及人的生殖和发育，引导学生科学正确地认识这一概念。此外，教师还可以在课堂上让学生将沉重的书包背到前腹部，让学生体验母亲怀胎 10 月的不易。

其次，生物学教师应能够引导学生自主学习、自强自立，培养良好的思维习惯和适应社会的能力。核心素养提出要学生成为一个全面发展的人，对于生物学科可以从四个方面来培养学生，即生命观念、科学思维、科学探究和社会责任，在科学思维中，可以培养学生归纳与概括、演绎与推理、建模与模型、批判性思维和创造性思维的能力。在社会责任中可以培养学生关注社会议题、理性分析解释、开展科学实践、解决现实问题、参与环保实践、崇尚健康文明的能力。

最后，生物学教师应当能够和学校的德育处进行很好的融和，以德育处为载体进行很好的活动实践。如在微生物一节中进行酸奶的制作，可以把在生物课堂上的理论知识，应用在生活实践中，学生可以制作不同味道的酸奶，同时结合学校德育处的支持，将此活动上升到学校层面。可在学校食堂门口进行不同班级酸奶制作的展示和品尝，这样可以大大增进学生学习的兴趣，真正让学生的学习学以致用，同时班级之间展开竞争和评比，也可以让同学之间相互取长补短，发挥出更好的创造力。

"专业知识"包括教育知识、学科知识、学科教学知识与通识性知识四个领域。从中可知生物学教师不仅要熟知生物学科中的知识，同样也需要了解发展心理学、教育心理学中关于学生的知识，把握学生认知水平、理解学生的心理发展特点以及制约青少年心理发展的因素。生物学教师在具体的落实中可参考如下行为方式：

从教学上来看，生物学课程标准是教师进行学科教学的基本依据，因此教师必须掌握所教学科的课程标准。教师应该在深入研读课标的基础上，对课本进行解释、论证、补充和拓展，从而超越教材、丰富教材，使教学更有价值。在生物学教学中，教师要尽可能多地为学生创设动手动脑的活动，让学生在创新的情境下去探究发现新的知识。比如，在学习骨的成分和特性这一内容时，教师可设置探究实验，学生通过亲身动手参与，发现骨中含有有机物和无机物，并通过触摸、折叠处理后的骨等活动，体会骨的变化，然后再运用课堂所学知识解释为何要在公交车上主动为老人让座、为何青少年应注意坐立行走的姿势等现实问题，激发学生良好的学习状态，促进其主动建构知识。生物学教师应该要有一定的课程高度和视野，这样学科教学才能有效促进核心素养的形成。生物学是一门面向生活和生活紧密结合的学科，教师可以把教学内容从书本、课堂中引向多姿多彩的生活；可以通过编写校本课程教材、进行第二课堂的实践活动、组织课外兴趣小组和相关的生物社团等有效途径，对课堂教学进行适时的补充，积极探索生物学科课程资源的开发和校本课程的开发。

在此基础上，生物学教师还应理解所教学科的知识体系，掌握基本方法与思想。如在学习尿的形成过程这一内容时，教师可以引导学生对原尿、血浆、尿液三者成分数据进行统计和分析，通过辨析、验证、推测等方式组织学生研讨挖掘隐藏在数据其后的知识和观点，然后在这一过程当中让学生体会科学家的思维过程，拓展学生的理性思维，渗透生物学的科学方法。由于课堂教学时间有限，课堂教学的容量也非常的小，生物学教师不可能也没有必要在非常有限的课堂教学时间里教授学生所有的科学知识。因此教师所教学科的基本知识和基本原理与技能对教师来说非常关键。教师要为学生提供必要的核心知识和核心概念，让学生能够基于核心知识和核心概念构建完整的知识体系。任何知识都不是孤立存在的，生物学教师要善于联想、举例和比喻，把知识进行扩展和深化，了解所教学科与其他学科的联系，在适当的时机进行学科知识的整合。例如，在初中生物教学中可以发现很多和物理学科相联系的知识点，像运动的形成与杠杆原理、视觉的形成和凸透镜成像原理等，教师可进行适当的整合教学。

从学生培养上来看，生物学教师应关注学生的精神需求，掌握教育心理学的基本原理和方法，了解中学生身心发展的一般规律与特点是教师必备的技能。教师应当充分了解中学生的群体文化特点与行为方式，这对于生物学教师的教学方式方法的确定非常重要。此外，生物学教师还应当能够根据中学生在学习具体内容时的认知特点来进行教学设计，对教材的学科知识进行合理地取舍和整合。如在进行肺通气这一概念的教学，仅从字面意义来理解肺通气并不难，但要理解这个概念中包含的内涵对没有物理学知识基础的初一学生来说就非常困难了——尤其是学生尚没有关于压力、压强的知识。这时教师可借助模型和生活中的实例，如学生爱玩的课间游戏人挤人，通过对实例的辨析帮助他们真正建构肺通气的概念。

关于学生培养，生物学教师还应了解生物学与社会实践及共青团活动的相关联系，如在生物教学中可以通过开展联系学生生活、贴近社会实践的探究活动，来帮助学生学习科学知识，运用科学知识解决生活中的问题。如在学习急救常识学习活动时，教师可以充分利用社区资源和红十字协会，邀请专业医师进校进行模拟溺水和突发性心血管疾病的急救；也可以在学习健康的生活一节内容时开展禁烟、禁酗酒的教育活动，与相关政府部门协调联系，组织学生观看相关法制录像和参观戒毒所等活动。

从自我发展上来看，生物学教师不应局限于自己所教的学科知识，而应该具备一些基础的自然科学和人文社会科学的相关知识，了解一些科学历史，增加教学的趣味性，帮助学生更好地掌握科学知识。生物学教师也须具备一定的艺术修养，善于发现生活中的美，营造一个有人气的课堂。例如，在学习DNA 是主要的遗传物质一节内容时，可以带领学生亲自动手制作 DNA 分子双螺旋模型，通过模型的制作引导学生去发现学科之美，培养学生对生物学科真正的热爱。最后，生物学教师需能够选择适合教学内容的现代化信息技术手段辅助进行教学，如在进行种子萌发形成幼苗的观察过程当中，教师可以引导学生借助现代化多媒体工具，如手机等记录观察结果，用手机照片作为结果呈现。这样可以在课堂上解决该实验周期长、无法在课堂上及时观察实验结果的矛盾，又便于学生及时进行交流分享。

"专业能力"包括教学设计、教学实施、班级管理与教育活动、教育教学评价、沟通与合作以及反思与发展六个领域。教学设计是课堂教学的重要环节，也是上课的根本。教学设计能力主要要求指向教学目标设计能力、教学过程设计能力与导学设计能力。《标准》把导学设计能力作为教学设计能力的重要内容是"学生为本"理念的重要体现。教学实施能力主要要求包括教学环境创设能力、教学应变能力、有效教学能力、探究教学能力与现代教育技术应用能力。从"基本要求"中强调"通过启发式、探究式、讨论式、参与式等多种方式""激发与保护学生的学习兴趣""发展学生创新能力"等规定也体现了《标准》的"学生为本"理念。生物学教师在具体的落实中可参考如下行为方式：

在教学设计上，生物学教师在设计教学目标与教学计划时，应根据其内容和目标的要求来选用教学资源和教学方法，使教学资源丰富，教学的方法多样。如对于动物的学习行为，学生的身边就有很多实例，有的教师会选用小狗的学习行为，而学生对于稀奇的新鲜的实例都很感兴趣，因此用一段乌鸦能学会利用车轮碾压核桃，在红绿灯边斑马线等红灯时去吃掉核桃的视频效果也会很好；教学目标和教学计划的制订应根据学生情况和学生的需求进行制定。如对于细胞的教学而言，初中生由于没有其他基础知识的铺垫，因此对细胞质中的各种细胞器及其功能是比较难以理解的，所以在制订教学目标的时候不应过深过难，能够弄清细胞膜、细胞质、细胞核的大体结构和功能即可。

在教学实施上，教师应留心对生物课堂学习情境和氛围的创设，激发学生的学习热情和兴趣，帮助提高学生的学习效果，如在血液的教学中通过创设交通事故后大量出血的伤者的救治的一个情境，以帮助伤者救治为线索，学习血液中的各个成分，并最终落实到如何救治伤者。生物学教学中教师应有效实施教学，而不应成为照本宣科的机器，而多样化的课堂活动能够让学生在课堂中不断地产生新鲜感，从而提高学生参与的兴趣。如在花的结构的教学中，教师可以让学生自主探索花的结构，通过同伴讨论、对照纠错找出不完全花缺失的部分等活动，激发学生的参与度，并及时调控教学过程，合理处理偶发事件。

在学生发展上，教师应明确每位学生的个体情况不同。在学习的过程中学生应根据自己的情况制订不同的学习计划，如在复习的过程当中，有的学生认为结构的记忆比较困难，有的学生认为对遗传规律等相关定律的理解比较困难，那么他们就应制订不同的学习计划，有不同的侧重。学生个体情况性格各异，教学过程中难免遇到学生思维活跃的情况，在课堂教学中恰当地处理学生提出的问题能够更好地建立教师在学生心目中的威信。如有学生在午后的课堂上睡觉，老师发现后并不是生气地将其喊醒，而是为他盖上了一件衣服，从生物教学的角度上讲解午饭后血液会回流到消化系统帮助消化，大脑比较容易缺氧而显得疲倦。睡觉的学生感受到老师的关爱，也无形中对生物的学习有了兴趣，而其他的学生也从中学习到了生活的常识。

生物学是一门实验的科学，教师应根据学科特色发展学生独立思考和主动探究的能力。学生在学习的过程当中应逐渐体会独立思考和主动探究的乐趣，保持持续不断地创新能力。生物学教学中也应注重情感态度价值观的培养，在生物学教学的过程当中，教师还应了解中学生的年龄及心理特点，能够尊重他们的想法，正确且适当地进行引导。而对于学生的评价不应仅限于分数，更应着眼于学生的学习过程，全方位地对学生进行评价。

从自身的发展上来讲，生物学教师也有四点可以注意的事项。第一，教师可以注重将现代教育技术手段整合至教学之中。现代教育技术可以大大提高教育教学的效果和效率，生物教学中很多涉及微观的内容需要通过现在教育技术呈现，如显微摄影，课堂中通过多媒体的展示可以帮助学生形象地理解微观结构。第二，教师要在教育教学的过程中不存私心，建立资源分享共建的同事关系共同发展。第三，生物教学和学生的生活密切相关，教师应与家长进行良好的沟通合作，促进家校共育，提升中学生的学科素养。例如，鼓励学生和家人一起共同完成相关的生物学活动，帮助家长了解学校所学跟学生生活的关系，促进亲子沟通。第四，教师每学年应制定专业规划的目标，积极参加学校区级市级的教研活动。如每学年初应就个人专业发展的规划撰写成长计划，对某一方面做出比较明确的要求，并向着这个目标努力去实现。

【学以致用】

1. 从你自身的情况或所在学校、地区的情况说说教师专业标准制定重要性。

2. 举例说出《中学教师专业标准（试行）》的基本理念与主要内容与生物学教育的具体联系。

3. 举例说明教师专业标准中"师德为先""学生为本""能力为重"和"终身学习"四个理念与你的生物学课堂或你所见到的课堂的具体联系。

4. 分析教师专业标准中专业理念与师德、专业知识、专业能力中的基本内容，思考自身能够提升的方面。

第 3 节　了解教师资格证考试大纲是成为教师的第一步

【聚焦问题】

1. 教师资格证考试的基本情况如何？
2. 教师资格考试标准的基本内容有哪些？

【案例研讨】

某生物科学专业的师范生在参加教师资格考试之前，对中小学教师资格考试实施细则进行了阅读，发现只有参加了相关的考试才能成为一名合格的中学教师。他在向其他同学介绍教师资格考试时摘录了《四川省中小学教师资格考试实施细则》总则中的若干内容：

第一条　为贯彻落实教育部《中小学教师资格考试暂行办法》，严格教师职业准入，保障教师队伍质量，组织实施好我省教师资格考试，结合我省实际，制定本实施细则。

第二条　中小学教师资格考试（以下简称教师资格考试）是评价申请教师资格人员（以下简称申请人）是否具备从事教师职业所必需的教育教学基本素质和能力的考试。

第三条　参加教师资格考试合格是教师职业准入的前提条件。申请幼儿园、小学、初级中学、普通高级中学、中等职业学校教师和中等职业学校实习指导教师资格的人员须分别参加相应类别的教师资格考试。

第四条　教师资格考试实行全国统一考试。考试坚持育人导向、能力导向、实践导向和专业化导向，坚持科学、公平、安全、规范的原则。

教师资格考试考查的是"从事教师职业必需的教育教学基本素质和能力"，这项考试是"全国统一的考试"，是"教师职业准入的前提条件"，也是"育人导向、能力导向、实践导向和专业化导向的"。这些介绍虽然只涉及了几个方面，但也使得师范生们对教师资格证考试有了大致的了解。

上文中的关键句"是否具备从事教师职业所必需的教育教学基本素质和能力""教师职业准入的前提条件""分别参加相应类别的教师资格考试""全国统一考试""育人导向、能力导向、实践导向和专业化导向"等可以体现出教师资格证考试的大致目标指向。本节内容将就教师资格证考试的基本情况进行说明和解读，并明确中学生物学教师进行资格考试的内容和要求，帮助有志成为一名合格的生物学教师的申请者更快地熟悉相关考试。

5.3.1 教师资格证考试的概况

参加教师资格证考试是绝大多数师范生都会经历的体验，具备教师资格证也是成为一名合格生物学教师的必要条件。本节内容将就中学教师资格证考试报考条件、考试内容与形式以及考试的实施和考试科目三个方面来进行简要的概述，以期读者形成对教师资格证考试的整体认识。

首先，来看中学教师资格证考试的报考条件。虽然一般参与资格证考试的人员大都是师范生，但中学教师资格证考试的报考条件并不局限于师范大学的师范生，而是面向有意愿从事教师行业的所有人员。在报考时，只需要符合以下基本条件即可报名参加教师资格考试：具有中华人民共和国国籍；户籍或人事关系（与用人单位签订一年以上聘用合同；并由用人单位缴纳社会保险）在本地；遵守宪法和法律，热爱教育事业，具有良好的思想品德；符合申请认定教师资格的体检标准；以及符合《教师法》规定的学历要求。

以四川省为例具体来看报考情况。在四川省，省内高等学校在校毕业前两年内的学生以及中等职业学校师范类专业在校毕业前两年内的学生，可凭学校出具的在籍学习证明报考。由于以往各师范大学的师范生在顺利毕业后可直接取得教师资格证，因此目前规定 2015 年及以前的师范生入学并取得学籍的师范类和非师范类专业毕业生，申请认定教师资格，按《四川省中小学教师资格考试和认定衔接办法》执行。2016 年及以后入学的师范类和非师范类专业学生，申请中小学教师资格均应参加教师资格考试。被撤销教师资格的，五年内不得报名参加考试；受到剥夺政治权利，或故意犯罪受到有期徒刑以上刑事处罚的，不得报名参加考试。曾参加教师资格考试有舞弊行为的，按照《国家教育考试违规处理办法》的有关规定执行。

　　教师资格考试分为笔试和面试两部分，考试标准和考试大纲由教育部统一制定，笔试和面试试题由教育部教师资格考试中心统一命制。笔试和面试不统一指定教材，考生可通过中小学教师资格考试网下载《考试标准》和《考试大纲》，自行复习、备考。笔试主要考查申请人从事教师职业所应具备的教育理念、职业道德、法律法规知识、科学文化素养、阅读理解、语言表达、逻辑推理和信息处理等基本能力；教育教学、学生指导和班级管理的基本知识；拟任教学科领域的基本知识，教学设计、实施、评价的知识和方法，运用所学知识分析和解决教育教学实际问题的能力。笔试主要采用计算机考试和纸笔考试两种方式进行，生物学的考试方式为笔试，时间为 120 分钟。生物学科的中学教师资格证考试的笔试包括《综合素质》《教育知识与能力》《生物学知识与教学能力》，其中初中与高中的前两科名称相同，第三科内容与难度等有所差异。

　　笔试各科成绩均合格并在有效期内的，方可报名参加面试。面试采取结构化面试、情境模拟等方式，通过抽题、备课（活动设计）、回答规定问题、试讲（演示）、答辩（陈述）和评分等环节进行。面试考试时间为 20～30 分钟，面试主要考查申请人的职业认知、心理素质、仪表仪态、语言表达、思维品质等教师基本素养和教学设计、教学实施、教学评价等教学基本技能。考试结束后，由国家确定笔试成绩合格线，省教育厅确定各省面试成绩合格线。考生在笔试和面试成绩公布后，可通过国家中小学教师资格考试网查询本人的考试成绩。如对本人考试成绩有异议，可在成绩公布 10 个工作日内向省教育考试院提出复议申请。

　　笔试单科成绩有效期为两年，这也意味着考生在两年的时间内通过三门笔试考试都可算顺利通过。笔试和面试均合格者由教育部考试中心（教育部教师资格考试中心）颁发教师资格考试合格证明，教师资格考试合格证明有效期为三年，即考生凭借该证明可在三年内应聘教师工作。教师资格考试合格证明是考生申请认定教师资格的必备条件。

　　其次，从中学教师资格证考试的实施上来看，不同省份开展教师资格考试的时间先后不同，但最终都会按照国家规定进入统考，具体时间以教育部考试中心公布的考试时间为准。笔试和面试考生均须通过中小学教师资格考试网报名，报名成功后需携带省教育考试院规定的相关材料到指定地点进行报名审核，并现场确认报名信息。各省教育考试院按照《中小学教师资格考试考务工作规定》《中小学教师资格考试机考考务细则》组织实施笔试考务工作；按照《中小学教师资格考试面试工作规程》制定面试实施细则，组织实施面试工作。省教育考试院使用教师资格考试考务管理信息系统进行笔试和面试的报名受理、考点设置、考场编排等考务管理工作。笔试和面试机考软件系统的使用实行首席技术负责人制度，采取分级培训方式进行。面试一般按学科分组进行。每个考评组由不少于三名考官组成，设主考官一名。面试实行现场打分的方式。面试考官由高校专家、中小学和幼儿园优秀教师、教研机构专家等组成。面试考官须具备表 5-11 中的条件（部分）。

表 5-11　教师资格证考试面试考官条件（部分）

条目	内容
1	熟悉教师资格考试相关政策
2	具有良好的职业道德，公道正派，身体健康
3	有扎实的专业知识、较强的分析概括能力、判断能力和语言表达能力
4	从事相关专业教学或研究工作五年以上，一般应具有副高级以上专业技术职务（职称），少数薄弱学科可适当放宽

最后，从考试的科目上看，初中的考试科目三分为 15 个科目，普通高级中学和中等职业学校科目三分为 14 个科目。单就生物学来看，其笔试科目包括科目一综合素质、科目二教育知识与能力以及科目三学科知识与教学能力，面试内容则为教育教学实践能力。

5.3.2　中学生物学教师资格考试标准解读

中学生物学教师资格考试主要考查的是申请教师资格人员从事教师职业所必需的职业道德、专业知识与基本能力。它的考试目标是希望通过资格考试的生物学教师不但应当具有良好的道德修养教育理念，扎实的知识基础与教学能力，还应当具备班级管理和学生培养等一系列必备的教师技能。

对于生物学教师而言，标准希望教师具备以下三条基本的要求：第一，教师应当具备较先进的教育理念、良好的法律意识和职业道德；应具有从事教师职业所必备的科学文化素养和阅读理解、语言表达、逻辑推理和信息处理等基本能力。第二，教师应当掌握教育教学与班级管理的基本原理和基本知识，并能够正确地解决在教育教学当中遇到的实际问题。第三，教师应当具备良好的生物学教学能力，掌握生物学专业领域的基本知识，掌握教学设计、教学实施和教学评价的基本原理和方法，并能在教学实践中正确运用。

中学生物学教师资格考试标准是国家对中学教师职业的准入标准，也是从事中学教师的最基本的要求，同时还是中学教师资格考试的基本依据。该标准包含 3 个一级指标、10 个二级指标与 32 个三级指标，对考试内容与应试者有明确的要求。具体的一、二级指标如表 5-12 所示。

表 5-12　中学生物学教师资格考试标准(试行)考试标准

一级指标	二级指标
1. 职业道德与素养	1.1 职业理念 1.2 职业规范 1.3 基本素养
2. 教育知识与应用	2.1 教育基础 2.2 学生指导 2.3 班级管理
3. 教学知识与能力	3.1 学科知识 3.2 教学设计 3.3 教学实施 3.4 教学评价

从职业道德与素养上来看，职业理念下的三级指标要求教师要能够了解国家实施素质教育的基本要求，能够正确地分析和评判教育现象，明确教育对于学生发展的重要意义，客观公正地对待每一位学生，促进学生综合素质的全面发展。教师还应了解教师专业发展的要求，具备终身学习与自主发展的意识；职业规范下的三级指标要求教师应当了解国家主要的教育法律法规，正确分析和评价教育教学实践中所遇到的法律问题。教师应当明确职业道德规范，能够分析评价教育教学实践中的道德规范问题，了解教师职业道德行为要求，能做到爱岗敬业、爱国守法、关爱学生、教书育人、为人师表、终身学习；基本素养下的三级指标要求教师首先要掌握一定的自然和人文社会科学知识，自身具有较好的文化修养。在此基础上，教师应当掌握一定的艺术鉴赏知识，具有一般审美能力，并具有阅读理解能力、语言与文字表达能力、交流沟通能力、信息获取和处理能力。

从教育知识与应用上来看，教育基础下的三级指标要求教师首先应当必须掌握教育理论的基本知识，能够运用教育的基本原理和方法，分析和解决在教育教学实践当中遇到的各类问题。教师要能够掌握教育教学规律和学生特点的相关知识，运用正确的方法和手段来分析、处理教育教学中的问题，明确教育课程改革的动态和发展情况，及时地更新信息，并依照这些信息来分析和指导教育教学。与此同时，教师还应了解教育科学研究的基本理论和方法，能对教育教学实践的问题进行初步研究；学生指导下的三级指标要求教师能够了解学生思想品德发展的规律和个性特征，能够依照不同学生的不同特点，有针对性地开展德育工作。明确学生在身心、情感等方面发展的特性和差异性，并掌握开展基础心理辅导的基本方法，能够依照这些学习心理发展的特点和规律，指导学生选择不同的学习方法，进行积极有效的学习；班级管理下的三级指标要求教师应当掌握班级管理的一般原理和方法，能够熟练开展班级的日常管理工作。教师能够了解学习环境、课外活动的组织和管理知识，能够组织本班学生开展丰富多彩的课外活动。此外，教师还应了解人际沟通的一般方法，能够做到主动与同事、学生、家长、社区等各方面的人士进行有效交流。

最后从教学知识与能力上来看，学科知识下的三级指标要求教师首先应当掌握拟任教学科的基础知识、基本理论，能够了解学科发展的历史、现状和趋势，并在教学中正确运用学科知识。了解课程标准的基本教学内容和教学要求，并依照标准和要求来指导自己的教学。教师还应掌握学科教学论的一般理论知识，开展本学科的教学活动。教学设计下的三级指标要求教师具备分析学生学习需求的基本方法，能够根据学生已有的知识水平和学习经验，准确说明所选内容与学生已学知识之间的联系。教师应当了解学习内容的选择与分析学生的基本方法，能根据学生的认知特征和课程标准的要求来确定自己的教学目标、教学重点和教学难点，开展教学。在课堂设计时掌握教案设计的基本要求、方法和技巧，能够恰当地描述教学目标，选择适当的教学方法，合理安排教学过程和教学内容，在规定的时间内完成所选教学内容的教案设计；教学实施下的三级指标要求教师应了解教学情境创设、学习动力激发与培养的方法，能有效地将学生引入学习活动。掌握指导学生学习的方法和策略，能依据学科特点和学生的认知特征，恰当地运用教学方法，帮助学生有效学习，并掌握教学组织的形式和策略，能在教学活动中调动学生的主动性，组织探究性教学与研究性学习。在课程的终末阶段，能够明确课堂总结的方法，能适时地对教学内容进行归纳、总结，条理清楚、重点突出，合理布置作业。此外，还要求教师应当能够学会应用现代教育技术来进行教学。最后教学评价下的三级指标要求教师要了解教学评价的知识与方法，具有正确的评价观，能对学生的学习活动进行评价。在教学之后能够了解教学反思的基本方法和策略，能对自己的教学过程进行反思，提出改进的思路。

从上述的三级指标拆解中可以看出，考试标准从教师的方方面面提出了各种不同的要求。它要求一名合格的中学生物学教师不单应当具备与生物学教学相关的学科知识和教学知识，还应当具备在思想意识形态、学生辅导和教育、交流表达、班级建设等一系列方面的良好表现。这也为教师自身的职业发展与职后成长奠定了必要的基础。

5.3.3　中学生物学教师资格考试内容分析

本节内容将着重介绍中学生物学学科的教师资格考试。这一部分会划分为初中阶段、高中阶段，分别分析考试的目标和笔试题目的类型。最后将会介绍面试阶段的考试要求。

首先来看初中生物学"生物学科知识与教学能力"的内容分析。从考试的目标上来看，生物学科知识与教学能力考试目标包含学科知识、教学知识和教学设计能力三个主要的维度。生物学科知识与能力要求教师能够掌握生物学科的基本事实、概念、原理和规律等基础知识，具备生物学科的基本研究方法和实验技能；了解生物学科发展的历史和现状，关注生物学科的最新进展；并能举例说出这些知识与现实生活的联系。生物学科教学知识与能力要求教师能够掌握生物学课程与教学的基本理论，准确理解《全日制义务教育生物课程标准（实验）》的相关内容，并能用其指导初中生物学教学的展开。而生物学教学设计能力要求教师能够根据生物学科的特点，针对初中学生的认知特征、知识水平和学习需要选择教学内容，依据课程标准和教材，确定恰当可行的教学目标，确定教学重点和难点，选择合适的教学策略和方法，合理利用生物学课程资源，设计多样化的学习活动，形成完整的教学方案，了解生物学教学评价的基本类型和方法。

从初中生物学教师资格考试的内容方面再来看这三个维度。生物学科知识方面的内容要求包括如下的两个大模块。其一，要求教师能够掌握与初中生物学课程相关的植物学、动物学、植物生理学、动物生理学、微生物学、遗传学、生态学、细胞生物学、生物化学和生物进化等领域的基础知识和基本原理及相关的生物技术；了解生物学科发展的历史和现状，关注生物学科的最新进展。其二，要求教师能够掌握生物学科学研究的一般方法，如观察法、调查法、实验法等，运用生物学基本原理和基本研究方法分析和解决生活、生产、科学技术发展以及环境保护等方面的问题。

生物学教学知识方面的内容要求包括五个主要方面。第一，教师应当能够理解初中生物学课程的性质、基本理念、设计思路和课程目标，熟悉初中生物学课程 10 个主题的内容标准涉及的重要概念，知道课程资源的类型及其适用范围。第二，教师要了解初中生物学教材的编写理念、编排特点及内容呈现形式。第三，了解生物学教学理念、教学策略、教学设计、教学技能、教学评价、教学研究等一般知识与技能。第四，了解生物学科理论教学、实验教学、实践活动的基本要求和过程。第五，教师应当能够掌握初中生物学核心概念的一般教学策略。

生物学教学设计方面的内容要求也可拆解为六个方面。第一，对学习需求的分析，这其中包括了对学习者的分析，分析初中生学习生物学课程的一般特点，如年龄特点、整体知识水平、能力水平等，分析初中生学习生物学课程的差异性，如个性差异、知识水平差异、不同的学习态度等；对教材的分析，根据《全日制义务教育生物课程标准(实验)》及教材的编写思路和特点，确定课时内容在教材中的地位和作用，对教学内容进行合理的选择和组织，明确教学内容的相互关系和呈现顺序。通过分析教学内容和学生已有的知识基础，明确核心概念，确定教学重点与教学难点。第二，教师应当能够确定教学目标，包括领会初中生物学课程"知识、能力、情感态度与价值观"三维目标的含义，以及根据三维目标、教学内容和学生特点，确定并准确表述教学目标。第三，教师应当明确如何进行教学策略和方法的选择，包括根据教学目标、教学内容和学生认知特点，选择合适的教学策略和方法，合理选择和利用课程资源。第四，教师应当熟练掌握教学过程的设计方法，包括合理安排生物学教学过程的基本环节、设计合理的教学流程和分析并评价教学案例。第五，教师必须能够独立撰写格式规范的教案。第六，教师应当了解生物学教学评价的基本类型和方法，这其中既包括常见的终结性评价，也包括过程性评价。

初中生物学教师资格考试的笔试试卷包括四种主要的题型：客观题(如单项选择题)、主观题(如简答题、填空题)、材料分析题以及教学设计题。单项选择题包括 20 道考查生物学知识的题目与 5 道考查教学知识的题目，每题 2 分共 50 分。简答题(填空题)考查生物学知识，一般包括 2～3 小题，共包含 15 个空，每空 2 分共 30 分。材料分析题包含 2 道考查教学知识的题目，每题 20 分共 40 分。教学设计题包含 1 道考查教学知识的题目，共 30 分。表 5-13 分别就不同的题型进行了简单的示例展示。

接下来看高中生物学"生物学科知识与教学能力"的内容。与初中生物学的该门考试内容一样，高中部分的考试目标也划分为了生物学科知识与能力、生物学教学知识与能力以及生物学教学设计能力三个主要的部分。其基本要求和考试目的与前述的内容基本一致，唯一不同的是在教学知识能力维度下所参照的标准文件为《普通高中生物课程标准(实验)》，教师应当能够在此基础上展开高中生物学教学工作。

表 5-13　初中生物学教师资格考试笔试试题题型示例

题目类型	示例展示
单选题	下列属于条件反射的现象是(　　)。 A. 狗吃食物时分泌唾液 B. 婴儿听见雷声受惊发颤 C. 含羞草受到触碰后叶子闭合 D. 跨栏运动员听到发令枪响后起跑 (2017 年上半年)
简答题 (填空题)	"让豆腐上长出毛霉→加盐腌制→加卤汤装瓶→密封腌制"这是腐乳制作的流程示意图。 (1)科学研究证明,许多种微生物参与了豆腐的发酵。其中起主要作用的是毛霉。毛霉是一种丝状＿＿＿＿＿(填"真核"或"原核")生物。 (2)腐乳制作的原理是毛霉等微生物产生的＿＿＿＿能将豆腐中的蛋白质水解成小分子的肽和氨基酸;＿＿＿＿可将脂肪水解成甘油和脂肪酸。 (3)制作过程中加盐、卤汤的共同作用是＿＿＿＿。 (2017 年下半年)
材料 分析题	在学习心肺复苏实验前.教师对学生进行了一次小测验,其中的三道判断题如下: 1. 人体呼吸时吸入肺的气体是氧气,呼出的是二氧化碳。 2. 在人体呼出的气体中二氧化碳的含量比氧气高。 3. 与空气相比,人体呼出的气体中二氧化碳的含量高,氧气的含量低。 这三道题的答对率依次为:29％、19％、92％。 问题: (1)上述测验结果说明学生存在哪些主要错误概念? (2)分析学生对相关概念有哪些理解偏差会导致如上错误概念。 (2017 年下半年)
教学 设计题	"肾脏的结构"是初中生物学教学中的重点和难点,为了更好地理解肾单位的结构与功能,教师给学生准备了透明塑料球、针、绳子、胶带、红蓝白三种颜色的透明软胶管、剪刀等材料,让学生以小组为单位设计和制作肾单位结构模型。要求: (1)画出肾单位结构模型简图,标注结构名称,并写出制作说明。 (2)当学生制作完成肾单位结构模型后,设计运用该模型开展片段教学的问题串(至少 3 个)。 (2017 年下半年)

247

从内容上来看这三个维度的考试要求，生物学科知识和生物学教学设计上的要求与初中的考试要求基本一致，其主要的区别体现在生物学教学知识的前两点。第一，高中阶段的考试要求教师应当能够理解高中生物学课程的性质、基本理念、设计思路和课程目标，熟悉高中生物学课程必修模块的内容标准，知道课程资源的类型及其适用范围。第二，教师要了解高中生物学教材的编写理念、编排特点及内容呈现形式。特别是面对高中课标修订后可能到来的新教材的使用，更是对广大准教师们提出了更高的要求。

高中生物学教师资格考试的笔试试题的题目与前述相同分为几个基本的主要题型，由于格式类似在此不再进行样例的展示。接下来再来看中学教师资格考试的面试环节。面试是中学教师资格考试的重要组成部分，属于标准参照性考试。笔试合格者，方可参加面试的环节。在面试阶段，主要是为了考查申请教师资格人员应具备的新教师基本素养、职业发展潜质教育和教学实践能力，这其中主要包括了三个方面。第一，教师是否具备良好的职业道德、心理素质和思维品质；第二，教师的仪容仪表仪态是否得体，是否具有一定的表达、交流和沟通的能力；第三，申请教师能否可以恰当地运用教学方法、手段开展教学，教学环节的展示是否规范，是否能够较好地达成教学目标。

面试的基本过程为考生按照有关规定随机抽取备课题目，进行备课准备，时间 20 分钟，接受面试，时间为 25 分钟左右。考官会根据考生面试过程中的表现进行综合性评分。面试的评分内容与要求包括职业认知、心理素质、仪表仪态、言语表达、思维品质、教学设计、教学实施与教学评价八个方面（表 5-14）。

表 5-14　中学生物学教师资格考试面试评分表现

表现方面	内容说明
职业认知	具有较强的从教愿望，对教师职业有高度的认同，对教师工作的基本内容和职责有清楚了解；关爱学生，尊重学生、平等对待学生，关注每个学生的成长
心理素质	活泼、开朗，有自信心，有较强的情绪调节能力
仪表仪态	衣着整洁，仪表得体，符合教师职业特点；行为举止稳重端庄大方，教态自然，肢体表达得当
言语表达	语言清晰，表达准确，语速适宜；善于倾听、交流，有亲和力
思维品质	思维缜密，富有条理；能够迅速地抓住核心要素，准确地理解和分析问题；看待问题全面，思维灵活；具有创新性的解决问题的思路和方法

续表

表现方面	内容说明
教学设计	了解课程的目标与要求、准确把握教学内容；能根据学科的特点，确定具体的教学目标、教学重点和难点；教学设计能体现学生的主体性
教学实施	情境创设合理，关注学习动机的激发；教学内容表述和呈现清楚准确；有与学生交流的意识，提出的问题富有启发性；板书设计突出主题，层次分明；板书工整、美观、适量；教学环节安排合理；时间节奏控制恰当；教学方法手段运用有效
教学评价	能对学生进行过程性评价；客观地评价教学效果

　　通过上述内容可以看出，虽然中学生物学教师资格考试的内容多样，但也遵循了一定的规律和模式。掌握这些基本要求与方法，在考前多加复习与准备，是顺利通过考试的必要途径。

【学以致用】

　　1. 如何根据教师资格证考试的基本情况进行有效备考？

　　2. 学习中学教师资格考试标准（试行）内容，并自我检测中学教师资格考试真题，发现自身有哪些方面需要加强？

参考文献

　　[1]Kim Y J，Kolesnikov V，Kim H，et al. SSTP：a Scalable and Secure Transport Protocol for Smart Grid Data Collection[C]//Smart Grid Communications，2011 IEEE International Conference on. IEEE，2011.

　　[2]Teaching Professional Standards Board. Victoria，Australia，Science Teacher Professional Standards[S]. 1999.

　　[3]郭宝仙. 新西兰教师资格与专业标准及其启示[J]. 外国教育研究，2008(9)：57-62.

　　[4]国际劳工组织，联合国教科文组织. 关于教师地位的建议[J]. 万勇，译，外国教育资料，1984(4)：1-5.

　　[5]国家中长期教育改革和发展规划纲要工作小组办公室. 国家中长期教育改革和发展规划纲要（2010—2020 年）[EB/OL]. [2021-01-26]. http://www.moe.gov.cn/srcsite/A01/s7048/201007/t20100729_171904.html.

[6]汪凌. 法国中小学教师专业能力标准述评[J]. 全球教育展望，2006(2)：20-24.

[7]熊建辉. 澳大利亚维多利亚州科学教师专业标准述评[J]. 世界教育信息，2008(10)：47-51.

[8]张文军，朱艳. 澳大利亚全国教师专业标准评析[J]. 全球教育展望，2007(4)：82-85.

[9]中华人民共和国教育部. 教育部关于印发《基础教育课程改革纲要(试行)》的通知[EB/OL]. [2021-1-26]. http://www.gov.cn/gongbao/content/2002/content_61386.htm.

[10]中华人民共和国教育部. 教育部关于印发《幼儿园教师专业标准(试行)》《小学教师专业标准(试行)》和《中学教师专业标准(试行)》的通知[EB/OL]. [2021-01-26]. http://www.gov.cn/zwgk/2012-09/14/content_2224534.htm.

[11]中华人民共和国教育部. 普通高中生物学课程标准(2017 年版)[M]. 北京：人民教育出版社，2018.

[12]中华人民共和国教育部. 中华人民共和国教师法[EB/OL]. [2021-01-25]. http://www.gov.cn/banshi/2005-05/25/content_937.htm.

[13]中华人民共和国教育部. 中华人民共和国义务教育法[EB/OL]. [2021-01-25]. http://www.npc.gov.cn/wxzl/gongbao/2015-07/03/content_1942840.htm.

[14]中小学教师资格考试官网[EB/OL]. http://ntce.neea.edu.cn/.

[15]周南照.教师教育改革与教师专业发展国际视野与本土实践[M].上海:华东师范大学出版社,2007:2.

第6章　面向生物学教育研究者 与决策者的教师专业发展

生物学教师专业发展培训研究是生物学研究领域中一个重要的组成部分。针对生物学教师开展的专业发展培训,有助于帮助教师更好地获得专业提升所必需的知识与技能,进而有效改善教师的课堂教学效果,最终促进学生的学业质量与科学素养全面提升,在科学教育研究领域中具有深远的影响。

【学习目标】

通过本章的学习,学习者应当能够:

1. 明确教师专业发展研究体系的构成要素,知道基本的教师专业发展研究设计理论与框架模型;

2. 能够说出专业发展研究中问卷调查、访谈、观察等不同的数据收集方式及各自的利弊,并基于此选择适用于自己研究的方法;

3. 了解在教师专业发展中定量化与定性化数据分析的一般方法;

4. 明确教师专业发展培训中存在的伦理与道德关系,能够在研究中遵守与之相关的行为准则;

5. 初步学会合理设计、实施完整的教师专业发展研究。

【内容概要】

作为本书的最后一章,本章的内容面向想要了解、参与设计、实施教师专业发展研究的生物学教师及研究人员。通过介绍教师专业发展培训设计的一般形式以及重要的教师专业发展理论模型,描述在专业发展培训研究当中可能涉及的不同数据收集与分析方法,帮助读者在研究开展之前对专业发展培训有更加清晰的规划。另外,本章最后还将对教师专业发展培训研究中可能遇到的伦理与道德问题加以说明,确保国内的相关研究朝着更加规范化的方向不断完善。

【学法指引】

在整体把握本章全部内容概要的情况下,读者可以以每节内容中"聚焦问题"作为学习指引,在每节内容学习完毕后通过对问题的回答来加深对每节内容的印象。在学习的过程中,读者可以将各节内容知识进行融会贯通,在脑海中逐步架构起一个完整的教师专业发展研究设计,通过整章的内容对该设计进行完善与评价,最终达到学以致用的目标。

第1节 教师专业发展培训设计应遵循一定形式

【聚焦问题】

1. 一个完整的教师专业发展研究设计中包含哪些基本要素？
2. 在设计教师专业发展研究时,有哪些可供参考的基本框架模型？
3. 设计并实施一个教师专业发展研究的基本流程是怎样的？

【案例研讨】

某师范学院的研究生小陆正在尝试规划自己的研究设计。在众多的研究方向中,她决定将教师专业发展培训作为最终的选题方向。然而究竟使用什么培训主题呢？在进行了仔细的思考与文献查阅后,小陆决定开展基于探究式教学的教师专业发展培训活动。在确定了这一主题后,小陆第一时间联系了自己的导师,希望尽快与她沟通自己的想法。

赵老师第一时间肯定了小陆的想法,但同时也向她提出了一些问题。赵老师希望小陆在决定培训主题前先说明一下自己的专业发展研究中的基本要素信息有哪些,以及整个研究设计的理论框架是怎样的。

走出赵老师的办公室后,小陆开始对自己的研究设计产生了不清晰感。究竟自己的设计中应该包含哪些基本要素？自己又应该去参考怎样的研究框架呢？整个研究除了确定培训主题外,还应该怎样规划它的基本流程呢？

在上述案例中,包含了研究者在开展教师专业发展研究时应当考虑的几个重要问题,即专业发展研究的基本要素、框架模型以及基本流程。对这几个问题的深入思考,是实际开展整个研究之前必须且重要的思维环节。而这些问题将在本节当中逐一展开。

怀着不同的培训目的,经由不同的培训方式与活动类型,教师专业发展设计千差万别,其表现形式也各不相同。然而,尽管这些专业发展培训形式多样,其在本质上却总是遵循着一定的规律与模式。这种模式作为整个专业发展项目的骨架,支撑并引领着项目后续的实施过程。本节将结合专业发展领域内一些较为成熟、被大众所认可的教师专业发展模型展开叙述。

6.1.1 逐步递进的教师专业发展阶段理论模型

作为教师专业发展培训设计实施的框架,有效的教师发展理论模型有着不可或缺的作用。对此,不同学者依据不同的研究侧重,提出了各自所认可的理论。在这些理论基础中,首先要追溯到博尔科(Borko)所描绘的经典教师专业发展阶段理论。在这个理论中,博尔科从关键元素到研究发展阶段,均给出了详尽的阐述。而这种阶段理论的层层递进,使得无论是刚刚想要开始进行研究的学者,还是已经有所成就的研究人员,均能够找到适合于自己的研究参照方向。

在思考相关问题及架构之前,进行专业发展研究的教师及研究者们需要先明确一个完整的教师专业发展体系中所包含的关键元素。在这里,研究认为其中应当具备至少以下四个重要部分:专业发展项目、教师、促进者与环境。四个要素之间相互关联,构成专业发展的一个基本单位。

从图 6-1 可以发现,专业发展项目、教师、促进者与环境四个元素之间存在着关联与包含的关系。作为"专业发展项目"而言,它囊括了教师与促进者两部分,二者作为实施方与接收方,一同构成了整个项目的人力资源基础;对"教师"而言,一方面作为主要对象参与项目,另一方面则通过促进者获取自己所需的物质与非物质帮助;对于"促进者"而言,一方面设计架构或者辅助实施整个发展项目,另一方面则要组织参与教师,并为这些参与主体提供所需要的知识、技能及必要的辅助工作。上述三者构成相互联系的环状结构,并内置于"环境"的包围下。而这种环境既包含项目本身所处的内部环境,也包含涉及社会、政策等影响的外部大环境。

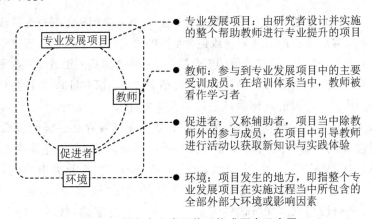

图 6-1　教师专业发展体系构成要素示意图

对于一个教师专业发展体系来说,应当或多或少地包含上述几个要素。而对于专业发展的研究来说,则通常具有不同的关注点。大部分研究或集中于观测其中的一个或某几个要素,如研究某生物学教师主题培训中,参与的生物学教师本身是否发生了变化,以及变化的情况如何;或集中于研究某几个元素之间所存在的相互关系,如想要知道在整个项目中,培训的模式和物理环境与这些教师的有效转变之间是否有相关性,等等。

我们所提及的博尔科教师专业发展阶段理论正是建立在该体系之下。以不同的要素或相互关系作为研究的核心,博尔科的这一理论将教师专业发展研究划分成了三个阶段。不同阶段对应上述教师专业发展体系的不同部分,随着阶段的递增,其研究的内容也相应扩大。三个阶段的简要概述如表 6-1 所示。

表 6-1　博尔科理论的三阶段概述

阶段	概述
阶段一	关注当下的专业发展项目自身,研究项目对教师而言是否能够起到预期的效果。在这一阶段,整个研究应当包含专业发展项目的开发过程,并且存在原始的证据能够证明,该专业发展项目可以有效地影响教师的学习成果
阶段二	将项目促进者融入研究的考量范围之内,探索三要素之间的关系。研究者应当去判断该专业发展项目在不同设施以及在不同专业发展项目提供者运行的情况下,是否依旧能够被有效实施
阶段三	在上一阶段基础上融入环境要素,并将该专业发展项目与其他专业发展项目进行对比研究。在研究教师学习的同时也要研究学生的学习,并且能够识别出项目成功实施所需要的资源

在这一阶段理论之下,教师专业发展项目被划分为三个阶段,每一个阶段都建立在前一个阶段的基础之上,比上一阶段包含更多的研究对象与关注点,研究侧重点不断进行扩大化与宏观化。这些阶段的组合提供了一种推进高质量教师专业发展前进的方式。具体来说,三个阶段分别具有不同的研究位点与研究目的,并具备自身的特点与优势。其三个阶段的具体信息表述如表 6-2 所示。

由表 6-2 可知,三个阶段分别命名为"有效专业发展存在性证明阶段""有效制定的专业发展项目阶段""多效的专业发展项目阶段"。在位点设置上,将"一个项目的一次实施"定义为一个位点,即一个项目的一次实施为单一位点($Pd=1$),而一个项目的多次实施或多个项目的一次或多次实施为多位点($Pd>1$)。各阶段均以前文所述的专业发展体系图为基础,展示了每个阶段层层递进逐渐深入的研究过程。

在"有效专业发展存在性证明阶段"中,主要指向研究能够提供证据来证明教师专业发展项目可以积极有效地促进教师的学习。在这一阶段中,研究对象通常是单独一个项目的一次实施($Pd=1$),意在探索培训项目的本质,了解教师

表 6-2　博尔科教师专业发展模型阶段具体表述

阶段	位点	目的	特点	图例
阶段 1：有效专业发展存在性证明阶段	单一项目 单一位点 (Pd=1)	由研究者提供证据，以证明专业发展项目对教师而言具有积极地影响作用，即专业发展项目能够帮助教师深化理解，转变教学模式	仅关注于单个的专业发展项目，研究者只对专业发展项目和作为"学习者"的教师以及这二者之间的关系进行研究，不考虑促进者与大环境在其中的作用	促进者、教师、专业发展项目、环境
阶段 2：有效制定的专业发展项目阶段	单一项目 多位点 (Pd>1)	研究者需说明一个专业发展项目在不同的设施以及不同的情况下，是否仍能够被完整有效地实施	研究者对有多个位点的促进者所提供帮助的单一专业发展项目进行研究，以探索辅助促进者、专业发展项目以及教师学习者之间的关系	促进者、教师、专业发展项目、环境
阶段 3：多项目专业发展阶段	多项目 多位点 (Pd>1)	对不同设计的专业发展项目之间的实施情况、实施效果、所需资源等信息，进行对比化研究、制定资源分配等决策	研究者对多个专业发展项目之间进行比较，并对项目中辅助促进者、专业发展项目、教师以及环境、这全部四个要素之间的关系进行研究	项目 A、项目 B、项目 C（促进者、教师、专业发展项目、环境）

作为学习者、教师参与项目与他们学习效果之间的关系。例如,对部分生物学教师实施基于概念转变教学的专业发展培训,探寻教师在参与培训前后课堂表现的变化情况,或者组织教师进行有关生物学慕课的学习,了解这些学习对于教师的教学知识或认识有没有显著的影响等。通常来说,绝大多数的教师专业发展项目均集中于这个阶段。

"有效制定的专业发展项目阶段"紧随其后,其核心目的在于确认一个专业发展项目在不同的设施,或不同的专业发展提供者支持等情况下,是否依旧可以完整地制定实施。这一阶段的研究对象常常为单一项目的多次实施(Pd>1),例如,将同一个专业发展项目,分别在两个不同的学校的生物教师之间实施,或将项目分别交与两个不同的生物学教育研究者,由两个团队分别组织实施等。在这种考量之下,研究能够获知确保培训项目有效性所必需的资源是什么,明确项目进一步提升与完善所需要的条件。

"多效的专业发展项目阶段"的研究活动建立在"有效制定的专业发展项目阶段"之上。在这一阶段的核心目标是通过对比多个良好设计的专业发展项目,提供关于它们实施情况、影响效果、资源需求等各方面的比较性数据。由此,该阶段的研究对象为多个项目的多次实施(Pd>1),而作为处于这一阶段的研究,应当寻找多个由多促进者在多位点实施(即处于阶段2)的专业发展项目,并收集分析来自这些项目中的数据资料。例如,在阶段2当中寻找到三个不同的有关生物教师专业发展的项目,通过对这几个项目的实施进行分析,对比之间存在的异同,分析各个项目成功实施的有效因素。处于该阶段的研究一般需要得到多个部门的支持与协调以及教育决策者的更多关注,其成果对于资源分配、政策制定都是非常必要的。然而就现实情况来看,却鲜有研究能够达到这一阶段。

这一教师专业发展阶段理论提示研究者,在开始进行研究设计时,要首先从宏观上把握整个研究的定位,明确自己想要研究的关键要素是什么,规划好研究涉及的范围,再进行后续的设计与框架搭建。尽管大多数研究最终并不能从阶段1推进到阶段3,但研究者依旧可以从中获得很多启示:这一阶段理论描述的主要意义在于指出研究者从三个方面同时着眼于工作是十分重要的,而每一个前述阶段所获得的观点都有可能会触发更多后续阶段的想法与灵感。这种意义更多地能够帮助研究者将设计进行推进,引导更加长远的研究设计思路,而并非要求研究必须遵循从阶段1到阶段3的线性过程,也并不是对于专业发展的研究设计的唯一思路。

6.1.2　有效的教师专业发展存在着"共识模型"

继博尔科之后,不断有学者针对教师专业发展提出了自己的观念与看法。

不同研究人员针对各式各样的专业发展项目实施,提出了作为一个"有效的"教师专业发展项目应当具备的必要要素。

尽管在漫长的研究过程中,研究者们分别提出了各种不同的猜想与观点,然而这些观点之间却逐渐形成了一些共通与相似性。威尔森(Wilson)对大量研究者的观点进行梳理分析后发现,现代人们对于教师专业发展的观点与十几年前是极其相似的。这就表明,十几年间的研究印证了有效教师专业发展存在着一定的规律,尽管这些观点和模型有所差异,但人们对高质量的专业发展形式始终存在着一定的"共识"。

为充分确保达成"共识"的说法能够可靠,这种"共识"的观点通常综合来源于三个部分:一是来自于传统观点,即在十几年发展过程当中,研究者、教师们通过经验交流所获得的一些共同认知;二是来自概念或理论上的主张,这一部分观点主要源于进行教师专业发展研究的学者们通过学术积累所完成的理论构想;三是来自实证性的研究,即通过实际的教师专业发展培训项目的实施获得实证性的培训效果数据、通过不同项目之间进行对比总结所得到的结论。而上述三者在教师学习的起效因素上通常是混合的。

正是基于上述三方来源所构成的"共识",威尔森在整合了一系列成功设计的教师专业发展项目之后逐渐发现,有越来越多的研究都不断证实了教师专业发展中存在某些确定的有效的要素。针对于此,研究者综合提出了一个关于有效教师专业发展的"共识模型"。该模型主要囊括了如图 6-2 所示的几个关键特征。

图 6-2 所示的共识模型中,包含了一个成功设计的教师专业发展项目可能应当包含的要素,五个部分共同构成了模型的框架主体。当然,上述模型对研究者进行教师专业发展项目设计时的启示更多地是指设计初始要尽可能多地考虑到这些因素,而并非意指一个成功的培训项目必须完整地包含上述全部要素。

第一,关注特定的学科内容是影响教师学习的重要因素之一。过去几十年的证据显示,将教师专业发展培训活动与学科内容知识相联系,能够有效提高教师的学习与实践效果。这就意味着针对生物学教师设计专业发展项目时,应尽可能地做到与生物学相关的理论知识相结合。如在授课技巧培训的过程中,依据教师的授课年级,融入细胞、遗传进化、生态学等生物学课堂讲授的内容知识;在进行关于评价的相关培训时,以生物学测试习题作为案例进行讲解等。一般来说,大多数的传统教师培训项目都会关注于提升教师的学科内容知识,因此这一部分的框架要素也是所有五个环节中达成度较高的部分。当然,这种对于学科内容的关注不仅包含对教材和授课内容的关注,这其中也应包含面向教师解读中学生物学课程标准文件以及各类教学素材等。

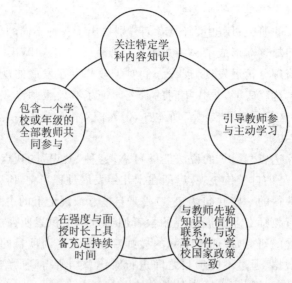

图 6-2　有效教师专业发展的共识模型

第二,给教师提供主动参与积极学习的机会,被认为能够提升教师专业发展的有效性。在目前国内教师专业发展培训的现状下,教师常常作为被动的接受者与聆听者,接受教育研究工作者传递的各类信息知识。这其中最主要最常见的形式即纯讲授式的各类主题报告与专家讲座。在这类活动中,教师作为培训主体的参与性和知识传递转化效率都较低,部分能够被教师当时记下的知识点,也会由于缺乏思考和实际操作的机会而被快速遗忘。相比之下,让教师主动参与到培训活动中,不但能够提升学习者对知识点的记忆效果,还能够帮助这些理论知识向实践进行有效转化。教师参与主动学习的形式是多种多样的,这其中包括且不仅限于观察有经验教师的课堂授课、自己进行课堂展示并组织其他教师观摩、在课后进行教师与专家间的反馈与讨论、在培训过程中组织教师进行发言或写作任务等。

第三,教师专业发展中一致性的部分包含至少两方面的内容:一是与教师的先验知识、信仰相联系;二是与改革的文件、学校及国家政策以及教师实践相一致。第一部分可以看作培训的内部一致性,它要求专业发展培训自身与教师之间应当具备连贯性,也即针对教师进行的各类培训授课内容,应当与教师自身情况相吻合。例如,当教师普遍抱有某些确定的生物学先验知识时,若培训的内容与这些先验知识不符,则很难被教师们所接受(前提是这些教师的先验知识不是错误的)。第二部分则可以看作培训的外部一致性,它要求整个教师专业发展项目应当与教师所在学校、学区或是省市国家的教育改革方向相一致,与教育政策文件相对应,与各类规章制度相吻合。在我国,一线教师对于课程标准、政策文件的认可度与依赖度普遍较高,不具备这些外部一致性的专业发展项目无法得到教师的认可,进而起不到应有的培训效果。上述内外两个方面在一致性要素中都具有重要的地位。

第四,充足的持续性是全部要素当中最易被量化和操控,能直接影响培训项目设计整体架构的一个关键点。研究显示,无论是内容知识的获取,还是教学方法的转换,都需要专业发展培训活动具备充足的持续时长。这种持续时长的要求同时包含强度和面授时长两个维度。前者的强度指整个教师培训项目从开始至结束总共横跨的时间轴长度,如是仅仅进行一天的讲座培训项目,还是前后要持续一个学期、一个学年的跟进式教师专业发展项目;后者的面授时长指在整个培训活动中,用以进行面授或实际参与活动的总小时数,也即在项目开始到结束的这一个时间跨度中,有多少小时用以实际进行培训活动。这一概念在前述章节中已经有所提及,在此不再举例展开。研究认为,同时具备长时间跨度与面授总时长的教师专业发展项目更容易取得有效成果。这就要求研究者在进行专业发展项目设计时,尽可能地采取跟进式的、非一次性的模式,并给教师与培训人员之间制造更多的面授机会进行交流活动,从两方面确保项目具备充足的持续性。

第五,要说明的要素是共同参与。这一要素指向同一个教师专业发展培训项目中,最好能够有来自相同学校、相同年级水平或相同部门的教师一同参与。这一要素对教师参与培训的影响可能是多样的,例如,相同学校的教师通常能够在培训后的日常授课、备课过程中更多地进行交流与讨论,反思在培训过程中获取的知识,这些对知识获取与巩固能够起到正向作用;又如,同一年级的教师因授课内容和范围基本相同、同一学区或部门的教师因受到共同的政策文件与考试导向驱动,因此对于培训内容的接受度与认可度较易达成一致,在参与讨论时能够有更多的共同话题,并且可以相互分享处于这一年级层学生的特征,从而较多地获取反思并相互借鉴。这一要素在研究者选择教师培训参与群体与实施地区时能够起到一定的借鉴作用。如鼓励同一学校的生物教师结伴参与,或者将培训对象统一定位于高中一年级的生物教师。再如,将培训选择在共享相同政策文件、考试的学区内实施等。

在威尔森提出的教师专业发展共识模型当中,上述五个要素之间的相互作用能够帮助专业发展培训项目实施起到更好的效果。这种"达成共识"的模型体系能够帮助研究者在项目设计实施时在持续时长、参训对象、培训内容、活动形式等多个更加细节化的方面进行规划考量,促进项目整体有效性的提升。

共识模型的提出为培训项目设计提供了建议,同时也对未来教师专业发展的研究方向提出了期许。研究指出,该模型目前缺乏一个清晰的理论来完整解释其作用机制。未来研究可能更加需要去探索的,是这几个要素之间是如何共同作用来促进教师学习的,以及这其中的共同作用方式如何。如有学者指出,教师内容知识的增长能够有效提升教师的自我效能感。由此未来研究的方向可以是:关注内容知识的生物学教师专业发展项目是否能够更有效地增强教师信心,从而促使教师更积极主动地参与活动,最终更好地提升培训效果与学生成绩等。

6.1.3 更具一致性与通用性的教师专业发展概念框架

在尝试综合了教师专业发展阶段理论与有效教师专业发展共识模型之后,研究设计同时具备了宏观定位与实施细节的有效要素。针对博尔科的理论,研究者希望能够提出一种更具一致性与通用性的、不需要划分阶段而普适的专业发展模型。德西蒙(Desimone)的研究正是依此而展开。在综合了上述两个模型理论后,德西蒙提出了一个用以研究教师专业发展的"概念框架"(Conceptual Framework)。他指出,关于教师专业发展的模式应当包含两个重要的组成部分:一是一系列的、能够定义有效教师专业发展的核心要素;二是建立一个可操作的理论,来阐明教师专业发展是如何影响教师和学生的成就的(图 6-3)。

图 6-3 教师专业发展概念框架的两大作用部分

教师专业发展的概念框架正是依据这两个重要的组成部分来设计的。概念框架中包含两个主要部件:一是上一节中提及的"共识模型"中的五个关键特征,它们一同构成了理论的"核心要素",也即框架的基础;二是为说明专业发展如何影响教师及学生学习成果而建立起来的操作理论。在这一概念框架中,研究者不只聚焦于专业发展设计自身,更能依照操作理论,对项目设计之后的实施、评价进行规划设计,明确如何更好地去测量评价一个专业发展项目,了解它能够对教师以及教师背后的学生产生怎样的影响,知道在项目实施最后如何通过提升和改进项目来稳固、强化活动干预,进而在项目再实施时取得更好的效果。整个专业发展概念框架的结构如图 6-4 所示。

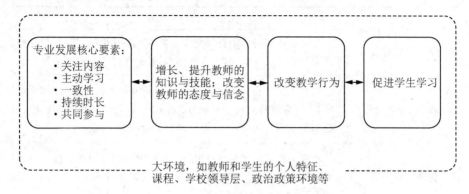

图 6-4　教师专业发展概念框架

　　在这一概念框架的核心要素部分,研究者们依据已有的成果,认可了专业发展培训在教师知识与技能增长、实践能力提升以及促进学生学业成就提升等方面确实存在着某些有效的影响因素,也即共识模型当中所指出的关注学科内容、促进主动学习、信念政策一致性、强调面授持续时长以及全体教师共同参与五个方面。依据这一核心要素部分,框架外延生成了第二部分操作理论。

　　在操作理论部分,四个模块的内容以双箭头的形式,展示了模块间的相互作用。操作理论认为,第一,专业发展项目的核心要素能够提升培训效果,从而增加教师的知识,提升教学技能,进而改变他们的教学态度与信念;而教师的既有知识、经验与态度又会反过来影响整个专业发展的实施效果。第二,教师在培训中所获取的新知识、新技能以及新的教学态度能够帮助他们完善教学内容、理解教学法,最终在课堂教学实践上产生改变,而伴随着教师课堂教学行为的改变,这些实践成果会同样促进他们知识技能的再次提升。第三,全部理论最终指向学生的成就,教师的课堂教学行为变化最终将影响学生的学习能力,促进学生学业质量提升,而这种提升作为一种积极的正向反馈,又将刺激教师继续完善和调整自己的课堂教学行为。整个理论中不同模块间的影响是双向且同时发生的。

　　与此同时,概念框架的全部核心要素与操作理论均囊括在大环境的要素之下。研究认为,模型中的"环境"是一个值得强调的必要中介因素,全部的框架环节均会随时受到环境的影响。而其中一些较为关键的环境中介要素已经获得了研究者的共识,如学生个体特征、教师个体特征、物理环境因素和政策环境水平等(表 6-3)。

表 6-3　环境中介要素的分类与表征

要素分类	具体表述
学生个体特征	学生个体所具备的自身特性与特点。如学生的主观兴趣爱好、所取得学业成就水平、个人性格、具备的优势与缺点不足等
教师个体特征	教师个体所具备的自身特性与特征。除个人性格与优势不足外，还包含教师的教学知识与教学能力水平、具备的教学经验、抱有的教学信念信仰，以及对待教学的态度等
物理环境因素	物理大环境与客观环境因素。包括教学仪器与教学设备、授课教室的配置情况、所在学校的整体情况以及所处学区的教学大环境等
政策环境水平	当前的教育政策文件及其所能达到的水平。包括学区、各级省区市、全国的教育政策、管理文件、课程标准与大纲，以及这些政策文件对当地教学的现有要求、未来目标等

上述研究框架既可用以检测教师的改变，如专业发展培训是否能够以及如何改变教师的知识、技能、信仰或实践效果，同时又可用以检测教学的改变，如经由专业发展而发生变化的教师实践是否能够以及如何影响学生的学业成就。上述两个部分对于完整理解教师专业发展的机制都是必不可少的。与此同时，针对这一概念框架研究者还指出，对于一个教师专业发展项目，相比于关注具体的培训活动形式与组织方式，更多地去关注专业发展所表现出的特征，以及这些特征如何与成果相联系则是更为有效的方式。德西蒙指出，核心概念框架的建立是必要而合理的。这种必要性与合理性至少应当存在着以下六方面的原因：

（1）目前已发表的若干研究成果与文献，均证实了这一框架中所描述的基本要素的合理性；

（2）获取与有效教师专业发展相关的核心要素，并将这些要素作为日后展开专业发展相关研究时的量规，有助于推进该领域的快速发展；

（3）概念框架模型的建立有助于帮助人们回答领域内存在的一些问题，解决部分领域内的社会需求。如明确社会需要什么类型的专业发展项目以及在大环境中识别某些相对重要的、特定的影响要素等；

（4）建构一个能为大众所接受和共享的概念框架，可以帮助研究者创立适当统一的时间轴。研究依照这一时间轴向前有序推进，可以对所有从事这一领域研究的学者起到导向作用，帮助大众明确在什么时间应该研究什么内容；

　　(5)在专业发展领域内,大众遵循统一的概念框架展开工作,能够帮助这一领域的发展走出原始实践水平,将研究提升至一个具有理论基础的、严格实践检验的高水平上;

　　(6)研究学者呼吁,在提出一个新研究理论之前,应当率先在现有的理论与理论间建立联系。而概念框架的制定正是起到了上述作用。

　　不可否认的是,这一概念框架受到了博尔科教师专业发展阶段理论模型研究的深刻影响,并以此为启发在前者研究基础上进行了分析与延伸。通过对比可以发现,阶段理论模型中倡导利用多视角和多概念框架的方法进行研究,依照研究关注对象与研究位点的不同,将整个理论划分为了三个主要阶段;而概念框架理论在接纳了有效共识模型中的核心要素的基础上,尝试用最小化的方法寻找出最一致的有效教师专业发展概念框架。德西蒙曾指出,这一概念框架的提出超越了阶段理论原本的研究视角,因此可以被应用于任何一个阶段的教师专业发展研究中。

6.1.4　专业发展评估的关键层级与外延

　　自教师专业发展"概念框架"开始,专业发展在设计时要考虑的就不再仅仅是项目自身,还有与之外延的教师的变化、教学行为的变化以及学生的变化。这些考量在本质上属于对专业发展项目的评价与评估,是评价项目实施效果的关键要素,因此在初始进行项目设计时就当给予足够的关注。

　　对专业发展项目进行层级划分向前可追溯至 1959 年柯克帕特里克(Kirkpatrick)所提出的四层级模型,包括参与者反应、参与者学习、参与者行为以及组织结果。时隔多年,众多学者都在试图寻找一个合适的框架,由此也产生了一些建立在柯克帕特里克模型基础上的综合型模型,自此衍生出了专业发展评估关键层级模型。

　　如图 6-5 所示,在关键层级模型中,水平 1 到水平 5 呈现逐层递进的关系。水平 1 中,研究设计关注参与者对于专业发展经验的反应,这是最常见也是最简单的形式。这一层级中,研究者着重关注教师对参与项目的体验是否满意、参与项目是否有价值、项目中的活动是不是有效或者有意义以及项目实施过程中的硬件条件是否符合预期。研究者常以调查问卷来进行项目最后的评价反馈,并且问卷通常具有固定的模式与内容。水平 1 的结果容易表现得比较正向,但无法明确得知整个项目的质量。而参与培训教师的满意度与感受通常能够帮助项目进行后续的改进与提升。

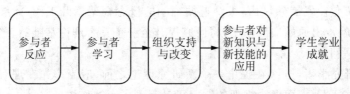

参与者反应 → 参与者学习 → 组织支持与改变 → 参与者对新知识与新技能的应用 → 学生学业成就

图 6-5　专业发展评估关键层级模型

水平 2 中的研究开始希望参与者能够通过项目获得成长，因此着重关注于教师所获取的知识和技能。依据目标不同，这一阶段的数据类型多样，各种终结性及过程性数据均可以用来回答研究者预期的问题。虽然大量数据都可以通过培训结束后获得，但对于专业发展设计者而言，这些因素应当在培训活动开始实施前就已经规划完成。

自水平 3 开始，研究的关注点逐渐从教师转向项目的运行与组织。良好的教师专业发展项目离不开对运行组织的不断改进与调整。即使整个项目的运行过程没有出现任何问题与错误，这种改进也是必不可少的。在这一水平上，研究会去关注项目是否与学校、学区目标一致，以及反思项目过程中是否提供了充足的分享、反思时间等资源。在水平 3 上，信息的收集开始变得比之前水平更加复杂，例如可能会包含学区或学校的文件，对参与者及领导层的访谈等。

水平 4 的项目不仅需要关注教师是否获得了知识，更多的则是关注这些学习到的知识与技能是否真正使得他们的教学实践发生了改变。与之前水平不同，由于新知识与技能的接受与适应需要经历充足的时间，因此这些信息无法仅在专业发展项目结束时获取完成，而是会历经一个平缓、不固定的时间轴，并且在不同的时间间隔中进行多次获取。其数据源囊括了访谈、课堂观察、授课录像，以及教师所撰写的文章等。

对于教师专业发展来说，明确学生的学业成就与学习效果是理解教师学习与改变的重要组成部分，而水平 5 的研究正是基于此展开。这一水平的关注点在于研究专业发展培训如何影响学生，是否能够使学生受益。在这一水平上，研究者需要采取多种途径去了解学生的学习效果，包括学生的成绩、能力水平、行为表现以及学业成就等。

上述层级模型历经多年后，在巴布（Bubb）与厄利（Earley）等人的研究下得到了进一步的发展。除变更了部分层级的表述外，模型还增加了许多新的层级，其中包括在已有五个水平基础上向前延展了三个水平层级用以帮助研究者进行专业发展的前期规划，以及更主要的向后延伸的四个扩展层级。在这一模型中，外延部分与之前所提到的教师专业发展阶段理论有所相通；研究者的目光不再仅集中于这一次培训项目中的参与人员与他们的学生,更是希望寻找到由此辐射出去的更多受益者。

　　如图 6-6 所示,在关键层级模型的 5 水平后延伸出学校中的其他成人、学校中的其他学生、其他学校中的成人以及其他学校中的学生四个层次。四个水平之间存在着递进关系,将模型进行逐步的延伸与扩展。

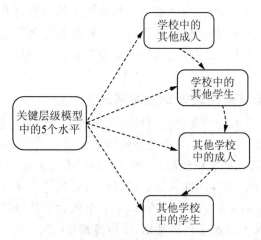

图 6-6　层级模型的扩展水平示意图

　　在"学校中的其他成人"水平中,"成人"指代学校中除学生群体外的受益人群,包含任课教师、教学管理人员以及学校的领导层等。它指的是参与专业发展的教师回到其所在学校后,能够将专业发展内容扩散到其同校的教师身上,使得该学校中的其他教师或人员受益,进而改变他们的教学行为或实践策略。"学校中的其他学生"也与此类似,指的是参与专业发展的教师除能够将其所学应用于自己的课堂,使自己所教的学生受益外,还能够通过上一层级中的学校其他教师的辐射作用使得其他学生都能够通过这一专业发展培训活动受益,提升学校水平上的学生学业成就。

　　自"其他学校中的成人"水平开始,这种专业发展的外延作用进一步得到扩大,开始由参与培训教师的所在学校,扩展到相邻的、同学区的其他学校中。在这一水平下,通过直接参与培训的教师,带动作用得到进一步的外延。这其中既可以通过参训教师自身进行外延,也可以经由上一层集中参训教师所在学校的其他人员进行二次外延。与之相应的,水平"其他学校中的学生"指专业发展的培训效果,能够惠及非参训教师学校中的学生。该水平是"其他学校中的成人"水平的延续,希望通过专业发展的辐射作用,真实改变非参训教师学校的课堂教学实践,进而使更大范围内的学生受益。

从项目规划再到项目评估,可以发现进行一个专业发展培训设计工作需要考虑的内容有很多。这其中不单是项目活动要如何设计,参与培训的人员要如何召集,还有更多的外部环境,甚至于项目实施完毕后的扩展与延伸。通过上述这些教师专业发展模型能够发现,"教师专业发展"的受益群体和测评对象已经远远不止于参与到培训中的这些"教师",越来越多的研究者开始强调关注参训教师所教授的学生的学习效果,甚至于其他学校的教师及学生能否通过这一培训项目有所改变。而上述这些内容,均需要专业发展项目设计者在研究开始之初便给予足够多的关注。

6.1.5 从无到有的教师专业发展设计规划

依据上述不同学者的研究理论与模型可以看出,在实施教师专业发展设计时所需要考虑的因素有很多。一个良好的专业发展项目,不仅需要关注培训内容、主题以及培训活动的实施情况,更要关注包括参与对象特征、外部信息及客观环境等要素,甚至需要在实施开始时即对项目后期评估展开合理的规划与设计。一个完整的教师专业发展培训项目,不只是包含了从培训活动启动到活动结束的简单过程,更是囊括了前期规划、中期实施与后期评估等多个阶段的全方面考量。这就要求研究者在实际着手展开教师专业发展研究前,先在脑海中形成完整的研究流程构思,将各方面要素考虑翔实,尽可能地避免在研究进行过程中出现培训目标无法达成、活动安排失误、数据收集缺失等问题,影响研究的进展速度,甚至最终功亏一篑。

依据整个研究需要考虑的不同阶段与方面,图 6-7 列出了研究者在进行初期设计时需要考量的一般流程图。对于初次进行教师专业发展研究的研究者来说,按照流程图进行初期规划与思考,可以帮助设计者们从无到有生成基础性的研究框架,为后期进行项目规划完善与细节考量理清思路。对于已经展开相关研究的设计者而言,图 6-7 可以进一步充实已经展开的研究工作,将更多因素纳入考量范围,特别是为项目评估阶段提供建议。当然,该流程图并不是开展相关研究的唯一规划方式,研究者可依据自身的研究设计情况酌情予以参考。

通过图 6-7 中流程图的规划,整个教师专业发展研究设计被大致划分为了三个不同的阶段:规划阶段、实施阶段以及评估阶段。研究者在进行设计时可以对其中不同要素进行组合,组装出自己所需要的专业发展设计框架。但对于一个完整的设计来说,所选择的考量因素应至少覆盖上述全部的三个阶段。

在规划阶段,研究者率先要决定的是这是一个针对单一专业发展项目的研究,还是一个需要在若干专业发展项目之间进行对比分析的研究,也即流程图中最左侧标注的在不同项目之间的联系问题。如项目的规划初期并不涉及其他的培训项目,则可将关注点集中于一个项目。在这个项目中,通常应当包含三个最重要的组成部分:作为参与者的教师、项目的辅助者与促进者以及项目自身的设计。研究者首先需要确认三部分独立在项目中的构成情况,其次再去思考是否需要关注其中某些部分之间的联系。对于前者而言,在初次进行设计规划时,研究者可以采取表 6-4 中问题串的形式进行自我启发。

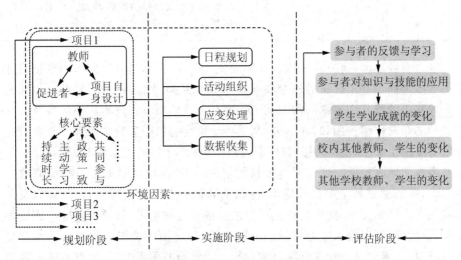

图 6-7　教师专业发展设计流程图

表 6-4　项目规划阶段的三个关注部分及思考问题

组成部分	关注内容	问题举例
教师参与者	作为培训项目主要受众(培训对象)的教师是哪些?	• 项目是否面向某学区内自由报名的初中生物学教师? • 能否将自己带的两名新生物教师"徒弟"作为培训对象? • 考虑让某所大学中的一个班级生物学职前教师参与?
辅助者与促进者	作为项目组织者、实施者、辅助人员等项目成员都有哪些?	• 作为项目设计者,是要实际参与培训活动,还是仅仅作为旁观者来观测项目的执行情况? • 应该邀请什么领域的哪些专家来对教师们进行培训? • 哪些人能够在后续过程中辅助整个项目的展开与运行?

续表

组成部分	关注内容	问题举例
项目 自身设计	整个项目的大体规划,如形式、时间、主题内容等?	• 培训的主题是什么? 能否将 STEM 在生物教学中的应用作为培训主题? • 是采取单次短时间的培训模式,还是进行长期性的跟进培训模式? • 在培训中采取怎样的活动形式? 是工作坊为主,还是观摩课与听评课为主?

通过自我提问,研究者可以较快明确整个研究的主要构成要素,确定项目计划的大致走向。有了必备的三个要素后研究者还须考虑,项目需要着重关注这三个要素中的哪几个要素间的联系——这对项目后期数据收集与评估环节会起到关键的导向作用。例如,在题为"基于行动研究的初中生物学教师专业发展培训"项目设计中,研究者只想明确项目设计与教师之间的关系,那么在设计时只需要考虑如何收集证据证明通过项目的培训后,教师已经掌握了行动研究的一般方法,并能够在教学中加以应用即可;而若研究者想要研究项目、教师以及促进者三者之间的关系,则需要更换项目的促进者与辅助者,将项目多次实施后确定是否存在着培训效果上的差异。一般来说,目前国内关于生物学教师专业发展的培训,大多都集中在观察项目与教师二者之间的关系上,很少有验证三者关系的案例。

将上述问题思考明确后,研究需要开始考虑纳入设计中的"核心要素"。除有效教师专业发展共识模型中提到的五个要素外,研究者可以考虑的要素还有很多,诸如学校领导层的领导力、教师职业认同感等。当然,上述所说的要素也不一定全部适合并且应当纳入到单一一个专业发展项目当中。例如,想要设计针对生物、物理、化学学科初中教师的"STEM 教学"培训,由于教师横跨不同的学科,因此就不适宜只针对其中某一学科融入特定的"学科内容知识"。又如,研究碍于客观因素,无法召集来自同一学校或同一年级的教师参与项目,则也无须强行将"共同参与"的要素纳入到设计考量中。

截至上述步骤,整个研究的框架规划大致完成。研究者可就该框架进行进一步的细节完善与整理,并完成项目实施前的一些准备工作,投入到项目实施阶段。在实施阶段中,研究者所要做的主要工作即实际参与或监督观察项目的落实。在实践前与实践过程中,仍有一些问题是值得研究者着重思考的(表 6-5)。

表 6-5　项目实施阶段的过程与考量

过程步骤	考量细节
日程规划	依据项目预期的持续时长,对培训活动进行日程的整体规划。如选择在周末集中进行,还是选择工作日在教师任教的学校直接展开;是采用密集连续的培训方式,还是平均分散到整个培训项目中;最后还要考虑培训对象和项目促进者的时间,如培训对象如果为三年级初中或高中的生物学教师,则要考虑培训活动避开中高考以及之前的复习时间
活动组织	活动组织除关联项目的设计理念外,还涉及与此相关的全部事务性工作。如信息的传达、活动实施的教室地点规划、交通安排、培训过程中录音录像等设备安排、培训用品的采购与制作等。另外,活动组织还会涉及人员分配问题,如上述培训实施过程中的问题交由哪些促进者来辅助解决等
应变处理	项目在实施过程中不可避免地会遇到突发情况,或在实施过程中可能会逐渐偏离预期设计,导致项目规划需要进行随时的调整。如参训教师人数中后期大幅减少,培训人员临时无法按期开展培训等。研究者需要权衡考量,或是更换研究方法,或是使用其他替代性数据,甚至修改原先的研究计划
数据收集	数据收集工作应当被看作项目实施过程中的重要部分,而不是在项目结束后才开始展开的工作。首先,对于教师专业发展而言,教师在培训过程中的观点、行为等过程性数据具有重要意义,应当在培训过程中加以重视。其次,尽可能多地在整个过程中收集数据,有助于防止后期研究中临时发现数据缺失的问题。最后,通过及时的数据收集和初步分析,可以了解教师的变化状态与过程,进而对项目后期实施或调整起到帮助作用

　　实施阶段完毕后,整个项目便进入到最终的评估阶段。依据项目设计情况与执行情况,评估阶段能够达到的水平层次也各有不同。在流程图中,以实线箭头连接的"参与者反馈与学习""参与者对知识与技能的应用"以及"学生学业成就的变化"三个模块为一般研究能够达成且应当予以关注的部分,而后续两个以虚线箭头连接的"校内其他教师、学生的变化"和"其他学校教师、学生的变化"模块,则为当下国内教师专业发展研究中较少关注也较难展开的部分。

　　在实线连接部分,"参与者反馈与学习"指向教师对整个培训的满意度表现、评价反馈,以及明确教师是否在培训过程中获得了目标知识;"参与者对知识与技能的应用"指向观测参训教师除掌握相关知识外,能否进一步在课堂教学中真正应用所学知识与技能,将理论转化为实践;而"学生学业成就的变化"则在上述两部分的基础上,探究这种教学行为的变化是否能够有效改变学生的学习情况,进而在学生学业成就观测中产生变化。

在这其中,第一部分是项目设计人员必须关注也较好获取数据的部分,通过满意度调查问卷、知识测试题等评价方式,大多数的专业发展项目均能够就此获取证据,并得出相对正向积极的结论。此外,第三部分学生的变化也是很多项目选择使用的评估方式,通过面向学生发放试题或直接观察学生在学校考试中的成绩变化,来了解学生部分学业成就的变化情况。然而需要注意的是,这种学生学业成就的变化不仅仅体现在学生考试成绩的提升上,因此现有研究在第三部分的数据面相对较窄。而被跳过的第二部分,则是目前研究中容易忽略,且数据相对较难处理的部分。由于教师知识技能的应用涉及实践层面,因此难以通过单独的试题问卷来得到真实结论。第二部分的评价往往需要伴随着课堂观察、教案分析、课堂录像分析等技术的融入,并结合大量质性化的数据进行分析。由此可见,在这三部分的评估中,在确保第一部分有效达成的基础上,如何更全面地开展后两部分的评估,是现阶段教师专业发展项目中值得关注的方向。

虚线连接部分"校内其他教师、学生的变化"和"其他学校教师、学生的变化"为两大扩展水平。该模块作为教师专业发展理论模型中的构成要素,事实上在国内外实证研究当中都非常少见。究其原因与这两部分的数据收集与论证工作难度较高有关。一方面,在研究者不进行刻意强调的基础上,无法保证全部参训教师都有主动意愿将培训内容进行传递,也无法保证其余教师有想要接纳这些信息的意愿。而即便发生了上述的情况,通常由于高校中的研究者与教师分处两地,很难及时捕捉到这些信息进行跟进研究,从而无法在逻辑上较为严谨地论证这种影响关系。相比之下,这一途径可能更加适合在学校中与教师联系较为紧密的教育工作者,以及部分有研究意愿的一线教师深入展开。

综合来看,不同的评估水平具有自身的难度,然而究竟如何选择评估自己项目的方法,不仅仅取决于难度,更多地也取决于研究者进行项目设计的目的,以及想要通过研究解决的问题。例如,在开展一项多地区数十名高中生物学教师的专业发展培训时,研究者希望解决的问题是"来自不同地区的生物学教师对知识的掌握情况以及实践的改善情况是否相同",这一研究问题集中于探索教师的变化情况,因此并未着重探寻学生的学业成就是否也相应发生了不同的变化。当然,受研究条件所限,这一研究中的学生水平本就无法保持一致,且在无大型研究团队的支持下,探索多地区数十个学校学生的变化情况对于单独几位研究者来说无疑也是不现实的。而与此相对的,若要研究"通过教师专业发展培训的教师,是否能够帮助学生在学业水平测试中获得更好的成绩"时,着重关注于第三部分学生变化则又变得非常必要了。总而言之,评估阶段的流程图并不是为了要求所有项目设计都必须达到最后一个层级,而是帮助研究者整体思考和规划,选择更适合自己并且能够成功达成的水平。

　　通过不同理论模型与框架的阐述,以及从无到有构建专业发展研究框架的过程,本节希望鼓励更多的教育研究者、从事科学教育的研究生以及想要开展或参与科学研究的部分一线生物学教师更多地投入到生物学教师专业发展的设计与实施工作中,并希望得到更多与生物学教师培训相关的决策者的重视与支持。面对实证研究相对匮乏、教师专业发展研究整体水平有待提升的现状,构建具有良好范式的教师专业发展研究设计,将更多的人力、物力投入到实证研究当中,是我国未来培养更多具备专业知识技能、能够有效付诸课堂实践的优秀生物学教师的必由之路,也将是促进国内相关生物学教师专业发展研究质量提升、加速成果产出的有效途径。

【学以致用】

1. 尝试说出教师专业发展研究设计中的基本要素。
2. 选择自己感兴趣的主题,尝试设计一个教师专业发展培训项目。

第 2 节　专业发展研究的选题与数据收集分析

【聚焦问题】

1. 如何在教师专业发展研究中提出问题,明确选题方向?
2. 教师专业发展研究中可以采用哪些常见的数据收集方法?
3. 不同的数据收集方法有哪些优缺点? 如何选择适合自己研究的数据收集方法?
4. 教师专业发展研究中的量化与质性分析方法各有何特点?

【案例研讨】

　　经过大量的文献阅读与细致思考后,小陆依照德西蒙的教师专业发展模型作为理论框架,开始着手设计自己的 STEM 培训项目。在确定了参与教师人选、培训时长以及每一次培训的授课主题及内容后,小陆开始思考研究的问题、方向以及数据问题。

在头脑中生成了一个对培训的大致规划构思后,小陆其实已经有了研究的整体方向。然而怎么将这种选题的规划进行梳理,提出恰当的研究问题,小陆一时还没有头绪。特别是她发现教师培训中没有办法像一般学生授课过程一样,以学生的期末考试或者测试成绩作为最终培训效果的评价指标。那么究竟应当如何来评价自己培训项目目标的达成情况呢?通过查阅文献,她发现除了测试题以外,问卷、访谈、课堂观察等一系列的手段都可以用以评价教师专业发展的效果。可是这些方法哪些更好、更加适合自己的项目?哪一些在目前的条件下更好获取?收集到这些数据以后,又分别应当采用什么方法进行分析呢?

在这一案例中,小陆思考的问题都是科研过程中的重点——研究方向的选取、问题的提出以及数据的收集与分析。在教师专业发展研究中,这些不同的方面既存在着与一般研究共通的基本要求,同时也存在着其特有的属性。如何进行恰当的规划与选择,是直接影响研究者对培训效果进行判断的关键证据。

就某个既定的专业发展项目而言,项目的选题规划与问题提出决定了研究的开端与大致方向,数据收集与分析则决定了研究的最终走向与成果产出。不同的研究者所提出的研究问题不同、数据收集与分析的倾向性不同,就有可能对同一个专业发展项目得出完全不同的结论。如何设计自己的研究问题与研究目标,选择适当的数据收集与分析方法,都是决定研究质量的关键因素。

6.2.1　问题提出与选题的决定性作用

研究选题是决定研究方向的第一步。这种选择一方面要基于研究者的兴趣——这是保证研究者能够在后续研究中持续投入时间与精力的重要动机,而另一方面又不能仅仅基于兴趣。研究选题的提出应当同时经过大量的文献梳理工作,明确在当前研究方向下的研究进展,有哪些已有研究成果,判断未来研究的大致走向和趋势,进而整合形成自己的研究选题。在进行选题时,研究者应当通过前期信息收集,明确以下几个问题。

①在当前研究方向下有哪些已有成果,是否存在着一些研究空白或者未知的领域?

②当前研究方向下有哪些问题是研究者们共同努力亟待解决的?

③我所设计的研究对该领域的未来发展有什么帮助和贡献作用?

④如果我想要研究的内容已经有了一定前人的研究成果,那么这一研究设计是否还存在着什么创新点?

通过对上述问题进行总结,选题方面对研究者提出的要求可以大致概括为两个方面:符合研究发展整体趋势和研究对发展所能给予的贡献作用(表 6-6)。对于前者而言,要求研究者在进行生物学教师专业发展研究时,应当了解大众普遍关注和关心的问题。如核心素养与生物学教学的关注,如何将 STEM 纳入生物学教学,以及如何帮助生物学教师将教学理论切实落实到课堂实践等方向。一方面,在这种整体研究趋势下存在着较多大众关注但尚未挖掘以及尚未解决的问题,这些都是开展研究的潜在价值;另一方面,这些领域下存在着较为完善的已有研究体系。这些已有成果之间互洽架构起完整的研究理论框架,能够帮助研究者获取必要的信息,减少在研究过程中偏离主线的可能。

而研究对领域发展的贡献作用则要求研究者在进行研究时,不能仅仅因为"想要做一个研究"而去做研究。须知任何研究的开展都应是为推动当前领域的发展,而不是满足自己的需求,甚至于重复别人已有的成果。这就要求研究者在最开始充分了解研究选题在领域内存在的创新性和意义,明确研究最终的成果可能对未来发展所做出的贡献。需要特别说明的是,这种贡献和意义不一定非要来自成功的、有效的、正向的结果,在研究设计合理的基础上,所得出的失败的、无效的或者负面的结果,同样具有重要的价值——它能够帮助其他科学教育工作者规避歧途,节省整个研究群体在试错过程中消耗的时间,进而推进研究成果的产出速度。

除上述两个主要考量外,在进行教师专业发展研究时还有两条建议,即更加贴近一线教学和同时关注教师与学生(表 6-6)。在科学教育研究中,理论的发展与教学实践之间一直存在着巨大的鸿沟。对一线生物学教师而言,既需要最新的教育理论成果与教学策略,同时更需要如何将这些策略应用到日常教学中的指导和帮助。只有当这些知识实际作用于课堂中,理论的研究才具有真正意义上的价值。因此在进行生物学教师专业发展培训设计时,不应只关注"如何将知识传递给教师",还应更加关注教师的真实课堂,深入一线通过实证研究来明确"如何帮助教师将知识更好地作用于课堂",弥补教育研究理论与实践之间的差距。

表 6-6 教师专业发展研究选题的考量与建议

主要考量	研究建议
• 符合研究发展整体趋势	• 贴近一线教学
• 对研究发展给予的贡献作用	• 同时关注教师与学生

在此基础上,研究者可以将目光进一步延伸到学生身上。关于生物学教师专业发展培训的一切投入,直接的目的是帮助教师更好地进行教学,而其最终目

标都是通过教师的教学使学生受益,帮助学生更好地学习生物学知识与概念,提高科学素养水平。因此在进行教师专业发展活动时,研究者可以在条件允许的情况下,做到同时关注教师和学生。一方面了解教师在培训过程中的变化情况,另一方面也关注学生在学习生物学过程中的变化情况,明确教师的专业水平提升是否真正有效地落实到了课堂当中,服务于他们的学生。

确定了研究的大致方向后,研究者需要依据这一方向确定自己的研究问题。研究问题是以疑问句的形式,对想要研究和了解的内容提供清晰说明的简要语句。研究问题的提出对于一个研究至关重要,它将引导后续的文献搜索与综述,帮助设计研究框架,决定研究将要收集的数据类型及分析方法,甚至决定整个研究最终能得到怎样的结论。对于一份研究成果,其他研究者及读者会将研究问题作为重要的阅读指标,用以快速了解和判断研究内容,以及该研究对读者的帮助作用。

在进行生物学教师专业发展研究的过程中,研究问题的提出首先应当紧靠已经确定的研究方向,在该方向范围内将想要明确的事件逐步细化,最终形成可供研究、可供回答的问题。研究中问题的提出有很多需要遵守的重要原则,首先来看下面的例子:

①近 30 年来国内有关 STEM 的教师专业发展研究文献有多少篇?
②近 30 年来国内有关 STEM 的教师专业发展研究表现如何?
③近 30 年来国内有关 STEM 的教师专业发展研究关注度呈现怎样的变化趋势?

上述三个问题所针对的研究主题是一致的,都是想要了解近一段时间以来STEM 在教师专业发展研究当中的整体表现情况。然而三个问题的质量则大相径庭。这就引出了研究问题提出的三个建议:问题的可回答性、问题的针对性以及问题的分析价值。

问题的可回答性。可回答性是研究问题提出首先必须遵守的原则。这种可回答性体现在两个方面,即问题不能过于简单具体,同时也不能太笼统宽泛。如上述案例中的问题①就并不是一个适合研究的问题。具体到一个数字就能够解答的问题,只需要研究者对文献进行检索统计给出即可,无法构成一个能够开展研究的方向。而对于问题②来说则恰恰相反,问题"表现如何"的设定就过于笼统和宽泛。表现究竟是什么?哪些方面可以算得上是表现?如何定义"表现得好"?想要回答这个问题,研究者需要涉及的领域极多,如研究关注的主题、侧重点、变化趋势等,并不是能通过一个研究就可以给出答案的。这一类问题就属于无法通过研究回答的问题,在进行设计时要着重予以关注。

问题的针对性。针对性指代的是问题提出要准确指向想要研究的领域,一个问题只针对一个方面,不要通过一个问题来企图回答多个假设,得出多个结论。如果研究问题想要关注的点不止一个,研究者可以将问题进行拆分,或者选择在问题下设子问题,通过逐一回答子问题来得出多个不同的结论,进而通过不同的结论之间进行梳理分析后得到最终结论。

问题的分析价值。问题分析价值是对研究者提出的更高层级的要求。它指向研究者在回答研究问题的过程中,需要通过细致的数据处理和分析,得到更有深度的结果。其最简单的表现为,在能力许可的情况下,尽量不要选择可以用"是"或"不是"来回答的问题,而多去选择需要进行描述解释的问题。例如,针对问题③就是一个需要研究者去描述趋势的问题,而如果将其变更为"有关 STEM 的教师专业发展研究关注度是不是呈现出递增趋势?"那么最终的结论就会变成单纯的是或不是,从而丧失了表征更多信息的价值。近年来,国际科学教育研究趋势开始希望更多地了解教师发展过程中潜藏的机制和途径。学者们不再单纯关注有没有效、是不是产生了变化,而是更多地希望揭示研究是如何起效、教师是如何发生变化的。而这也给研究者们提出了更高的要求。

确立研究方向并提出明确研究问题是研究沿着预期设想发展的第一步。它奠定了整体的研究基调,并构成了研究框架的重要部分。沿着研究方向回答研究问题,将引领后续的数据收集与分析工作展开。后续内容中将继续说明在教师专业发展研究中有哪些主要的数据类型,不同的数据又如何进行分析,并挑选其中常见于教师专业发展活动中的几种数据收集分析方式展开说明。

6.2.2　问卷调查法作为数据收集的先河

调查研究在社会学研究中具有非常古老的应用历史,它常常以研究个体为单位,应用于描述性、解释性和探索性的研究工作。在教育研究当中,调查法的分类多样,本节着重强调问卷调查法在教师专业发展中的角色。早在 1990 年以前的很长一段时间中,教师专业发展项目实践后,对教师的检测及项目有效性的评价方式通常均为小规模的满意度问卷调查,借此来判断整个专业发展项目的实施是否成功。通过有效的问题设计与样本选择,问卷能够最大程度上反映出大群体的特征,而相同模式的问题,则能够确保研究者获取到格式一致、形式相同的标准化数据。

同任何形式的数据一样,问卷调查法具有自身无可替代的优势,同时也存在着无法回避的弊端。如在各种教师专业发展项目的数据收集与分析过程中,它是最适用于针对群体大规模使用、匹配大样本的方式,因而能够广泛应用于生成具有统计学意义的定量研究中；然而与此同时，这种研究形式也比较容易受到访谈者自身想法、社会意向偏见性等一系列因素的干扰，导致回收到的数据中"好的数据"要比实际情况明显偏多，故而存在着一定的争议性。因此研究者在选择问卷调查作为收集数据的方法时，也应根据研究目的综合考虑利弊，合理规划。

问卷的基本构成。依据研究所需的不同目的和结果预期，问卷的设计形式及构成多种多样。一般而言，作为一份完整的调查问卷，可能包含但不仅限于以下几个部分：标题、简介、样本信息、问卷问题以及其他必要信息。以下选择关于某初中生物学教师对概念转变教学专业发展培训的调查问卷为例，对每部分的内容设置及设计进行简要说明。

问卷设计首先需要明确的是本次问卷调查的研究目的。它可以是对某种现状的了解与基本信息收集，可以是对被试所掌握的知识、信息水平的测评，同时也可以用于获取被调查者对某些事件（如专业发展培训）的态度与想法。明确调查想要获取的数据信息，是设计问卷的第一步。对于被试者来说，在填写问卷时，被试应当具有知情权，即他们须要明确问卷的主题，知道自己将要提供哪些信息，以及问卷中所收集资料的用途。

如图 6-8 所示，问卷标题及介绍部分应开门见山地提供关于本次调查的基本信息，使被试能够清晰地了解调查内容，并决定是否愿意继续作答后续的问题。在示例问卷当中，可以明确这份问卷所针对的目标被试人群为参与过本次"概念转变教学"专业发展培训的初中生物学教师，调查的目的为了解教师对知识的掌握情况，并依据所获取数据进行研究分析，对后续培训内容进行调整。因此可以预计问卷中的问题应当既包含了对教师所掌握知识水平的测评类问题，同时也包含了对被试态度的满意度调查。此外，在简介部分声明对被试所填写信息进行隐私保护，能够增加被试信息提供的安全感，这对于提高问卷回收率也具有一定程度的帮助。

初中生物学教师关于概念转变教学专业培训调查问卷

老师您好！关于概念转变教学的专业培训即将结束。为了更好地了解您对概念转变教学知识的了解情况，以及更好地帮助我们调整后续培训内容设置并进行研究与分析，我们希望您能够于百忙之中抽出时间完成以下问卷。问卷的内容除我们培训组外，不会向任何人透露，您只需按照真实情况如实填写即可。

感谢您的配合！

图 6-8　示例调查问卷标题及简介部分

在问卷标题及简介后为问卷所需基本信息的填写部分（图 6-9）。这一部分的内容通常为一些与调查主题不直接关联的被试者个人信息，如教师的教龄、学历和教授年级等。对教师基本信息的收集主要是方便后续统计分析时进行分类,或进行某些要素的相关性分析,如了解教师对于专业发展培训的收益效果与教师的教龄长短是否相关等。这一部分并非问卷的必要模块,若研究者并不计划进行相关分类统计与分析工作,则可不设置此模块。

```
一、基本信息
教龄:A.5 年及以下    B.6～10 年     C.11～20 年     D.21 年及以上
学历:A. 本科以下      B. 本科        C. 硕士         D. 博士
所教年级:_____
使用教材版本:_____
```

图 6-9　示例调查问卷基本信息部分

在基本信息的内容设计上,应当关注所收集信息是否具有较强的个人隐私性。除特定情况外,一般不要求被试填写个人的真实姓名,或任何可能侧面暴露被试真实姓名的信息。对填写人隐私的保护能够提高被试在作答问卷过程中答案的真实性。例如,某问卷中设置了问题"你认为自己是否掌握了此次培训的内容",此时如基本信息中询问了教师的真实姓名,则教师在作答过程中则有可能倾向于提供对自己更为有利的作答,因此在后期数据收集时认为自己"很好地掌握了培训内容"的教师比率将会比真实情况有所上升,造成研究结果真实性的降低。

调查问题是整个问卷的主体部分(图 6-10),它直接决定了问卷调查将收集到怎样的数据,进而影响后续的数据分析与结论得出。依据既定的研究目标,问题的设计要始终围绕问卷主题展开,进行缜密合理的考量,并依据不同的问题形式,在最终发放前采用适当的方法确保其具有良好的信效度。

在问题设计形式上,为确保回收问卷的数量和质量,研究者需要充分考虑被试在作答问卷时所需要花费的时间成本与精力。易于作答的题目类型和适当的作答时长是需要综合考虑的两个方面。第一,研究者须对问题进行精练化处理,控制问卷中的问题总数、问卷页数,并在正式发放前进行试作答,了解作答所需花费的时间。过多的问题数量及问卷页数可能会造成回收问卷中未完整作答的比率升高,进而导致有效回收率下降。第二,问题应当表述明确易于作答。其中选择题、能够以要点形式进行简要说明的简答题通常是比较好的选择类型。需要花费大量时间阅读题干或材料、需要被试进行大篇幅论述的题目常常作答表现较差。此外,关于封闭式问题与开放式问题的设定、问题客观性等方面将在后续部分展开说明。

二、选择题部分

在选择题部分,每个陈述后会有 5 个选项。5 分表示"最大程度上的认同",4 分表示"认同",3 分表示"不太确定",2 分表示"不太认同",1 分表示"很不认同"。您可以按照您的实际情况进行勾选。

	5	4	3	2	1
1. 我能够理解并掌握培训的内容					
2. 我认为本次培训对我未来的教学和专业发展提升有所帮助					
3. 我愿意在未来教学当中将所学知识加以应用					
4. 我愿意将培训知识分享给其他的老师/同事					
……					

三、开放题部分

在开放题部分,您可以根据自己对问题的理解进行填答。问题填答没有字数限制,您仅需按照实际情况如实作答即可。

1. 请您按照自己的理解,简要说明什么是概念转变教学?
2. 您认为概念转变教学可以怎样用于实际的初中生物学课堂教学当中?(可以结合具体的教学案例进行说明)
3. 您认为概念转变教学在初中生物学教学中的应用价值如何?
……

图 6-10　示例调查问卷问题主体部分

调查问卷的结语与其他是整个问卷的最后一个部分(图 6-11)。问卷结语主要用以表达对被试者花费时间精力进行作答的感谢,可以以简单的"谢谢"作为收尾,也可以详细展开,向被试简要说明所填写的数据将会进行怎样的后续分析,或再次强调关于保护被试信息隐私性等内容。除结语外,该模块还可以添加其他研究者需要向被试说明的情况,如收集被试对研究或培训的建议反馈、问卷应当如何提交、是否愿意留下邮箱参与后续其他跟进调查、部分问卷调查向被试提供纪念品的领取方式及地点等。

　　再次感谢您抽出宝贵的时间填写本次调查问卷！本次问卷将采用匿名的形式进行收集整理，除本研究的研究员外，任何人不会获取您在本次调查中提供的数据。如您有其他关于本次调查的任何问题及相关建议，烦请写在下方空白处，我们将会为您进行说明与解答。

　　谢谢您的配合！

图 6-11　示例调查问卷结语及其他

　　上述说明的几个模块为一般问卷的主要构成部分。这些部分并非必须同时纳入到一份调查问卷中，而部分问卷可能也会包含除上述部分外的其他模块。具体操作应当结合研究者的实际情况进行抉择。

　　设定主体问题形式。问卷中的问题形式可划分为封闭式问题（closed-ended questions）和开放式问题（open-ended questions）。二者在数据收集及后续分析的过程中各有利弊。封闭式问题指在问题后由研究者提供几个备选答案，被试只需要在这些所提供的答案当中选择相符合的选项即可。例如，示例中展示的"我能够理解并掌握培训的内容"，被试仅需在 1~5 的五个选项中勾选最符合自己的一项即可。而开放式问题一般是由研究者提出一个问题，并在随后留有答题区域供被试自由填写答案，如图 6-10 中提问"请您按照自己的理解，简要说明什么是概念转变教学？"，被试需要在随后的空白处书写自己所理解的概念转变教学定义。

　　封闭式问题从数量上看通常在问卷中占据主要地位。这类问题可以是我们常见的提供 A、B、C、D 选项的选择题，也可以是李克特量表（Likert scale）等形式。封闭式问题可以探寻被试对某个话题的理解正确与否，也可用以明确被试对某一事件的态度如何。封闭式问题在问卷调查中具有无可替代的优势：首先，由于全部答案均为研究者预设，因此数据收集后所获得答案格式相同，具有较高的一致性。这为后续的数据分析工作展开提供了便利；其次，数据形式相对客观，不会受到研究者后期编码时的主观影响。这种易于操作的分析模式使得封闭式问题成为进行大规模或大样本调查时最常用的问卷形式。

　　当然封闭式问题也具有一些无法割除的弊端，其中最主要的问题主要有三点：第一，由于被试只能在封闭的选项中进行选择，因此若选项中忽略掉某些可能的其他要素或答案时，被试便无法表达出自己真实的观点；第二，单一的答案在统计中无法被用以进一步了解答题者的作答思路与思维模式；第三，当作答者胡乱填写或者不认真作答时，研究者不易区分所给出选项的真伪。因此在设计封闭式问题时可以采用一些方法来规避弊端。例如，在设计问题时要注意穷尽所有的可能性，或者在选项后添加一个选项"其他"，并要求作答者在后面写明自己的其他答案、设计二阶选择题或者要求作答者在后方注明自己选择该选项的依据，以及在问题中设计反向选择题等，将这些弊端降到最低。

开放式问题虽然在问卷当中的数量占比较低，但它却是进行数据深入分析的有效方式。这类问题的常见形式即由研究者提出问题，被试在空白处填写自己的真实回答，无须参照固定的格式与模板。对于研究来说，开放式问题的优势主要为能够展现出被试的最本源想法和思路，不受备选答案的限制和引导，也是帮助研究者发现个例和特例，进行深入分析的有效数据类型。

对于开放式问题来说，其弊端则体现在如下三个方面：首先，相比于封闭式问题，开放式问题所需要的作答时间相对较长。在问题数量过多的情况下，回收到无效作答和空答的概率很高。其次，非结构式的问题回答形式在后期进行数据处理时会造成一定的困难，导致数据分析阶段要比封闭式问题复杂化。最后，在对文字数据进行编码使用时，也可能会因为研究人员的偏见和主观想法，误解被试的真实意图，从而导致编码失去客观性。针对这些问题，在进行开放式问题的问卷设计时要考虑以下几个方面：提问应当精简化，准确描述为被试可以用一句或者几句话来完成作答的有针对性的问题，不要指意不明地让作答人员书写过多的文字；在数据分析阶段投入更多的时间与精力，排除主观喜恶，必要时可以制定规范化的编码量表对数据进行编码；若进行编码处理时，可选择由非编码量表制定者进行第三方编码，有条件的情况下还可以由两名研究人员分别独立编码，检测评分者一致性。

确保问卷客观性。无论采取怎样的问题形式，问卷应当确保尽可能地收集真实的被试答案，使数据具有较高的客观性。这就要求研究者在问题设置上应具备较高的质量，以便更好地引导作答人员表达真实想法。问卷中的问题设计应当至少保证四个要素：单一、中立、精简及正向。

如表 6-7 所示，在问卷设计时应当保证一个问题仅指向一个内容，特别是在意向调查等封闭式题目当中。例如，某问卷采用李克特量表的形式提出"STEM教学能够有效提升学生对于科学学习的兴趣，并帮助他们提高学习成绩"时，这一问题中便包含了双重指意。很明显，研究者在命题的时候期望能够得到作答人对这"两个问题"的"单一态度"。若被试非常认可 STEM 教学对于学生科学学习兴趣的提升作用，但却并不认为它能够帮助学生提高学习成绩时，则无法于选项中选择能表达自己真实想法的答案，严重影响数据的真实性。而对于开放式问题来说，在受到篇幅限制影响下，可以将关联度太高或具有前后相关关系的两个问题放在同一个题目下，但是确认分属两个问题的时候，也要明确作答者分别进行作答。

表 6-7　问卷问题设计考虑要素

特征	内涵
单一	问题设定应当只含有单一内容,避免在一个问题中将两个或以上的意向合并表述
中立	问题在措辞上应当保证客观公正,避免融入研究者自身主观立场而导致问题具有倾向引导性
精简	问题的表述应当尽量简洁精练,避免反复提出表意相同或相似的问题,也避免长篇大论的问题形式
正向	问题提出应当是正向的语句,尽量不使用否定形式的问题,以免对答题人产生引导作用

　　中立的设计要素一般能较明显地体现在研究人员对问题的措辞表达上。当被试对一个问题的态度不够坚定,或本身没有太强烈的看法时,会受到问题措辞的引导而选择研究者希望他们选择的答案。例如,若研究者提出"PCK 教学知识对于教师专业发展提升是大有裨益的"或"你不认为 PCK 教学知识对教师专业发展提升是很有帮助的吗?",此类问题的陈述均采用了具有倾向性的措辞表达。非常明显,研究者希望被试能够回答更为赞成 PCK 教学知识效果的答案。此时若某位并不知道 PCK 教学知识是什么的教师作答问卷,则极有可能给出正向的回应。这也是问卷调查在操作过程中极易受到研究者主观影响的表现之一。因此在进行问题措辞时,研究者应当站在中立的视角上进行斟酌,并要综合考虑被试是否能够自由舒适地给出正反两个方向的回应。

　　精简的问题会直接影响问卷的有效回收率。一般情况下,被试愿意投入精力进行认真作答的时间有限,为保证作答人能够认真完成全部问卷题目,就要保证问题的精简。这种精简一是体现在问题设定上,二是体现在被试回答问题上。前者的标准在于,被试在快速浏览问题时,能够准确抓准问题的主旨并进行选择判断,而不是在冗长的题目陈述后不明确自己应当回答什么(很多时候被试可能连这类问题都不愿意读完就随便作答);而后者则体现在开放式问题的表述能够让被试以简单的陈述句说明,无须撰写太多的文字。例如,针对同一个关于论证式教学的问题,"请您以自己的一句话简要概括什么是论证式教学?"就会比"请您详细描述一下论证式教学在您心中应该是什么样子的?"更为明确简练。

　　问题提出应当是正向语句也是问卷设计时考虑的一个要素。这个要素的重点更多地不是在于引导作答者的态度,而是在于它有时会引起不必要的误答。由于很多作答人在问卷填写时,常常只是对问题进行快速浏览抓住关键信息,特别是在问题较多时,靠后的问题更是如此。例如,当研究人员提问"我不认为反转课堂的教学方式会帮助学生提高成绩"时,一些作答人员会在快速读题过程中忽略掉"不"字,将题目理解为反转课堂可以帮助学生提高成绩。此时若某位被试认可反转课堂对于教学的积极作用,就很有可能回答"是",然而在这个反向表达的题目中则导致了该被试选择了一个完全不符合他预期的答案。因此在一般问题表述时,应当尽量使用正向语句。当然,有些时候为了确保答题者认真作答,排除乱填问卷的情况,研究者也会设置这种反向选择题进行检验,这种情况则需另当别论。

尊重调查者意愿。尊重调查者的主观意愿是问卷最基本的、必须遵守的条件。任何问卷调查的问题设计与数据收集,均不能建立在违背被试主观意志的前提下。这其中既包含问卷中提问内容方面的考量,也包含信息收集的范围问题。

对于问题设计来说,研究者应当尽量规避一些预料之内部分被试者可能不愿意回答或无法回答的问题。例如,在提问教师对于本校领导对自身专业发展过程中存在的制约和限制因素的问题时,若提问方式过于尖锐,则很有可能导致教师因为担忧所填写信息有泄露风险,从而不愿与研究者分享其中可能存在的不利面的信息,导致回收到的答案中出现虚假数据。研究者进行问题设计时应当考虑,若真实作答所提问题是否会对被试人员的社会声誉、切身利益产生负面影响。如果是,那么被试则很有可能会产生被胁迫感,因而不愿意告诉一个陌生人(研究人员)自己内心的真实想法。因此除非调查人员能够找到完全匿名的、绝对无法区分填写人信息的安全方式,否则应当尽量在问卷设计时规避此类问题。

而上述关于被试人的问题也同样体现在问卷的信息收集范围上,即问卷应当做到充分保护作答者的个人隐私。除一些必须针对个体的研究外,一般问卷调查中通常不会要求被试者填写自己的真实姓名。此外有关调查人个人信息等基本资料部分如个人邮箱、家庭住址等信息,如被试人出于个人考虑不希望给出,也不应当强制要求填写。问卷发放时应当征求被试的同意,不应采取任何手段强迫被试人填写。特别是当问卷面向受众为年龄较小的学生或孩子时,应当征得所在学校教师或监护人的同意。

6.2.3　善于深入发掘的访谈法

如果说问卷是最适用于大样本个体展开的调查活动,那么访谈法则是面向一个或少数几个个体展开调查活动的有效手段。不同于问卷要求被试进行纸笔作答填写答案后回收,访谈则是由研究者进行口头提问,被试进行作答后,由研究人员进行记录和转录整理。这就要求研究者投入充足的时间与精力,有时甚至需要更多的研究者投入到访谈工作中。在相同时间成本下,访谈法所能收集的样本数量要远远小于问卷,但它却是进行数据深入挖掘与分析的有效方式。

访谈的不同组织模式。 依据访谈地点、被访谈人数、访谈问题设定等不同要素,访谈可以划分为多种不同的组织模式。每种形式的访谈具有自身独特的优势,可以满足不同研究的需求(表 6-8)。

表 6-8　访谈的不同形式分类

分类要素	访谈形式
访谈的地点或媒介	面对面访谈
	电话访谈
	网络访谈
一次访谈中被访谈人数	一对一访谈
	一对多访谈
访谈问题的设置 访谈前的问题完成度	结构化访谈
	半结构化访谈
	非结构化访谈

依据访谈的地点或访谈媒介不同,可以划分为面对面访谈、电话访谈与网络访谈。作为直接与被访谈者接触的面对面访谈法是能够获取最多访谈细节的方式,同时也是对访谈人员要求最高的方式。在面对面访谈中,访谈人员除询问既定的问题外,还可以通过观察被访谈人作答时的态度、表情、语言等细节来进行深入分析,获取最真实的答案。此外,由于面对面访谈过程中被访谈者一般不能查阅资料,因此在询问一些关于"是否知道""能否说出"类的问题时,可以获得比其他非面对面访谈方式更加真实的答案。但是同时面对面访谈也是对被访谈人员造成压力最大的方式,特别是针对部分内向型性格的被访谈人来说,与陌生人的交流会产生一些心理上的压迫感。这对于访谈人员的挑选与培训提出了更高的要求。

电话访谈和网络访谈等方式伴随着科技的不断发展应运而生。这两种方式无须确定固定的地点与访谈人员见面,因此被访谈人员可以选择自己熟悉的家庭、办公室等场所接听电话或连接网络,有效减少访谈中的心理压力,同时也节省了耗费在访谈路途中的时间成本。然而由于访谈人员不易观测电话或屏幕另一端人员的行为,因此被访谈人员在一些问题上的作答很有可能会添加修饰成分,其真实性可能会有所下降。而像网络文字访谈的方式则更无法确认被试人员搜索网络答案的时间,因此不适用于询问存在标准答案的问题。

依据在一次访谈中被访谈人员数量,可以将访谈划分为一对一访谈与一对多访谈。针对想要指定特定的人员进行访谈,特别是想要深入挖掘数据的情况时,通常会选择一对一访谈。这种访谈模式可以让访谈人员与被访谈者进行深入沟通,建立彼此熟悉的关系。访谈人员可以随时依据对方的回应找到其中的关键点进行追问,无论是在访谈主线走向还是访谈时间长短的把控上都比较容易,只是时间成本相对偏高。而针对问题较简单,想要获取更多人次的访谈数据的情况时,则可以选择一对多访谈。在一对多的访谈中,研究者除可以在一定时间内获取更多人对问题的回答外,还能够观察不同被访谈人员之间的相互反应,以及他们对某一问题的讨论。相比于一对一访谈,一对多访谈在广度上更优,但在深度上则较弱。对二者的选择主要取决于研究者希望获取怎样的数据。

最后,依据访谈问题的设置——或者说访谈前的问题完成度,可以将访谈划分为结构化访谈、半结构化访谈与非结构化访谈。结构化访谈又称为标准化访谈,其向被访谈者提出的问题通常为预设好的,无论在提问还是在被访谈者回答记录上都有固定的流程。结构化访谈的可操作程度高,一旦明确了访谈问题与记录方式,对访谈人员的培训相对简单,可以由多个访谈人员同时展开工作。这种访谈方式适用于探寻问题非常明确、范围非常清晰、想要获取相对格式化数据的研究。

而与此相对的非结构化访谈则是一种更为自由的方式。这种访谈在进行之前通常没有预设的问题,而是仅有一个大概的思路和大纲。访谈人员在访谈时可以围绕大纲思路进行灵活处理,随时调整访谈的内容和问题。非结构化访谈是最能够发挥访谈人员创造性,并考验其对研究问题敏感程度的方式。这种访谈较强烈地依赖于访谈人员自身的能力,很多时候只能由研究设计者自己完成。这种访谈模式一般适用于对研究结果没有强烈预期的质性研究,有时能够获得意料之外的数据。但由于其数据格式化程度低,较难进行定量化分析,且分析时间成本较高。

为综合上述两种访谈模式的优点,现今半结构化访谈(semi-structured interviews)取得了较多的应用。作为二者的折中,半结构化访谈通常具有大致的访谈提纲,并有部分预设的问题,但在实际访谈过程中,访谈人员可以对问题进行灵活的调整,如删减或追加问题、调整问题提出的顺序、改变问题的形式或访谈对象的作答形式等。这种模式的访谈能够满足一部分数据的结构化分析,同时也能够寻找特定的访谈人员深入挖掘所需的信息,因此具有更高的可操作性。

访谈内容的设定。麦克斯威尔曾提出,研究问题与访谈问题应当具有本质上的区别。作为研究问题,应当是研究者因为想要明确一些事情而提出的问题;而访谈问题则是为了解答研究问题而提出的咨询其他人的问题。这就要求研究者在进行访谈问题设计时应更有针对性,而不是简单地将自己的研究问题变成访谈问题交给被试人员进行回答。

由于访谈研究相比问卷调查来说会耗费更多的人力物力,并且时间周期也要拉得更长。因此访谈研究的有限时间应当分配于那些仅通过问卷调查无法获取的数据上。如"您是否知道 STEM""您是在哪里知道 STEM 的"此类通过问卷调查方便获取的数据,可以转用问卷而非访谈的形式。访谈通常应当是对所访谈人员有一定了解之后进行的,如已经知道了教师的教学情况,或者听过了教师的授课、让教师已经填写过相关的问卷之后,提出更加深入的问题。如"问卷中您对于×××的作答,能否讲一下您的作答思路和想法""我看到您在课堂中经常对学生的回答进行追问,能否告诉我们您这种追问的目的或者背后的想法是什么?"正是由于访谈在时间、人员、数据量上所具有的局限性,因此它更倾向于对被试人员和研究问题有一定思路之后展开的研究,具有更强的针对性和情境性。

同问卷调查一样,访谈研究中的问题提出也应遵守一些通用准则。如问题要逐一提出,不要一次性抛出很多问题,导致被访谈对象无法完整地回答每一个提问;问题应当具有中立性,其在措辞上不应当诱导访谈对象回答出某种答案;问题应当精简明确,能够让访谈对象快速理解准确作答等。另外在访谈中,有时研究者会在抛出一个问题后,对被试的回答进行追问。如"您是否支持翻转课堂在教学中的实际应用?"如果研究者想要进一步追问被试的态度,则应当预设好访谈对象可能回答出的正反两个方向的答案,并分别设计好应对的问题,避免访谈中间出现不在计划内的回应时导致访谈中断。

由于很多时候访谈人员与被访谈对象之间并不认识,或者认识但并不熟悉。这种情况下,被访谈对象面对陌生人的提问通常会产生警惕心理或压力,导致不愿意回答某些问题。因此访谈人员在正式开始访谈之前,可以以一些研究外的聊天问题暖场,与被访谈人员逐步增进熟悉度,建立信任感。例如,当访谈想要了解教师对学校领导层及政策上的看法时,可以先与被访谈教师交谈,"您在该校任教了多长时间?""学生们的情况如何?"以及"教学过程中您觉得有没有哪些力不从心的地方?"然后慢慢过渡到"教学中的困难您认为来自哪里?"以及"目前的政策是否会给您的课堂教学造成压力?"等。循序渐进的问题可以引导被访谈人员慢慢适应访谈的模式,减少突兀感。

对访谈人员的要求。访谈进行的外部条件和访谈人员也是影响访谈效果的因素之一。在访谈过程中,访谈人员需要选择恰当的访谈地点与访谈时间,并在访谈过程中具有良好的行为举止,最重要的是要对整个研究和访谈问题具备深入的了解。

访谈地点和时间的选择是在征得被访谈对象同意后首先要商议的内容。在这一点上应当遵守"被访谈对象优先"的原则,即在保证双方均能接受的基础上,尽量选择被访谈对象熟悉的访谈地点和想要接受访谈的时间。一般来说,被访谈对象会选择离自己较近、较为熟悉、安静且具有隐私性的地点,如被访对象的办公室、学校空置的小会议室或者学校旁边的咖啡厅等。熟悉的地点可以让被试更加放松,产生安全感。而在时间选择上的道理也与此相同。一般来说,应当选择被访谈对象闲暇的时间段,如没有午睡习惯的教师的饭后时间、下午上课结束后还没到下班的时间等,在访谈时长上最好不要超过一个小时。

访谈人员的言行举止也可能影响访谈的效果。研究认为,一个人的穿着打扮通常会被认为是一个人性格与态度倾向性的外在表现。因此穿着让被访谈对象感到舒适的服饰是拉近与被试之间关系的方式之一。例如,被访谈者是一位教龄很久,并在学校承担行政领导职务的老教师时,正式一些的衬衫可能是比较合适的选择;而当要访谈这位教师班里的低年级小学生时,那么色彩相对鲜活、活泼的服饰应当比西装革履更适合。

在访谈的态度和语气上,访谈人员应当表现出诚恳的态度。因为友善和亲近是让被访谈人员愿意打开心扉的关键点之一。而这种态度应当注意一定的尺度,对被访谈者的私人问题过于好奇、整个人过于热情有时候也会起到适得其反的作用。在尊重的基础上让被访谈者感受到轻松和舒适,是访谈人员在态度和提问语气上最适合的表现。

对整个研究项目和所访谈问题具有深入理解的则是访谈人员——特别是进行半结构化与非结构化访谈人员。对访谈问题不熟悉的访谈人员会在访谈中浪费更多的时间,也有可能在访谈中造成中断与不愉快,导致整个访谈无法收集到满意的数据。因此,访谈人员应当让被试感觉到自己已经充分为这次访谈进行了准备,并对现在提问及后续需要提问的问题非常熟悉。这种熟悉不仅仅是为了增强被试的信任感与安全感,更多的则是帮助访谈人员在访谈过程中敏锐地抓住被访谈对象回答中的关键要素和某些有趣的回答点进行深入追问。而以上这些内容,均需要建立在访谈人员对于本次访谈问题较为熟悉,特别是对整个研究的研究问题和研究目标非常明确的基础之上。

6.2.4　走入被试课堂的观察法

在日常生活中,每个人都会使用观察法来观察这个世界,观察身边的人和事物,并通过观察来建立生活经验,组织日常生活。人们通过不断地观察、收集数据、分析自己的观察结果得出结论,来影响未来的行为习惯。同这些生活中的日常观察一样,研究也可以通过观察法来获取数据,支撑自己所提出的假设或猜想,获取问题的答案。

在教师专业发展研究中,观察法一般是指对教师课堂的观察。相比于问卷与访谈,观察法是所有方法中最为客观的方式。因为前两者所获取的答案依然来自于被试人员的口头或笔头给出的主观作答,而观察法所获取的数据则是直接来自于被试人员的真实表现。伴随科学技术的发展,观察法所提供的资料已经越来越多地被各类研究所采纳与认可,逐步替代或者补充了简单的问卷访谈等方式。在本节中,将会主要阐述在观察教师课堂中的几种主要记录方式:观察记录表、研究观察日志以及现代的录像视频记录。

观察记录表。观察记录表是课堂观察法诞生之初人们所选用的数据记录形式。通过最简单的表格设计,研究者可以在有限的课堂时间内抓住自己所需的要点,并将其转化为文本形式。在录音设备尚未普及到教育研究领域之前,这种观察记录表承载了课堂观察的大量数据。

依据想要观察的内容不同,课堂观察记录表的形式多种多样,研究者可以选择适合自己记录习惯的表格来进行数据记录。图 6-12 所展示的课堂观察记录表为其中的一种,即依据课堂的不同阶段,按照时间轴的推进,逐一记录课堂中每段时间内发生的事件。这种记录表对于记录完整课堂表现来说效果较好。

记录表除作为主体的按时间课堂记录模块外,还包括课堂基本信息、授课前信息及授课后信息三个模块。这三个模块对于后续数据分析起到了补充作用,用以提供在单纯课堂授课阶段无法观察得出的信息。

课堂基本信息部分主要说明该节观察课堂的基本资料,如观察者及日期、被观察班级的信息、教师信息以及教材信息等。这些基本信息的收集可以帮助研究者在后续数据分析时进行归类整理。授课前信息通常为在课程开始之前,对课程外部环境进行的调查。如研究者发现上课前学生与教师聊天非常自然,师生关系非常融洽;或者发现学生们经常向后观察研究者,表现出了对陌生人观察课堂所产生的紧张感;抑或是通过与教师交流,明确这个班级的学生平均生物课成绩名列前茅,整体水平较高等。这些信息一方面可以作为后期数据分析的重要材料,另一方面也可以帮助教师有计划地观察课堂,使得后续的记录活动更具针对性。授课后信息也与此类似,可以用以补充课堂观察中的信息,并且解答某些在观察中出现的问题。例如,课堂中发现学生的课堂积极性不高,通过与教师进行交谈,教师表示学生对被观察感受到了压力和紧张感,所以不愿意发言;或者通过跟学生的交谈,发现该教师平日的授课风格并非如此,导致学生对于课堂产生了不适感;等等。

课堂观察记录表

一、课堂基本信息

观察人:_____

观察日期:_____

观察课堂信息(学校、班级、人数):_____

授课教师:_____

本节授课内容:_____

教材信息:_____

二、授课前信息

1. 这节课属于新授课/复习课,教师对课程的定位是怎样的?

2. 授课班级学生的整体水平如何?

3. 授课前班级内是否有什么值得留意的信息(环境因素或人为因素)?

4. 班级的整体氛围如何?如学生是否很在意有观察者的出现?

三、课堂记录

课堂阶段	时间轴	行为记录	备注
引入阶段	00:00—03:00		
	03:01—06:00		
	06:01—09:00		
……	09:01—12:00		
	……		
	……		
	……		

……

四、授课后信息

1. 教师认为这节课是否达到了预期的教学目的?

2. 与日常教学相比,教师认为本节课的教学效果如何?

3. 学生对于本节课的反馈如何?是否能够理解所教课程的内容?

图 6-12　课堂观察记录表示例

　　而作为整个记录表格的主体部分，授课记录按照时间轴的推进，要求研究者对整节课所发生的事情进行详细而客观的描述。研究者可以依据课堂所需记录关键点的详细程度，调整每段时间轴的长短，并在相应的时间轴后记录下课堂中教师或学生的课堂表现。当然，除记录相应时间轴内所发生的具体事件外，研究者还可以在备注中标注值得关注的要点。例如，在一次研究教师使用概念转变教学的课堂观察中，研究者记录在课堂第 23 分钟时有学生 A 对教师的提问所作出的回答中出现了错误概念，而教师并未对这个概念加以回应，那么研究者可在备注部分加注"对错误概念的忽视"，并在后续研究有需要的时候对教师进行深入的访谈分析。备注的设定可以在保证研究者在继续完整记录课堂行为的同时，避免随课堂的推进遗忘其中重要的研究细节。

　　除按照时间轴进行记录的方式外，课堂观察的记录表形式各异，有时在研究者仅需要记录课堂中出现的特定信息，而不需要抓住课堂每一个细节点时，还可采用将课程划分成整体的大段进行重点跟进等方式。总而言之，课堂观察记录表的设计首要原则是方便研究者的使用，让研究者能够在无法暂停的课堂观测中尽量减少有效数据遗漏的可能。

　　研究观察日志。 在进行研究活动的过程中，养成记录研究日志的习惯对于研究者而言是大有裨益的。而对于课堂观察，特别是持续性的追踪观察活动来说，建立研究观察日志也是数据收集的有效手段之一。这些观察日志可以是对实施细节的客观描述，也可以是研究者通过观察之后建立的个人反思。通关连续性地收集与分析，研究观察日志可以为研究者的后续数据分析提供素材与灵感。

　　用以再现观察细节的日志通常被称为描述性笔记。在这些记录中，研究者所要做的是客观公正地还原所观察到的事件，尽量避免产生主观性的评价和态度。这种观察日志的目的在于使翻阅此记录的人在经过一段时间之后，仍能够较为准确地复刻、再现出当时所发生的事件情况。在笔记中，研究者不需要对事实进行复杂的加工，仅需要简单的陈述与描述即可。然而这种工作也不是漫无目的的，研究者应当在所观察的事件中抓住重点，寻找与自己研究工作有所关联的部分。

　　例如，在某次课堂观察当中，研究者发现在正式授课开始之前，由于教师尚未到场，因此课堂中的学生表现得非常活跃，教师内充斥着嘈杂的声音。对于一个描述性笔记来说，"课堂准备阶段十分喧闹嘈杂"就不是一个客观的描述。研究者应当以具体的细节来描述课堂中的表现情况：

> 2018 年 10 月 22 日 08：55
>
> ××学校××班生物课，教师尚未到达教室。教室的前后门均是敞开的，不断有学生聊天的声音传出。靠近后门口的四个学生围坐成一团，在讨论昨晚看过的球赛；教室中间的前排三个女生在互相交流上周美术课上大家完成的画作；两个男生离开了自己的座位，集中在教室左后方的位置上与其他学生打闹游戏。

这种对于观察课堂的客观描述是多方面的。它既可以记录课堂的外部环境、背景信息，也可以记录课堂中学生或者教师的一般表现，同时也可以表述师生之间或者与研究者之间可能产生的互动。

除描述性笔记外，研究观察日志还包含了用以记录研究者思考过程的方式，称之为分析性笔记。在分析性笔记中，研究者不光记录观察中所发生的事件，还会针对这些事件写下自己的评论，讨论自身对这些事件的理解，在笔记中表达自己对观察事件或整个研究随时产生的想法与反思。很多时候，研究者在观察课堂行为时所产生的思路和灵感是一闪而过的。将其落实在分析性笔记中，将对研究者深入理解自己的研究、发现新的研究方向有所贡献。

同样以上述的课堂观察为例。在听完整节课后，研究者发现课堂中第一排的某位在课前十分活跃，课上总是心不在焉望向窗外的男生，看起来对生物学没有什么兴趣，但通过与老师交谈后，发现该生的生物课成绩总是在班级中名列前茅。这一点让研究者非常感兴趣：

> 2018 年 10 月 22 日
>
> 班中的那位"调皮鬼"，在课堂中经常心不在焉，总喜欢跟周围的同学聊天，有时候还会打断老师上课的节奏，但他的生物课成绩却非常优秀。我发现在与其他学生聊天争辩的过程中，他总是能迅速地发现对方语言中的漏洞加以"反击"，证据链充分，连吵架都非常的"有理有据"，表现出了很强的逻辑思维能力。我猜想，这会不会与他的成绩有什么关系呢？在后面的课堂观察中，可以重点关注一下这个学生，并且在必要的时候对他和他的任课教师进行访谈。

作为分析性笔记，其中所包含的反思和想法通常都来自于研究者个人，是一种对研究者自身观察行为和心路历程的描述。有时它更像是研究者思维的文字版本，其中不仅包含了研究者在研究过程中的惊喜、意外的收获、新的思路，同时也可以包含一些错误的尝试、无效的分析以及被否定的假设。这些负面信息作为研究思路的一部分也具有同样重要的价值，它可以减少未来研究的试错成本，同时也有可能在未来以其他形式加以转化，成为最终研究数据的一部分。

针对不同形式的研究观察日志，在记录时和记录后都有很多值得研究者考量的要素。在观察记录时，建议观察者选择可以拆卸拼合的活页本，方便外出时携带纸张，同时也可将一些在外偶然产生的灵感记录收纳到记录本中，防止单页丢失遗弃；记录撰写可以在记录本的一侧留下足够空白，以便记录日后反思回顾时对之前数据产生的新想法和新观点；此外，研究者要养成定时定期记录日志的习惯，如在每次课堂观察完毕回到办公室之后，要及时地进行记录，避免随时间流逝而导致最初的理解与想法被遗忘。

研究观察日志中的记录只是一部分。另一部分不可或缺的内容是研究者要经常对自己的笔记进行回顾与反思。研究观察日志并不是一项机械性的工作，也不仅仅是随着课程结束后就完成的几页纸。研究者更多的是要完成创造性的工作，要定期回顾和阅读当时的数据，不断地思考，随着时间的推移和数据的增多不断形成新的研究思路和想法。

对于研究观察日志来说，上述这些信息有些在记录的时候可能并不能直观展示出值得研究者关注的研究热点，研究者会发现简单几次的记录常常并无所获，这也会让研究者感到无聊和失落。但当研究日志持续一段时间之后，研究者通过集中再现一段时间内的课堂情节后，有时会有意想不到的收获。作为一项长期性的工作，将其加以坚持并不断反思，将是获取有效数据的重要途径。

现代录像视频记录。利用录音、相片等方式来进行观察与记录在社会学和心理学的研究中存在已久。尽管这种方法早在 19 世纪末就已经出现，但直到数码相机出现之前，这类研究方法由于成本高昂，一直无法得以普遍应用。先于录像技术出现的录音和相片，已经帮助研究者在课堂观察的数据记录方面迈出了重要的一步。通过对授课过程进行全程录音，课堂观察已经不再是转瞬即逝无法"暂停"的过程。研究者可以在分析过程中不断地回放录音文件，来深入发掘在听课过程中无法完整捕捉的细节；而照片作为辅助材料，则可以帮助研究者定格课堂发生的瞬间，将课堂上的部分行为变成可以再现的场景。二者的结合在数据记录的准确性和完整性上大大超越了单纯由研究者自行记录的课堂观察表及研究日志。

而随着科学技术的不断进步，录像视频技术的成本不断降低，操作模式也逐渐简单化。这一现代技术的普及，让课堂观察与后续分析变得更加方便。这种方式的出现使得更多的课堂细节得以呈现，并使得课堂观察、数据编辑与分析得以全方位融合，逐渐成为近年来热门的研究方法，被灵活地应用于课堂观察分析以及教师专业发展等各个研究领域。

录像技术在课堂观察中的应用主要有三个步骤：录像数据资料收集、视频编码以及数据统计分析。录像数据资料收集即需要在所观察课堂中架设录像设备，对课堂的全过程进行记录。在记录课堂之前，研究者需要明确本次研究的主要目的。例如，若研究者想要观察的是单纯某位教师在一项教师专业发展项目中的课堂授课表现，那录像可以集中于观察教师在课堂中的行为；而如果研究者希望观察的是该生物学教师在课堂中与学生之间的互动行为，那则需要同时观察学生和教师两部分。在这些情况下，研究者需要考虑在教室中使用两台录像设备来捕捉更加详尽的细节。

录像分析中如何对所获取的视频资源进行编码，是录像用以课堂观察的关键点。不同的编码模式直接决定了研究者能够获取什么样的资料，进而决定整个研究的走向与结论得出。录像的编码类型千差万别，可以是判断课堂视频中是否出现了某种行为的是非型编码，也可以是统计某种指令出现次数的记次型编码，还可以用以统计课堂中某些词语或概念随时间轴出现的分布情况等。

借助既定的编码表，就可以将所获取的课堂录像资料进行分析处理了。随着技术的不断进步，研究者们可以借助专门用以录像分析的软件将视频导入，直接进行时间轴的定位和编码标记。所标记的课堂内容既可以被转化为文字，成为质性数据分析，同时这些编码还可以在统计软件中进行归纳处理生成统计数字，用以进行定量化的数据分析。在借助各种统计工具分析后，这些课堂录像资料可以为教师专业发展研究提供实证的证据支持，如判定参与培训前后教师课堂行为表现上的差异等。

以 2011 年美国生物学课程研究所（Biological Science Curriculum Study，BSCS）展开的基于课堂分析的科学教师学习项目（The Science Teachers Learning from Lesson Analysis，STeLLA）为例，该项目是一个基于录像案例分析实践的培训活动，整个项目为期一年。在参与培训计划之前与培训计划完成之后，研究通过观察参与培训项目中教师的课堂授课情况，分别收集了不同教师的课堂观察录像，并依据研究目的，设计出了针对教师课堂行为表现的录像分析编码表（表6-9）。该编码表的全部条目集中于教师课堂行为的观察，其编码类型涵盖了是否判断、出现频次、时间占比、水平划分等各种形式。通过对课堂录像进行编码分析，研究对比了时隔一年教师专业发展培训前后教师的课堂表现，并从中找到教师具有显著差异的课堂行为。

表 6-9　STeLLA 录像分析编码条目

编码条目内容	编码类型
1. 抽提学生观点并进行预测	占课堂总时间 的百分比
2. 提出探寻/挑战性的问题	出现次数
3. 鼓励学生对数据及观察作出解释与推理	是否出现
4. 鼓励学生在多种方式和多种情境下使用/应用新的观点	是否出现
5. 通过整合性的工作来鼓励学生在概念之间建立联系	是否出现
6. 识别主要的学习目标	出现次数
7. 使用目标陈述与重点问题	是否出现
8. 选择符合学习目标的教学活动	5 点量表 水平划分
9. 给学生提供使用内容表述来匹配学习目标的机会	3 点量表 水平划分
10. 在科学内容观点与活动间建立联系	5 点量表 水平划分
11. 在本节课内容观点与其他内容观点建立联系	3 点量表 水平划分
12. 对重要观点和活动进行合理排序	5 点量表 水平划分
13. 总结、生成重要观点	出现次数

相比于一般课堂观察记录而言,录像视频的出现时间较晚,但其自身却具备众多无法比拟的优势。如课堂信息的可视化程度高,弥补了文字、图片记录还原真实课堂的困难,以客观的视角突破人眼观察局限性,确保了课堂中大量细节的如实呈现与记录;数字化的信息存储方式使得课堂观察能够得以复现,课堂观察可以由不同地域的不同研究者同时进行观察分析,并使得原始数据随时间变迁后再次使用新理论新方法进行二次分析成为可能;最后,录像观察的情境性保证了理论与真实课堂环境的有效结合,因此在教师专业发展培训工作中具有无可比拟的重要地位。当然这项技术目前也存在一些弊端,例如操作软件的学习成本较高,后期再次复现和分析时所花费的时间较长等。这些都是研究者在选择恰当的研究方法时应当予以考虑的问题。

随着新科学技术的不断发展，可以预见未来教育研究领域中存在着种种可能，教师专业发展的数据收集与分析模式也将会不断更新。作为研究者，在未来开展教师专业发展研究时，要给予这些技术更多地认可与重视，将更多更优的解决办法与策略纳入到研究当中，不断促进教师专业发展更好更快地前行。

综合上述内容可以看出，无论是问卷调查、访谈还是课堂观察，都具有自身的优劣。收集不同类型的数据并对其进行合理的分析，对教师专业发展项目来说具有非常重要的意义。

由表 6-10 可见，不同数据的利弊都要具体到相应的研究中才能进行判别。对这些数据收集方法进行权衡，研究者可以找到在教师专业发展设计中最适合自身研究的方式。当然，选取多种研究方法进行综合使用，获取更多的优势，弥补各种方法的不足，也是非常值得肯定的途径。

表 6-10　不同数据收集形式的优势与不足

数据类型	优势	不足
问卷调查	在全部数据类型中最适用于大规模收集样本数据的方式，能够被广泛应用于生成具有统计学意义的定量研究当中	较易受到外界因素的影响，如研究者的主观观点、社会主流意识的偏见性等，造成有时正向数据的回收率要高于实际情况
访谈	访谈可以给研究者创造和被试对象深入交流的机会，通过建立信任，访谈能够帮助研究者深入挖掘更加细致的真实信息	数据容易受到访谈人员的影响。若访谈人员自身具有强烈的主观倾向性，则可能导致数据出现偏差
课堂观察	课堂观察在教师专业发展的数据中能够最为客观地还原真实情况。这种数据类型能够更多地避免研究者的主观偏见，获取真实的资料	在全部数据收集方法中，课堂观察所需要的时间成本、金钱成本与人力成本都是最高的

6.2.5　量化与质性分析的不同选择

数据收集完成后的分析工作，是能够展现研究者数据解读能力的重要部分。对于一份相同的数据而言，不同的研究者依据自身的研究倾向和关注点，采用不同的分析手段，很可能得出完全不同的结论。作为研究中的一个重要模块，数据分析方式虽然很多时候具有相对固定的方法，但其中可借鉴和使用的种类多样，并且随着研究不断发展快速更新。本节内容只对教师专业发展研究中的主要数据分析类别及其中的重要因素进行简要阐述，不再一一详尽展开。

定量研究。在教师专业发展研究中，有时需要对研究数据进行数字化的定义与分析。这种将研究对象数据进行量化表征，并通过这些数量进行研究得出结论的方式即为定量研究。顾名思义，相比于定性研究来说，定量研究的特点在于多以数字来替代文字。在定量研究中，测量（measurement）是一个关键要素。它特指要依据特定的准则，为某些物体、事件以及人的行为分派数字与符号。定量化的使用在日常生活中随处可见。如以数字表示人的身高（170 厘米）、鞋的码数（40 码）或者物体的重量（1 千克鸡蛋）等。量化数据通常具有普及性，一旦生成了标准化的方法，则其在任何人、任何场合中都具有良好的应用性。

该模块中将着重叙述和定量研究相关的两项重要内容：一是测量的尺度，二是测量工具的评估。依据斯蒂文斯（Stevens）的定义，定量研究可以划分为四种尺度或量表（表 6-11），分别是名义尺度/称名量表（nominal scale）、顺序尺度/顺序量表（ordinal scale）、区间尺度/等距量表（interval scale）以及比例尺度/等比量表（ratio scale）。

表 6-11　斯蒂文斯关于尺度量表的四级分类

尺度量表名称	内容
名义尺度/称名量表（nominal scale）	以数值对人、事、物进行标记或编号并加以区分
顺序尺度/顺序量表（ordinal scale）	将对象按照顺序等级排列，数值表示顺序的位置
区间尺度/等距量表（interval scale）	同时表示顺序等级排序，以及彼此之间的距离或间隔大小。其零点可以人为规定
比例尺度/等比量表（ratio scale）	同时包含顺序等级排序以及距离间隔大小，并且具有绝对零点

名义尺度中所使用的数值只代表一个特定的编号，例如，在教师专业发展研究中，将研究对象所教授的学校水平进行编码，1 代表幼儿园，2 代表小学，3 代表初中，4 代表高中，5 代表高校等；又或者对教师的学历进行编码，1 代表本科及以下，2 代表硕士，3 代表博士及以上等。这种编码中的数字更像是

一种标记符号，其自身不能够进行加减乘除的运算，也不具有取平均数等意义，但是在研究中可以统计某一编码所出现的频次。

顺序尺度中的数字能够帮助研究者做出数据上的判断，即明确在某个变量当中哪些比较高，哪些比较低。例如，将教师进行测试的成绩按照从高到低排序，分别设为第1~30名。在顺序尺度中，只能获知谁更高谁更低，无法具体知道高出或低出了多少分的数值，其自身也不具有统计学处理分析的有效意义。

而从间距尺度开始，其数值便具有进行运算的可能。它能够同时表示数据之间的排序，也可以表征不同数据之间的差距，也即间隔的大小。如以"教学能力水平测试"的试题对30位教师进行测评，每位教师都获得了该测试中的一个成绩。这个成绩可以表征教师在测评中的排序，也可以说明不同两个教师之间所差距的分数是多少。间距尺度的数字进行数学运算分别具有不同的意义，如我们可以对其求和、求平均数、中位数等。但要特别说明的是，间距尺度的零点是人为规定的，而并不是绝对的"无"。一名教师在该测试中得分为0，只能说明其在这个测试中被规定为0分，但并不能说这位教师丝毫不具有任何教学能力。

在间距尺度之后的比例尺度与间距尺度相似，既可以表示数据之间的排序，也可以表征不同数据之间的差距。但与之不同的是，它还具有绝对零点。即比例尺度中的零可以表示完全不存在。还是以上述情形为例，"教学能力水平测试"中共含有50道选择题，研究想要定义每位老师答对的题目数量，即可看作比例尺度的应用。这个数值同样也可以进行求和、平均数等数学运算处理，而在这个数据中，0就可以表征"1道题都没有做对"，也即绝对的0点。

了解测量尺度之后再来看测量工具的评估。如果说定量研究的后续分析工作可以借助软件进行模式化处理，那么在此之前，选择适合且有效的测量工具就变得极其重要。例如，当研究想要了解教师在参与某项专业发展培训项目之后，对于教学的态度是否发生了变化，又或是想要知道教师回到日常教学环境后，这些培训对他/她的课堂教学是否产生了影响，又是否对学生的学业质量产生了有效提升作用，这时的研究就需要一个"量表"，来测定这种"态度"和"学业质量"的变化情况。而在这其中，需要首要考量的就是测量工具的信度(reliability)和效度(validity)问题。

一般来说，研究认为信度指的是检测数据的一致性和稳定性。例如，一位教师参与培训效果评价测试，在满分100分的情况下，该教师的测试成绩为70分。而几天后以该试题再次对该教师进行测试，发现成绩变成了62分，过几天又变成了 53 分、98 分……同一位教师的成绩变化具有如此大的差异，那么研究者就会怀疑这几个数据应该是不可信的，由此认为问卷可能具有较低的信度。而效度指的则是检测结果的准确性和有效性。例如，还是在这次教师培训项目中，研究者发现一位教师在培训中表现出了非常积极的态度，在培训过程中的各类考核中均取得了教师中的最高分。以经过研究检验的成熟试题对该教师进行测试后，其成绩为 85 分。此时研究者希望在这次培训中开发一套新的试题进行应用，在开发完成后，以这套同样测试主题的新试题对该教师进行了 5 次测试，发现教师排名非常靠后，成绩分别为 43 分、40 分、45 分、41 分和 40 分。可以发现，这几次成绩是稳定的，但却和实际情况不符，所测得的数据与想要研究的目标之间存在误差，也即其无法准确反映想要考察的内容，因此新试卷可能不具备很好的效度。

这就如同在射击场，人们总希望能够准确地命中靶心。以图 6-13 的靶图为例可以发现，作为信度和效度都有保障的测量，应当使得几次射击之间的位置差异不大，并且全部集中在靶心位置，也即上图中的第一个靶图。而作为一个信度很好而效度较差的测量，意味着全部的射击点能够保证彼此位置相近（即射向同一个固定的位置），但这个位置并非靶心，而是射向了偏离靶心的位置。也即其中存在着系统误差（systematic error），如上图中第二个靶图所示。那么第三个靶图所展示的又是什么呢？很明显这是一个没有信度的测量，射击点之间存在着明显的随机误差（random error）它看起来似乎既可以说是有效度但是没有信度，又可以说是没有效度也没有信度。思考这个问题后可以发现，信度应当是效度存在的必要非充分条件。只有当一组数据具有很好的信度时，才能够去判断它是否具有很好的效度。

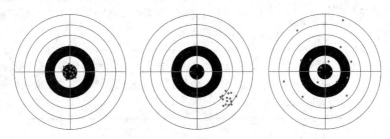

图 6-13　信效度示意靶图

对于一个测量工具来说，信度和效度都是重要的属性，二者缺一不可。对信效度的评估有不同的方法，它们分别提供了不同的指数（表 6-12）。研究者应当选择适合自己研究并且能够提供的评估指数来证明数据是可信有效的。

表 6-12 常见信效度指数分类表

信效度	分类	说明
信度 reliability	重测信度 test-retest reliability	重测信度指测验数据在一段时间内的稳定性。如对同一群体进行一次测试，并在一段时间后进行复测，对两次测试成绩进行相关分析
	复本信度 equivalent-forms reliability	复本信度指一组被试在测量同一内容的不同复本间取得成绩的一致性。即测试会获取一组被试的两个成绩进行相关分析
	内部一致性信度 internal consistency reliability	内部一致性指测验题目测量单个心理结构或概念的一致性，指标分为分半信度（split-half reliability）和 α 系数（coefficient alpha）。前者是将测验一分为二，检测两部分的一致性；后者则是检测题目之间的相关程度
	评分者信度 scorer reliability	评分者信度指的是两个或两个以上的评分员评判成绩时的一致性，最简单的方法是让两评分者对测验分别独立评分，检测两个评分间的相关性
效度 validity	内容效度 content-related validity	内容效度指测验内容取样是否合适，即测验能够在多大程度上表现所测量的领域。内容效度的判断需要由领域专家进行评价
	结构效度 construct-related validity	结构效度指测验在测量或证实某一概念或理论的程度情况。例如，当一个测试中的不同题目都被用以测量某个概念时，则需确认所有题目项是否都是指向这一潜在概念的
	校标效度 criterion-related validity	校标指参照标准，校标效度即预测测验在某校标测量上的有效性。如检测测试数据与其他成熟校标之间的相关性

对于定量研究来说，好的测评工具的使用是极其重要的。通过上述内容也可以发现，想要开发一套信效度良好且容易操作的测评工具是很不容易的。当开展一项教师专业发展研究时，除开发独立的测量工具外，还可以选用已有研究者开发出的成熟测量工具。因此熟悉研究领域内的成果，在开始研究前进行必要的文献分析，可以帮助研究者获取有效的资源。当能够获取到信效度优秀

的成熟测量工具时，对其进行引用是能够节省大量时间、减少纰漏出现的有效
选择。

定性研究。与定量化分析不同，定性数据的呈现方式通常是文字而不是数
字。这种文字化的数据是非常有趣的，它可能蕴含了丰富的形容和解释、具有
情境性的过程，或是潜藏在背后的扎实的根基。通过这些质性化的数据分析，
读者可以跟随研究者设定下的时间轴，明确事情发展的前因后果，甚至产生意
想不到的收获。如果说定量研究的重点在于大量的数字与统计结果，那么定性
研究的重点则在于丰富的细节描述。作为将事件具象化的研究方法，定性研究
通常会从一个想法开始，使用解释和理论的框架来解决人与社会的问题。研究
者们认为，它通常具有以下的特征（表 6-13）。

表 6-13　定性研究的一般特征

特征	内容
自然环境	定性研究通常会从被试所经历的、熟悉的经验环境当中获取数据，而不是将他们置入干预实验环境中
研究者作为主要工具	定性研究中的工具通常为研究者自行进行的观察、访谈等，强调研究者的主观能动性，而不是依赖于既有问卷或工具
多种方法	在定性研究中，研究者通常会使用多种不同形式的数据如访谈、观察、文档等，而不是依赖于单一的某一种数据
复杂的推理逻辑	定性研究中往往牵涉大量的归纳与演绎逻辑推理过程，研究者需要在研究过程中使用复杂的推理技能
被试的重要价值	研究者在定性研究中会更多地关注被试所持有的观点、被试对问题的解释，而不是研究者通过文献研究得出的答案
机动的研究设计	定性研究的设计是机动性的，最初始的研究设计跟最终的设计可以有所差异，研究设计中的每个阶段都有可能随着研究者的数据收集而发生改变
反身性	在定性研究中，研究者需要对自身进行定义。研究者需要提供自己的背景信息、这些信息如何影响了研究以及从研究中获得了什么
整体考量	定性研究的研究者需要针对所研究问题创设复杂的宏观蓝图，这其中包含了阐明多种观点、识别情境中的各类要素，并将它们加以整合

应该如何判断研究是否需要使用定性化的方法呢？定性化的分析方法通常出现于以下三种情况：第一，研究需要探寻某个问题或想法，而其中的关键因素无法简单的测量，或者需要一些更加翔实的数据；第二，研究希望赋予个体更高的权利，希望分享他们的故事，倾听他们的声音，拉近研究者与被试之间的距离；第三，当研究想要开发新的理论时。如现有的理论无法适用于复杂的问题，或者量化分析的数据和统计结果无法跟研究问题进行简单的匹配。在这些情况下，定性化的分析方法都将起到更好的效果。

尽管定性研究分析通常不会明确地说明自己采用了"哪一种方法"，但通常意义上人们会将定性研究划分为五种常见类别，分别是叙事研究（narrative research）、现象论（phenomenology）、民族志（ethnography）、扎根理论（grounded theory）以及个案研究（case study）。

叙事研究常常会收集来自个体的故事，这些故事通常讲述个体的个人经验，可以表现为各种各样的数据形式。一般情况下，叙事研究的呈现方式多以时间顺序进行陈述，有时在故事中会存在重要的转折点。叙事研究的故事展开常与特定情境密不可分，环境的描述应当是研究当中重要的部分，其表征方式可以以传记、自传的形式出现。对于教师专业发展而言，叙事研究的出现可能并不常见，但可见于一些典型教师的个人传记。

相对于叙事研究对单个或者少数个体故事的描述，现象论则希望从一小部分个体中寻找其中所具有的共性，减少因为单个个体的经验差异及个人特征所导致的干扰。现象论强调需要通过一小部分的个体，来强调某种"现象"，了解这些人所经历的世界，理解所发生的事情对他们的意义。如在某种新型教师专业发展模式下，剖析几位教师所经历的事件、进行教学实践的过程，了解他们在参与过程中的经历和体验，如若这种培训模式能够让教师们感到"更加兴奋"，那么这种感情是如何产生的，又是如何表现出来的。

民族志的翻译来源于英文，它最早应用于多民族及多人种国家地区中不同群体间的研究。对于民族志来说，它所关注的研究对象事实上是"共享着同一文化下的群体"，并对这些复杂的文化背景进行全面的阐释，因此本质上是"文化群体"而并非涉及民族或人种。为符合长期的翻译习惯这里保留了民族志的说法。在民族志研究中研究者需要寻找范式，理论在研究中占据着重要地位，通过针对文化共享群体采集到的数据进行分析，最终理解这种共享的文化是如何起效的、其作用机制是什么以及这些文化共享群体的生活模式是怎样的。在教师专业发展研究中，民族志的方法可以聚焦在微观的文化层面。例如，在某个学校中的生物学教师的教学成果普遍都很出色，那么为何这个学校的教师群体可以取得成功？他们所处的校园环境、所接受的专业信息是否存在着值得借鉴的内容？此时民族志的概念对理解上述内容就具有很好的价值。

自民族志开始，到后续的扎根理论与个案研究，是在教师专业发展中更常见的定性分析手段。扎根理论通过关注一个较大群体的样本并进行数据分析，从中生成或发展出一个新的理论，也即从经验资料基础上建立理论。在扎根理论中，研究一开始一般没有既定的假设，而是从原始资料中进行归纳概括，进而上升至理论。在扎根理论的研究中不仅最终会生成理论，还会阐明这种理论是如何作用生效的。如在一项教师专业发展研究中，研究者通过观察发现某几位教师的培训效果会受到项目促进者行为的影响，这引起了研究者的兴趣。通过逐渐接触更多的受训教师并进行深入数据分析，研究者最终生成了项目促进者行为会影响教师在专业发展中的培训效果的理论，并进一步说明了这种影响是如何发生的，最终将其扩展至更多的专业发展项目当中。

个案研究是当下大众普及度最高的一种定性研究手段，它最大的特点在于"深入"。个案研究通常是针对一个案例，通过长时间的、细节化的、深入性的数据收集与整理形成的研究案例。需要注意的是，个案研究中的案例通常具备自身的独特性，这种独特性可以体现在被试情况、案例时间以及发生地点等环节。依据研究的意图，个案研究可以有完全不同的走向。例如，当研究者的兴趣在于研究某案例的独特性时，可以进行单个案设计实现本质性个案研究；而研究者想要通过案例或案例的合集来理解某个主题、深入分析一种具备普遍性的事件时，也可以使用工具性个案研究。如研究者可以深入跟踪某一位参与专业发展培训的教师的日常课堂、课后辅导以及个人工作的时间，跟进了解这位教师在教授"国际班"时，所接受的专业培训可能产生哪些独特的影响效果。

表 6-14 可以较为清晰地展示出不同定性研究方法的主要特点与彼此间的区别，研究者可以依据研究问题与目的、自身的条件以及所能获取的数据类型和范围进行综合考虑选择。

表 6-14　不同定性分析手段的特征对比

特征	叙事研究	现象论	民族志	扎根理论	个案研究
关注点	探索个体的生活/经历	理解经验的本质	描述文化共享群体	从田间数据建立理论	对案例进行深入描述分析

续表

特征	叙事研究	现象论	民族志	扎根理论	个案研究
分析单元	一个或几个个体	几个共享经验的个体	经历相同文化的一个小群体	容纳很多个体的过程、行为、互动	通过一个或少数几个个体研究事件、过程
首要数据形式	访谈与文档	对个体们的访谈	观察和访谈	20～60人的访谈	多种数据形式结合
首要数据分析指向	"故事再书"，编年体分析	显著性的事件、本质	描述群体及其主题	数据编码	描述案例
成果生成	关于个体生活/经历的故事	描述关于经验的本质	描述一个文化共享群体是如何工作的	生成一个理论	开发一个/多个案例的深入细致分析

通过分析可以明确，定性分析的方法相比于定量研究来说，后者会更多地依赖于研究测评工具，而前者则更多地依赖于研究者的思维与能力，因此定性分析的应用也需要研究者通过长时间的锻炼来积累经验。可以明确的是，定性分析并不应当被看作定量化数据无法获取时的替代手段，二者在教师专业发展研究中都具有重要的地位和价值。

混合研究。定量和定性化的数据分别具有自身独特的优势和不足。定量化的分析工具可以在很大程度上脱离研究者的主观干扰，得到标准化的规范数据，但却较难深入探寻被试者内部所存在的复杂原理；而定性化的分析可以得到细致深入的描述，但却依赖研究者和被试的个人属性，难以模式化扩展。不仅如此，各类数据形式如问卷、访谈、课堂观察……都具有各自的优劣属性。为避免单一研究手段及数据形式所带来的负面影响，社会学研究提出了将多种方法共同作用于同一研究的建议，混合研究方法（mixed methods）逐渐走入研究者的视野当中。

在混合研究方法中，研究者可以在一个研究设计中，综合使用不同的定量与定性方法，运用多种数据分析形式来达成研究目标。在教育研究中，使用多视角、多研究理论、多研究方法存在很大的优势。这种多方法多手段的综合使用，可以彼此弥补单一手段所存在的劣势与不足，在各种方法间起到互补平衡；同时也能够综合容纳各种研究手段的优势，提高研究质量。

混合研究的使用目的是多样的，但在一般教师专业发展研究中，更多的是利用其"三角论证（triangulation）"的作用原理。这一词语的使用最早出现在航海和军事领域，原意为通过参考多个位点来更准确地定位某一地理位置坐标。如图 6-14 所示，当人们在观察一个物体时，为确定它的具体方位，需要对它的所在位置进行描述。当一个观察者给出物体位置的描述时，它可能是准确的，但也可能是有偏差的。但当第二个、第三个观察者都给出了指向一致的描述时，那这个物体的所在位置就具有更高的可信度。

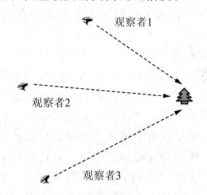

图 6-14　三角测量观察物体的示意图

　　研究中的数据亦是如此。当研究者使用单一数据源或数据分析方法来分析一个复杂问题，或者描述一个复杂事件时，这种单一性在指向事实目标时，就有可能因为自身无法回避的短板而产生测量偏差。而当研究者采用多种数据源及数据分析方法时，就会相对稳定地将目标事实固定在真实范围内，从而大幅提高研究结果的真实性与可信度（图 6-15）。

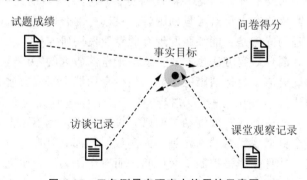

图 6-15　三角测量在研究中使用的示意图

　　在混合研究中一般存在两种不同的分类体系。一是其中所包含的定性分析与定量分析是否是同时进行的；二是定量分析与定性分析所占的比例和地位是否一致。对于前者而言，定性和定量研究可以在研究开始时便同时推进，也可以在其中一种方法的主要阶段基本完成后继续使用另一种方法。例如，在针对教师专业发展的研究中，研究者希望了解教师在参与培训前后，班级内学生对生物学的学习态度是否发生了变化。因此研究收集了全部参训教师所在班级学生的前后测态度问卷，并定量化地分析了前后测之间的差异性。而后研究者发现其中两位教师的后测成绩要低于前测，这引起了研究者的兴趣，因此他们选择对这两位教师继续深入开展定性化的访谈以了解其中发生的故事。在这个案例中，就属于先运用了定量化的方法，再顺序使用了定性化的方法。

而针对定量与定性的占比问题，这二者可以大致处于均等混合的平等地位，即二者完全混合使用，当然也可以采用半混合的方法，使用其中一种方法作为主导，而另外一种方法作为辅助。例如，研究者想要了解教师在参与关于建模教学的专业培训后对于这一知识的了解情况如何，也即教师是否熟练掌握了这一概念原理及应用策略。研究设计了选择题形式的可编码赋值问卷，将教师作答的前后测问卷分数作为主要的数据源。在此基础上，研究还抽取了三位教师进行简单的结构化访谈，主要了解教师在作答中的思路和对培训的想法建议。这一部分的数据在后期分析中辅助研究者来解释教师在问卷作答中所发生的变化。在这一研究中，便是采取了以定量研究为主，定性研究为辅的部分混合研究方法（当然在这个案例中，我们也可以看出它是一个定量与定性研究非同步的、先运用定量后运用定性的混合研究）。

就像定量研究与定性研究分别具有自身的优势与不足一样，任何一种研究手段也都具有这样的固有属性。尽管混合研究综合了定量研究与定性研究，一定程度上弥补了彼此的使用盲区，但同时也会产生一些新的问题。在这其中，成本就是一个需要研究者重点考量的困难。在选择混合研究方法时，也需要综合判断它所具备的优劣是否能够匹配现有的专业发展研究（表6-15）。

由此可见，混合研究方法也并非是适用于全部研究的"万能灵药"。对于一些研究问题精确简洁、目标清晰的研究，强行套用混合研究方法无疑是将问题复杂化、徒增研究人员压力的不明智选择。对于那些研究时间及参与人员有限、希望能够快速得到有时效性结果的研究设计来说，也不适合采用混合研究方法。另外一个更加现实性的问题是，大多数期刊都具有自身对定量或定性研究的喜好趋向，并且会严格控制版面篇幅。而对于使用混合研究法的研究者来说，夹杂在中间地域常常会在选择刊物时难以抉择。此外，由于混合研究中包含了大量的数据，这些定量与定性化的分析结果将会占据较大篇幅，从而导致研究成果在发表或公开时遇到各种困难。

表 6-15　混合研究方法的优劣对比

优势	不足
• 量化与质性数据的互补，兼具数字的精准表达与文字图片的细致深入描述（优势叠加） • 弥补单一定量与定性分析手段的不足，用其中一种手段来填补另外一种的缺陷（劣势互补） • 多方法手段的应用扩展了研究范围，使研究者能够在更广的研究领域回答更复杂的问题 • 给出更深入、完整、细致的结论，提高研究的可信度和真实性 • 混合研究的综合性有利于整合型知识的产出，多角度地运用于理论与实践中	• 对研究者的挑战极大。一般研究者通常具有自己擅长的研究方法（定量化或定性化的），而混合研究要求研究者能够综合运用上述二者。或者需要团队中多人同时开展一项研究 • 混合研究的时间和精力成本非常高。这其中包括收集并分别处理各种类型的数据、研究不同的分析方法并将不同的数据进行有意义的整合 • 研究中有时会出现定量与定性部分数据相矛盾的情况，增加研究的复杂性 • 部分研究者对于混合研究方法的存在性和分类地位尚持怀疑态度

研究者还需要正视的一个问题是，对于混合研究的存在是否可以算作一种成熟的研究方法，尚在研究领域内存在着争议。抛开此问题，我们仍需要强调量化数据、质性数据及其分析手段之间的关系。可以明确的是，"质性数据只能通过定性分析，量化数据只能通过定量分析"的观点是错误的。站在混合研究的角度上看，无论定性还是定量化的数据，都能分别采用不同的分析手段加以使用。以质性研究中常见的课堂观察录像为例，作为视频化的数据，教师的课堂教学录像所呈现的音频、图像本身不具备数字化测量的属性，因此更符合质性数据的特征。然而通过设计编码表，研究者可以对课堂中所发生的教学事件进行编码。编码后的事件即转化为了数字化的数据，可以被用以后期的量化统计分析。研究者可以通过对参与教师专业发展培训的教师前后测课堂教学录像进行分别编码，进而采用定量化的分析手段来明确前后测教学行为间是否存在着显著的差异。

【学以致用】

1. 请分别说出以下情形中，更加适宜采用怎样的数据收集方法。

(1)经过概念转变教学的培训后，研究者想要了解 8 位教师的班级内总共 300 名学生对呼吸作用概念的掌握情况。

(2)在基于论证式教学的教师专业发展培训后，研究者想要明确参训教师是否将培训中学到的内容真正应用到了日常课堂教学。

（3）研究者在某次培训中发现其中一位教师在知识掌握与实践应用上都取得了较好的反馈效果。他想要知道该教师培训效果显著是否存在哪些特定的影响因素，教师对本次培训是否有深入的反思或想法。

2. 信度与效度指的是什么？它的作用是什么？分别有哪些分类？

3. 定性研究有哪些常见的方法？

第3节　教师专业发展培训应时刻关注伦理与道德问题

【聚焦问题】

1. 什么是教师专业发展研究中的伦理问题？
2. 在开展教师专业发展研究时有哪些主要的伦理准则？
3. 研究者应当与被试之间建立怎样的关系？

【案例研讨】

在培训研究进行的过程中，研究生小陆发现自己面临了一非常为难的问题。在研究设计时，小陆希望教师能在参与本次培训前后分别上交一个自己的课堂录像作为前后测分析的依据。然而她担心提前告诉教师这份录像的用途，会让大家倾向于给出效果更好的后测视频，这样也许会影响整个研究评价的真实性；而视频中的教师、学生的截图能否被用在自己的研究报告中，小陆也不是十分清楚。

小陆开始思考，自己究竟应不应该提前告知教师们自己收取课堂录像资料的用意呢？这些资料又能不能出现在自己的研究报告和论文中呢？除此以外，小陆发现随着时间的推进，自己逐渐与培训中的教师们建立起了良好的关系，他们之间像朋友一样，开始聊一些与培训主题无关的话题，甚至交流一些更加深入的感想与体会。那么自己究竟应该与教师们保持研究者与被试的关系以保证数据获取的客观性，还是可以建立朋友关系而获得更加深入的信息呢？

案例中小陆面对的问题就是在教师专业发展研究当中经常会遇到的伦理与道德问题。在我国目前的研究背景下，这些问题的关注度仍不甚高，但这一话题在国际教育研究领域中却是研究开展必须要考虑的重要环节。究竟什么是研究的伦理道德问题、这些问题存在着哪些基本的准则，以及如何定位研究者与被试之间的关系，将是本节着重要讨论的问题。

伦理与道德问题是普遍存在于教育学研究当中，却经常容易被研究者忽视的重要话题。研究者们应当明确，在教师专业发展研究中，无论是最初的项目设计还是最终的数据收集分析，都应当注意保护教师及他们的学生所拥有的基本权利不被侵犯。理解这些伦理与道德准则，能够帮助研究者明确自己在研究当中的义务与责任，进而修正、完善这些研究，甚至在某些必要的情况下放弃不合理的研究设计与数据收集计划。

6.3.1　什么是研究中的伦理问题

在进行研究的过程中，研究者经常会遇到各式各样的伦理问题：当想要研究特殊家庭条件的教师在专业发展过程中的表现时，会面临暴露这些教师家庭条件等隐私的问题；当想要研究实施鼓励教育和批评教育班级中学生的成绩表现情况时，会发现这对分派到批评教育组的学生并不公平；当想要将课堂中教师授课的照片作为研究数据的一部分进行发表时，却不知道照片中出现的教师是否希望自己的照片被公开；等等。上述这些问题，都是研究者在伦理道德范围内应当考虑的因素。

教育研究中的伦理(ethics)是指人们在处理与人和社会相关的研究时，应当遵守的道德原理与准则，是指导人们开展研究的行为观念与规范。在尝试解决伦理问题的过程中，存在着道义论(deontology)、伦理怀疑主义(ethical skepticism)和功利主义(utilitarianism)三种基本立场。依据不同的立场，研究者在面对同样一些事件中出现的道德行为时，会对对错判断产生不同的结论(表 6-16)。

表 6-16　伦理问题的不同立场

立场	说明
道义论 deontology	伦理问题必须遵照某种普遍的准则或者道德原则来评判。行为的正误取决于行为的起始动机，而不是它所造成的后果。即存在很多行为从本质上讲就是不道德的，无论如何都不应该去做
伦理怀疑主义 ethical skepticism	与道义论不同，伦理怀疑主义认为不存在绝对的标准来规定行为的正误。它主张道德来自人的感情而不是客观标准，而人的感情是会因时间、地点的不同随时变化的，因而不具备绝对性。在研究中，研究者应当遵从自身的良心进行判断

续表

立场	说明
功利主义 utilitarianism	功利主义将研究实际效果或最终所取得的利益作为伦理道德标准。它主张实用性，通过衡量对部分被试产生的负面影响与整个研究所能带来的收益之间孰轻孰重，来权衡研究的潜在利益与成本，最终做出决策

假设存在这样一个场景：研究者计划开展一项新的研究，这项研究中总共有 50 位教师参与，它所取得的成果不仅能惠及被试教师，通过对原理的阐释还将为未来其他各种专业发展研究中的教师带来福利。唯一的问题在于，这个研究需要暴露部分教师的个人信息，存在着潜在的对这几名教师造成心理伤害的可能性。那么这个研究计划究竟应不应该实施呢？

站在道义论角度进行评价，这个研究是不能进行的。因为从研究动机来看，研究者一开始便知道会对部分教师造成伤害。侵害隐私权的行为从研究实施之初就不应当被允许，无论这种潜在的心理伤害是否真的发生了，从本质上讲研究设计已经违反了道德伦理，因此不应当被加以实践。站在功利主义的角度上来说，研究者可以评价这些负面效果的严重程度。如通过权衡，研究者认为心理伤害的产生概率并不高，并且通过无法避免的暴露部分教师的个人信息，可以惠及全部被试，甚至于未来千千万万的教师，那么在利大于弊的情况下，研究是可以实施的。而伦理怀疑主义更像是二者的中间，它主张研究者需要遵从自己的内心标准。如果这个研究的实施让研究者感到内心不安，被伤害的部分教师在研究者内心会产生巨大的影响作用，那么研究者就可以主观判断它违反了伦理道德原则而不应当加以实施，而反之若研究者认为站在自己的立场上看这种牺牲是较小的，尚不足以触及研究者内心的道德标线，那么它就可以实施。换言之，在伦理怀疑主义的立场上，这个研究如果出自不同研究者之手，就会获得不同的实施结果。伦理问题权衡的天平见图 6-16。

研究开展的价值　　　　　　研究中面临的伦理问题

图 6-16　伦理问题权衡的天平

抛开伦理立场不谈，事实上每一位研究者都会在内心进行这样的考量，去思考什么是正确的，什么是应该的，思考研究的边界线在哪里，道德伦理的边界线又在哪里。这种考量有时也会在遇到一些突发情况，或者随着研究的不断推进和深入而产生变化。研究者也应当意识到，随着社会的全面发展和进步，这种伦理的准则自身也是不断发生变化的。一些几十年前能够通过的研究，在现如今的标准下也会因为有违伦理道德而被禁止再一次实施。

与一般的科学研究不同，教育研究中的伦理问题更为普遍——因为教育研究中常常以"人"作为研究的被试样本。基于此，世界多国陆续成立了审查委员会，对将要开展的研究进行审查。在这其中，具有五个指导性的审查原则。

(1)研究主体的知情权。即被试应当能够获取足够的信息，来帮助他们决定是否要参与该项研究；

(2)研究主体具有主动权。在研究进行的任何阶段，被试有权因为个人意愿而随时退出研究，并不会因此受到任何处罚；

(3)必须保证研究主体不会在研究当中承担风险。这包括身体上的，也包含心理上的；

(4)对研究中主体，或者对于更加长远的社会来说所产生的利益，应当大于其中所存在的潜在风险(因此很多审查委员会会站在功利主义的立场上来进行评判)；

(5)研究的实施者应当是具有研究资质和资格的。

了解教师专业发展研究中的伦理与道德准则，可以帮助研究者在研究设计开始时，就尽可能地规避潜在的风险与问题。因此了解这些具体的伦理准则含义，明确上述每项可能牵涉的行为，对教师专业发展研究者来说是十分必要的。

6.3.2　研究者需要遵循的主要伦理准则

尽管研究者对伦理问题的立场不尽相同，但在教师专业发展相关研究中，存在着一些约定俗成的伦理准则，这其中包括但不仅限于知情同意权、未成年被试权利、隐私权与肖像权、欺骗与事后告知、生理与心理安全等。

知情同意权。当下的伦理准则认为，参与研究的被试人员是具有知情权的。在国外，这种知情权通常体现为知情同意书(informed consent)的形式，在其中简要介绍研究项目的信息，告知被试所参与研究的主要形式，被试在参与过程中可能会付出的代价或者获得的收益，并征求被试者自愿参与的许可，以及声明被试可以随时退出的权利等。

目前我国多数生物学教师专业发展研究中，并不存在这种书面的知情同意书。更多时候它是以培训通知、口头说明会，或是以简短的信息表述模式出现在诸如调查问卷、访谈提纲等的开始部分。尽管形式各不相同，但其基本目标是一致的。在这些对被试者知情同意权的表述中，一般应当包含以下的信息（表6-17）。

表6-17 知情同意权表述中应当包含的一般信息

知情同意权	内容说明
基本信息告知 basic information	对研究的目的、立场以及研究流程进行简要说明；提供研究负责人员的联系方式
权利声明 rights	告知被试在研究中的权利。例如，咨询获知研究中他们想要了解的问题，参与的自愿性，以及随时可以终止退出研究的权利等
风险说明 risks	说明被试在参与本项研究的过程中可能需要付出的代价，如花费的大概时间、潜在的生理或心理风险
回报说明 return	说明被试在参与本研究的过程中可能获取的收益。如能够掌握的培训知识、能够获得的书籍资料或者部分研究是有偿参与的，要对报酬的形式和数量进行说明
保密声明 privacy statement	说明研究对被试信息的处理方式和保密程度。如教师的姓名和学校等信息是否会出现在研究成果中

尽管被试知情同意权是不可忽视的，但同时不可忽视的还有被试知情对于研究可能产生的影响。例如，当研究者在进行教师的课堂观察前，完整地告知被试"本次研究想要观察您通过参与完专业发展培训后，您在课堂中的提问数量和质量是否会有提高"，那么被试教师在课堂教学中就很有可能会主动提高提问的频率，而这种变化并不是日常教学当中应有的表现。因此，向被试提供哪些信息、提供多少信息，是研究者应当权衡的要素。一些研究会向被试提供研究目的的简要说明，但并不会向他们提供具体的研究设想和想要观测的具体变量。

未成年被试权利。知情同意的书面表述一般提供给具有独立判断能力，能够自主决定参与研究的完全行为能力人。然而在教师专业发展研究中，有时也会频繁地接触这些教师所教的学生。例如，研究想要通过面向某位初一生物学教师授课班级中的学生发放调查问卷，来获知这位教师的课堂教学表现效果，而这些初一的未成年学生有时并不能完全理解知情同意书中所表述内容的含义，也无法准确判断参与本项研究可能对自己产生的影响。因此当研究面对未成年被试时，不仅要获得他们的同意，还需要获得被试监护人的同意。

在西方国家中，这种监护人同意程序中的对象一般特指被试的父母或法定监护人。研究需要向他们声明参与本项研究的全部特征（表 6-17），询问他们的孩子是否愿意参加以及他们是否愿意自己的孩子参与研究。这种流程一般具有严格的执行标准，因此在开展未成年儿童研究时往往需要在前期准备阶段花费大量的时间。

在我国，由于大部分的生物学教师专业发展面向的主体为教师，对学生的考量较少，并且通常以简单的问卷、访谈等形式展开，除须占用被试部分时间来进行作答外，一般不存在其他的风险，这种研究也可称为低风险研究。这种情况下，国内的研究者一般会选择征询学生任课班主任及校长的许可。须明确，学校系统内领导与教师的支持，也是研究合法开展的重要保证。

隐私权与肖像权。 在进行教师专业发展研究的过程中，研究者总是需要面临撰写研究报告、产出研究成果、撰写研究论文等过程。在呈现研究数据的时候，需要对研究样本——被试的信息进行说明。这其中就会牵涉到被试人员的隐私权与肖像权等问题。

教师专业发展研究中的隐私权，指被试所享有的私人信息受到保护，不能被随意收集及公开的权利。研究对象有权自行决定自己所提供的信息是否能够被公开，以及面向何人公开。在教师专业发展研究中，这些信息可能包含被试的真实姓名、学校信息、家庭信息等。在一些质性研究特别是个案研究当中，因研究者需要向读者阐明研究对象的部分背景信息，因此在征得被试同意的基础上，可以使用被试愿意公开的部分信息，但需要向被试说明报告或文章的受众群体是谁、这些信息有可能会被哪些人看到；而在一些无须声明被试信息也不影响研究结论得出的研究中，则可以选择用编码、字母或是假名代替真实信息。

近年来，随着数码科技的进步和新媒体的普及，很多研究也开始使用照片、录像文件作为数据呈现的手段。在这些研究中，有时会将课堂授课的照片以及课堂录像中的截图作为数据的一部分进行公开，这就会涉及被试教师肖像权的问题。在教师专业发展研究中，肖像权一般指研究被试有权拥有自己的肖像，在未经当事人同意的情况下，任何人不得随意使用、损害，更不能以此盈利。在进行研究时，肖像权一般体现在两个方面：一是肖像的制作权，二是肖像的使用权。

肖像的制作权是指被试的个人形象转化为肖像的过程。即无论这些照片、录像是否最终被加以使用，当我们在进行摄像或录像之前，都应当征求教师的同意。例如，在某些专业发展研究中对教师的课堂进行录像后，研究人员会对录像进行编码分析，最终出现在研究报告或文章中的信息仅为这些编码的分析结果，并不涉及原本的录像画面。这种情况下是否就无须征得任课教师的同意了呢？答案当然是否定的。无论这些图像是否最终被公开，在进行录制的过程中即会涉及肖像的制作权问题，都应当首先征得被试教师的许可。

在肖像的制作权之后是肖像的使用权。作为被试教师，他们有权决定是否同意使用、允许谁来使用、以怎样的形式进行使用。当研究者确实需要在研究中呈现课堂的照片时，应当率先征得照片中所出现被试的同意。很多情况下，研究被试通常愿意配合研究者进行课堂画面的呈现，但是不希望个人的肖像能够被阅读者识别出来，此时研究者可以选择将照片中的被试肖像进行遮挡或模糊化处理，并将处理过的图片经被试确认可以使用后再呈现。

欺骗与事后告知。尽管知情同意权是开展教师专业发展研究必须遵守的伦理准则，但很多时候对被试完全公开研究的目的和变量等细节，则会直接影响整个研究的最终结果。因此有些时候，为了确保研究的最终有效实施，研究者也不得不采取一定程度上的欺骗（deception）。

欺骗手段的使用在科学研究当中最为常见。例如，在研究患者心理作用与药物效用的关系时，研究者会将药物材料中的半数替换成不含有效成分的安慰剂，而并不明确告知安慰剂组的被试。在一些药物收效甚微，主要依赖患者心理作用而"见效"的药物实验中，这种"欺骗"是必需的。因为若对照组的实验对象明确知道自己所使用的是安慰剂，那么整个研究就会完全失去其设计之初的意义。

尽管没有上述示例这么明显，但欺骗的使用在教师专业发展中也是存在的。假设一项研究想要了解教师专业发展培训中"促进者"的专业程度是否会对培训效果产生影响，研究会将100位生物学教师随机均分成两组，其中实验组配备一名教师专业发展相关专业并具备丰富经验的促进者；而对照组则配备从未参与过专业发展研究的促进者，并对两组教师的最终学习效果进行评价。在这个实验中，研究者需要对整个实验设计的变量——促进者的信息进行隐瞒。因为一旦这些信息提前泄露给被试，就有可能引起对照组教师态度的转变，进而导致原本可能不显著的数据差异出现变化，得到完全相反的结论。

欺骗的发生有时不可避免，但这不意味着它与知情权互相矛盾。研究者需要在这样的研究完成后，向被试说明研究情况并解释进行欺瞒的原因。事后告知（debriefing）与欺骗手段的使用是密不可分的。在整个研究结束后，研究者需要当面向被试说明研究的情况，为何会采用欺骗的手段，寻求被试者的理解与信任。在这个过程中，研究者需要耐心回答被试所提出的疑问，解释被试可能会产生的担忧，并向他们说明研究中的欺骗并不会对他们产生伤害。

生理与心理安全。被试者的生理安全与心理安全不受侵害，是研究能够投入实施的底线。作为研究者应当平等地看待每一位被试，不应当让他们在参与研究的过程中受到伤害。无论研究最终是否能够顺利完成，这一点都是全部伦理准则中最基础的要求。

就对实验样本的伤害而言，教育学领域与一般科学领域不同，研究中大多不会涉及被试损伤。然而研究者仍需注意，在某些情况中它依旧有出现的可能。例如，在一次关于教师行动研究的教师专业发展培训中，研究者设计了活动环节让参训教师制订自己的研究计划。其中有生物学教师提到，他对于课堂中教师对学生的态度是否会引起学生成绩的变化感到好奇，因此想要设计一个研究，利用自己目前正在教授的两个班级的学生作为样本，对其中一个组在授课过程中多使用鼓励和奖励的方式，而对另外一个班级则多使用严厉批评和苛责，最后分析两个班级学生的成绩是否会出现差异。尽管研究设计上非常清晰，然而培训者依旧不建议教师尝试开展此类研究。因为这个研究对于受到"严厉批评"的对照组学生是不公平的，研究无法保证这个班级的学生是否会因为刻意改变的教师态度而产生消极的心理问题。与此相同的还有很多研究设计思路，包括对研究被试进行肢体惩罚，或是引导利用被试的负面情绪等，都不应当被纳入到研究设计中。

对研究被试的尊重是研究伦理中的关键。须知超出研究人员与被试之间的关系外，双方都应具有平等独立的人格。在很多教育发达国家中都设有审查委员会对每一项计划开展的研究进行审核，以确保其严格遵守了全部的伦理条款。因此，在国外开展研究，特别是一些需要从未成年学生那里收集数据的教师专业发展研究，在实施前都要花费大量的时间进行准备与审核。近年来，我国国内对于伦理问题的探讨也日益增多。不仅仅是生物学教师专业发展领域，学术界任何一个领域的研究者，都应当明确了解并严格遵守这些伦理准则。

6.3.3　研究者与被试间的关系

在进行教师专业发展研究的过程中，研究者们可以具有多种角色定位。他们可以是作为直接参与项目的设计者与实施者，也可以是仅仅作为数据收集的第三方旁观者。在研究的伦理道德话题中，研究者与被试之间同样也可以具有不同的角色定位。这些角色可以是站在理性研究角度的受益者与付出者，可以是站在感性角度上的朋友，也可以是站在中立平等角度上的互惠互利。不同的角色定位可以引导研究者收集到不同的数据，为研究提供更多的帮助，但同时也有可能为研究者们带来不同的问题和困扰。

受益者与付出者。在研究的最开始阶段，初步尝试进行教师专业发展研究的学者更倾向于以研究者和研究对象来看待自身与教师之间的关系。这种受益者与付出者的模式也是在研究中最为常见的。

作为受益者与付出者的定位是比较简单而纯粹的。这种角色间的关系是全部关系中最理性而客观的存在。研究者将自身定义为设计项目、实施项目、收集资料、分析数据进而获得研究成果的角色。在这种关系下，研究者与被试之间常常不掺杂任何主观上的情感，研究者也会避免与被试之间产生任何除研究需求外的情感交流。研究通常采用匿名的形式，作为研究人员来说，他们可以从被试者身上获取数据，发表成果，并获取由这些成果可能带来的社会声誉、地位以及经济支持，是关系中的"受益者"；而被试教师们则会被要求在研究中付出时间、精力来支持研究者获取数据，最终以匿名的方式退出研究，是关系中的"付出者"。

受益者与付出者角色定位的优势是非常明显的。在这种尽量规避主观感情掺杂的关系中，由于研究人员对待每一位被试的态度都是相同的，因此所能收集到的数据是最为客观公正的。由于避免了研究之外的情感交流，这种研究中所收集的数据较少会涉及被试的隐私，因此在数据使用上的风险较小，参与项目前后也不会对被试造成情感上的潜在伤害。此外，这种关系下的研究者与被试都不会耗费过多的精力和时间来打理彼此的关系。但是与此同时，这种关系也存在着弊端：如由于研究者与被试关系的疏远，被试对研究者可能依旧保持着对待陌生人的警惕感，不容易建立信任关系，所以在一些需要深入挖掘被试内心想法的研究当中就不易获取真实的、不加掩饰的信息。此外，这种关系下的研究通常为一次性的，在被试与研究人员之间建立后续合作关系的可能性相对较低。

然而在这种完全规避与被试之间情感交流的关系立场中，依旧存在着一些潜在的伦理问题。当研究者们站在受益者的立场进行数据收集时，可能会产生一些由于自己收益而造成被试付出的内心情感。这种情感可能是感激，也有可能是对对方的无回报付出感到愧疚与自责。解决这个问题的关键是要思考这个研究的受益关系究竟是如何的。整个研究究竟是一个为了自己兴趣的、"为了研究而去研究"的研究，还是一个通过少数教师的付出，能够对更多的教师、学区甚至是未来的教师专业发展研究都有所帮助的有意义的研究？这种付出所收获的成果是否能够惠及更多人？或者除此之外整个研究是否还存在其他层面的积极产出？

为弥补参与教师在项目当中所付出的时间与精力，在西方国家一些教师专业发展研究中，常常会为教师参与项目发放酬劳，这也可以算作是一种间接的补偿方式。除了酬劳，研究者也可以选择为帮助研究进行的教师发放纪念品，或者一些有可能为他们未来职业晋升提供帮助的认证书等。

朋友。相对于受益者和付出者的关系，研究者与被试之间"朋友"关系的建立更为复杂，同时也包含了更多的不确定性。这种关系的建立较多出现于个案研究等质性化的研究方法中，也是一些经验丰富的研究者会去尝试建立的关系。这种模式具有突出的优势特征，与此同时也面临着比前者更多的风险与伦理问题。

作为角色定位当中最为感性的关系，研究者与参与研究的教师之间的友谊建立常常不仅限于研究所需的部分。研究者会与教师尝试进行情感上的交流，而这种交流和沟通的内容有时会涉及工作、生活等研究之外的信息。这种从陌生人到朋友之间的角色关系转化有时是在完全被动的状态下产生的，但有时候也可以是由研究者主动争取的。无论是何种情况，这其中都会为研究者带来伦理上的困境。

研究中的朋友角色定位最为突出的优势体现在数据挖掘的深度上。由于友谊的建立，研究者可以获取被试的信任感与依赖感，教师更容易向研究者敞开心扉，因而研究人员能够从教师参与者的身上获得更多的数据信息，特别是一些深层次的内心体验与真实想法。例如，当研究者想要了解关于学校领导层对于生物学科的重视程度的问题时，大多数教师可能会出于警惕心理而给出最万无一失的答案，因此研究常常会获得"决策层对于生物学科的重视程度很高"的结论，尽管有时事实并非如此。但当研究者与教师建立起朋友的亲密关系后，教师在与研究者交流的过程中就会更倾向于表达自己的真实想法，如生物课的课时安排并不足够，教师资源配备不充足，实验器材的购买比较困难，等等。除此之外，这种角色关系的优势还体现在研究者能够与被试之间建立起长期的联络关系。

然而通过上面的表述，也能很明显地看出这种关系定位中存在的弊端——这些数据使用上的伦理问题。当研究者面对上述例子中教师给出的"抱怨"时，它能否作为数据出现在研究中？如果可以，这些数据应当被如何处理？有时研究者并不能够准确区分这些对话究竟是教师将自己作为被试向研究者进行的陈述，还是向自己的朋友所倾诉的情感。如果是后者，那么这些倾诉是否应该被排除在数据之外？而一旦排除了这些数据，研究是否还能够呈现出原本真实的结果？除此之外，在彼此情感交流的过程中，研究者同样也可能不自觉地表达自己的主观倾向性，从而导致无意中引导了被试教师朝着自己所期待的方向回答问题，丢失研究数据客观性的情况；在研究结束后，这种与被试之间关系处理若不得当，也有可能对被试造成情感上的伤害；在亲密关系的建立过程中，双方都需要花费大量的时间与精力……这些都是相对收益而言无法忽视的问题。

毫无疑问，朋友关系的建立在全部角色定位中是最具有伦理争议的。相比于研究者，被试教师在研究中更容易对自己角色把握不清，他们在提供信息时对于自己身份的定位会在"被试"与"朋友"之间摇摆不定。一旦这些作为朋友间对话的数据被不加处理地公开，极有可能会造成对被试教师的情感伤害。这就对处理信息的研究人员提出了更高的要求。研究者应当能够准确判断信息的定位，明确哪些数据能够出现于报告当中，思考那些不适合出现的数据能否以更温和的方式进行表达，并决定这些写好的内容是否要交给被试阅读，由他们自己进行判断删改。

互惠互利。相对于收益付出和朋友的关系，互惠互利的角色定位显得更加温和，它更像是上述二者的折中选择，尽管在优势上都不及上述二者突出，但也同时削弱了二者存在的一些弊端，关系把握上也相对简单。

互惠互利的关系在整体上依旧保持了研究者与被试的角色定位，研究者在进行项目实施、数据收集的过程中，以温和平等的方式处理与参与项目教师的关系，建立起并不超越研究范围内的"朋友"关系。在这个过程中，研究者依旧可以获取自己想要收集的数据信息，完成成果的撰写与发表，而与此同时，被试也能够从研究中受益：如一些研究可以让教师参与数据分析，与教师共同分享署名最终的成果，或者在项目结束后，研究者花费额外的时间将结果回馈给教师，对教师进行后续教学的指导和建议，使教师能够在专业发展培训项目中深入获得更多的收获，又或是研究者以自身所持有资源，帮助教师在其所需要的方面提供支持和帮助，等等。

互惠互利的角色关系可以做到既相对客观公正地收集研究者所需要的研究数据，不以个人主观立场引导被试，又能够建立更加融洽的相处模式，获取一部分深入的数据。而通过在研究中获利，被试教师们会更加愿意与研究者建立后期合作关系，甚至于愿意推荐更多的教师参与到相关研究中。然而同时具备上述二者的优点，其实也意味着综合了二者在数据收集上的缺陷，即所获得的数据并没有收益关系中那么绝对中立客观，也没有朋友关系中的那么深入真实，成为一种更为中庸的选择。此外，由于研究者需要花费额外的时间来服务被试群体，帮助被试群体获取收益，因此相比于其他类型的关系，研究者需要在研究后期，甚至在研究结束之后，消耗更多的时间和精力。

　　值得研究者们思考的问题是，这种互惠互利的角色关系把握是极其微妙的。不同人对于朋友关系的定义是不同的，对于陌生人的警惕感强弱也是各不相同的。当研究者站在主观认为是互惠互利的角度时，参与项目中的不同教师对于这种角色的解读可能是不尽相同的。一些教师可能依旧将研究者当作陌生人来设防，而同时另一部分教师很有可能已经将研究者作为朋友进行情感倾诉。如何精准地发觉不同教师对角色定位的分界点，对于研究者来说是非常具有挑战性的。这就要求研究者要足够熟悉参与专业发展中的每一位教师，能够针对不同的教师给出不同的反馈。这对于经验并不充足的新手研究者来说会是一个不小的挑战。

【学以致用】

1. 在某次教师专业发展培训中，研究者们遇到了如下的问题：

　　本次培训项目共计 35 名教师参与。在培训的过程中，研究者发现其中两位教师的教学背景与教育经历中存在着一些负面信息，这导致了他们的培训效果与其他教师显著不同。由此，研究者认为这些潜在的负面信息有可能是影响教师专业发展项目实施效果的重要影响因素，将这些成果进行发表将会为未来研究展开起到帮助。然而，由于这些经历情况非常特殊，如果将这些信息在研究中公开，很有可能面临着被试教师隐私暴露的问题……

　　作为研究者，请你分别站在不同的伦理立场上，阐明该研究是否应该继续公开发表？如果你是项目的负责人，你又会怎么做？

2. 在教师专业发展研究当中，研究者需要遵循的主要伦理准则有哪些？

参考文献

[1]Baker W D，Green J L. Limits to certainty in interpreting video data：interactional ethnography and disciplinary knowledge[J]. Pedagogies：An International Journal，2007(3)：191-204.

[2]Ball D L. Teacher learning and the mathematics reform：what we think we know and what we need to learn[J]. Phi Delta Kappan，1996，77(7)：500.

[3]Blomberg G，Sherin M G，Renkl A，et al. Understanding video as a

tool for teacher education: Investigating instructional strategies to promote reflection[J]. Instructional Science, 2014(3): 443-463.

[4]Borko H. Professional development and teacher learning: mapping the terrain[J]. Educational researcher, 2004, 33(8): 3-15.

[5]Creswell J W. Qualitative inquiry and research design: choosing among five approaches[M]. 3rd Ed. Thousand Oaks: Sage, 2007.

[6]Day C, Sammons P, Gu Q. Combining qualitative and quantitative methodologies in research on teachers' lives, work, and effectiveness: from integration to synergy[J]. Educational Researcher, 2008, 37(6): 330-342.

[7]Desimone L M. Improving impact studies of teachers' professional development: toward better conceptualizations and measures Improving impact studies of teachers' professional development[J]. Educational Researcher, 2009, 38(3): 181-199.

[8]Fitzgerald A, Hackling M, Dawson V. Through the viewfinder: reflecting on the collection and analysis of classroom video data[J]. International Journal of Qualitative Methods, 2013(1): 52-64.

[9]Glesne C. Becoming qualitative researchers: an introduction [M]. 4th Ed. Boston: Pearson. 2010.

[10]Guskey T R. Does it make a difference? Evaluating professional development[J]. Educational leadership, 2002, 59 (6): 45-51.

[11]Ingvarson L, Meiers M, Beavis A. Factors affecting the impact of professional development programs on teachers' knowledge, practice, student outcomes and efficacy[J]. Education Policy Analysis Archives, 2005, 13 (10): 1-26.

[12]Jackson J L. An ethnographic film flam: giving gifts, doing research, and videotaping the native subject/object[J]. American Anthropologist, 2004(1): 32-42.

[13]Jick T D. Mixing qualitative and quantitative methods: triangulation in action[J]. Administrative science quarterly, 1979, 24(4): 602-611.

[14] Johnson B, Christensen L. Educational research: Quantitative, qualitative, and mixed approaches[M]. Thousand Oaks: Sage, 2008.

[15]King F. Evaluating the impact of teacher professional development: an evidence-based framework[J]. Professional Development in Education,

2014，40(1)：89-111.

[16]Maxwell J A. Qualitative research design：an interactive approach [M]. Thousand Oaks：Sage，1996.

[17]Mayer D P. Measuring instructional practice：can policymakers trust survey data? [J]Educational Evaluation and Policy Analysis，1999，21(1)：29-45.

[18]Miles M B，Huberman M A，et al. Qualitative data analysis：an expanded sourcebook[M]. 2nd ed. Thousand Oaks：Sage，1994.

[19]Nunally J C，Bemstein L H. Psychometric theory[M]. New York：McGraw-Hill，1994.

[20]Opfer V D，Pedder D. Conceptualizing teacher professional learning [J]. Review of educational research，2011，81(3)：376-407.

[21]Roth K，Wilson C，Taylor J，et al. Testing the consensus model of effective PD：Analysis of practice and the PD research terrain[R]. America：BSCS，2015.

[22]Stevens S S. On the theory of scales of measurement[J]. Science，1946，103：677-680.

[23]Wayne A J，Yoon K S，Zhu P，et al. Experimenting with teacher professional development：Motives and methods[J]. Educational Researcher，2008，37(8)：469-479.

[24]Wilson S M. Professional development for science teachers[J]. Science，2013，340(6130)：310-313.

[25]艾尔·巴比. 社会研究方法 [M]. 11 版. 邱泽奇，译. 北京：华夏出版社，2009.

[26]伯克·约翰逊，拉里·克里斯滕森. 教育研究：定量、定性和混合方法 [M]. 4 版. 马健生，译. 重庆：重庆大学出版社，2015.

[27]李诺，刘恩山. 录像分析技术在教学研究中的应用于发展[J]. 现代教育技术，2017，27(9)：33-39.

[28]李诺，周丐晓，黄瑄，等. 聚焦我国科学教育的实证研究现状及发展趋势——以概念转变主题为例[J]. 科普研究，2018，13(6)：5-12＋75＋108.